《通信与导航系列规划教材》编委会

通信与导航系列规划教材

电子设计与实践
（第2版）

Electronic Design and Practice, 2nd Edition

刘　霞　孟　涛　魏青梅　编著

电子工业出版社

Publishing House of Electronics Industry

北京·BEIJING

内 容 简 介

本书是依据高等工科院校电子技术实践教学大纲的基本要求，结合作者多年的科研与教学经验编写而成的。全书以电子系统设计为主线，详细讲解了元器件选择、信号产生电路、多功能数字钟、数字式频率计、调幅接收机、传感器应用等设计原理与装调方法，系统讲解了电路仿真与 PCB 设计，单片机技术和可编程器件的开发及应用。目的在于提高读者的工程设计能力和实际操作能力，为后续专业课程的学习打下良好的基础。

本书内容新颖、实用性强、启发创新、适应教学，是高校电气与电子信息类专业本、专科学生课程设计的必备教材，也可供从事电子设计工作的工程技术人员参考。

本书配有教学课件（电子版），任课教师可从华信教育资源网（www.hxedu.com.cn）上免费注册后下载。

图书在版编目（CIP）数据

电子设计与实践 / 刘霞，孟涛，魏青梅编著. —2 版. —北京：电子工业出版社，2015.10
通信与导航系列规划教材
ISBN 978-7-121-27406-0

Ⅰ. ①电… Ⅱ. ①刘… ②孟… ③魏… Ⅲ. ①电子电路－电路设计－高等学校－教材 Ⅳ. ①TN702

中国版本图书馆 CIP 数据核字（2015）第 245782 号

责任编辑：张来盛（zhangls@phei.com.cn）

印　　刷：北京七彩京通数码快印有限公司
装　　订：北京七彩京通数码快印有限公司
出版发行：电子工业出版社
　　　　　北京市海淀区万寿路 173 信箱　　邮编：100036
开　　本：787×1 092　1/16　印张：17.5　字数：448 千字
版　　次：2009 年 4 月第 1 版
　　　　　2015 年 10 月第 2 版
印　　次：2024 年 2 月第 3 次印刷
定　　价：39.80 元

《通信与导航系列规划教材》总序

　　互联网和全球卫星导航系统被称为是二十世纪人类的两个最伟大发明，这两大发明的交互作用与应用构成了这套丛书出版的时代背景。近年来，移动互联网、云计算、大数据、物联网、机器人不断丰富着这个时代背景，呈现出缤纷多彩的人类数字化生活。例如，基于位置的服务集成卫星定位、通信、地理信息、惯性导航、信息服务等技术，把恰当的信息在恰当的时刻、以恰当的粒度（信息详细程度）和恰当的媒体形态（文字、图形、语音、视频等）、送到恰当的地点、送给恰当的人。这样一来通信和导航就成为通用技术基础，更加凸显了这套丛书出版的意义。

　　由空军工程大学信息与导航学院组织编写的 14 部专业教材，涉及导航、密码学、通信、天线与电波传播、频谱管理、通信工程设计、数据链、增强现实原理与应用等，有些教材在教学中已经广泛采用，历经数次修订完善，更趋成熟；还有一些教材汇集了学院近年来的科研成果，有较强的针对性，内容新颖。这套丛书既适合各类专业技术人员进行专题学习，也可作为高校教材或参考用书。希望丛书的出版，有助于国内相关领域学科发展，为信息技术人才培养做出贡献。

中国工程院院士：李乐民

第 2 版前言

本书是一本理论性和实践性都很强的课程设计教材，是在 2009 年编写的《电子设计与实践》基础上修订再版的。近年来，随着电子技术的不断发展，电子设计及其应用技术都有了很大进步，实践教学改革也有了新的进展，这些都要求我们对第 1 版进行修订后再版。

在这次修订过程中，以"保持特色，体现先进，突出应用，引导创新"为指导思想，依据现代电子信息领域对电气与电子信息类专业本科人才能力的要求，以培养本科人才的电路和系统设计及应用能力为目标，进一步充实了更加详实的设计实例。第 2 版与第 1 版相比，在保证原教材定位及特色基础上，主要在以下几个方面做了调整和修改：

（1）对教材的章节顺序进行了调整。在章节的安排上，紧紧围绕电子系统的设计、应用、装配和调试为主线，将第 1 章与第 2 章的顺序进行了调整，使读者能够在首先掌握电子设计与装调基本方法基础上，进行后续的电路设计与实践；另外，将第 7 章的内容提前到了第 3 章，充分应用现代 EDA 仿真技术完善电路设计。全书内容按照"电子设计与装调基本方法→电子设计与装调技术基础→Multisim11 电路仿真→电路设计与实践→单片机技术基础及应用→基于可编程逻辑器件的数字系统设计→Protel2004 电路设计"的体系结构编写，即便于教学，又使读者经历现代电子产品开发的全过程；以电子系统设计方法为基础，引入新器件、新方法、新工具，引入 EDA、单片机及可编程技术基础，融入应用工具软件，教辅相结合；具有内容先进、适应教学、实践性强、启发创新等特色，这样的调整使全书整体结构更加统一合理。

（2）充实了电子系统设计实例。在第 4 章电路设计与实践中，对本章节里的一些电子系统设计实例，如多功能数字钟、信号产生电路等，在电路设计、分析、调试和总电路图等方面，进一步充实了更加详实的内容；另外，增加了"多路智力竞赛抢答器、数字式频率计和调幅接收机"三个电子系统设计实例，详细阐述了电路设计与要求、电路基本原理、设计过程指导和实验与调试，加强了指导性内容。

（3）在保证第 1 版教材特色的基础上，紧跟电子信息技术动态，突出实用性、应用性和先进性，对第 3 章的 EDA 仿真软件进行了更新。选用了仿真功能更加强大的 Multimu11，采用软件介绍、虚拟仿真、真实电路和虚实对比的编写思路，更好地将 EDA 技术与电路设计有机结合。

本书第 2 版由刘霞主持编写，孟涛、魏青梅等参考编写，具体分工如下：刘霞编写第 3、5、7 章，孟涛编写第 4 章，魏青梅编写第 2 章和本书的课件，刘霞和侯传教共同编写第 1 章，侯传教、刘霞和李云共同编写第 6 章。全书由刘霞负责统稿。

本书得到了空军工程大学信息与导航学院教务办、教科办和信息侦察教研室的关怀和大力支持；侯传教副教授和任晓燕讲师在第 1 版的编写中做了大量的工作，对第 2 版的编写工作也给予了热情支持；空军大连通信士官学校校长王忠江教授、陕西科技大学电气与信息工程学院张震强高级工程师对本书第 1 版进行了审阅，并对本书的编写工作给予了大力支持。在本书出版之际，谨向他们致以最诚挚的谢意。同时，也感谢电子工业出版社领导和相关编辑对本书编写、出版的支持与帮助。

在本书的编写过程中，参考了大量的国内外著作和资料，并引用了其中的一些资料，难以一一列举，在此向有关作者表示衷心的感谢。

感谢读者多年来对本书的关心、支持与厚爱。本书的编写一定还存在不少缺点和不足，恳请读者批评指正。

第 1 版前言

本书是一本理论性和实践性都很强的课程设计教材。"电子设计与实践"是在学生掌握电子技术基础课程的电路基本理论和实验基础上开设的一门综合性、设计性课程，其目的在于将理论与实际有机地联系起来，巩固所学的理论知识，加强学生实践基本技能的综合训练。本书从提高学生动手操作能力和工程设计能力的角度出发，使学生经历现代电子产品开发的全过程，为后续专业课程的学习打下良好的基础。

全书共分 7 章。第 1 章介绍电子元器件的选择，装配工具及焊接工艺，以及印制电路板的设计与制作。第 2 章介绍电子电路设计的基本方法，电子电路组装与调试，干扰与抑制技术，电路故障与诊断，常见技术指标与测试，"电子设计"报告及电子设计所需参考资料的选取。第 3 章介绍单级晶体管放大电路，差分放大电路，积分运算电路，有源滤波器设计，直流稳压电源，信号产生电路，多功能数字钟，传感器及其应用电路，电机功率驱动电路的设计与实践。第 4 章介绍 MCS-51 系列单片机的结构和指令，单片机应用系统的设计与软硬件开发系统，单片机设计及应用实例，如 MCS-51 最小应用系统、计数器、定时器，以及简易数字电压表的设计等。第 5 章介绍基于可编程逻辑器件的数字系统设计。第 6 章介绍 Protel 2004 电路设计与PCB 设计的基础知识。第 7 章介绍 Multisim 9 的基本操作以及 Multisim 9 的电路仿真分析。

本书以"保证基础，体现先进，联系实际，引导创新"为指导思想，紧紧围绕实际电路的设计和应用为主线，以传统电子设计方法为基础，引入新器件、新方法、新工具，引入单片机及可编程技术基础，引入 EDA 技术，融入应用工具软件，教辅相结合；具有内容先进、适应教学、实践性强、启发创新等特色；既是高校电工、电子类专业本、专科学生课程设计的必备教材，也可供从事电子设计工作的工程技术人员参考。

本书由刘霞拟订编写大纲和目录，具体编写分工如下：刘霞编写第 4 章、第 6 章和第 7章，侯传教编写第 2 章和第 5 章，孟涛编写第 3 章，刘霞、杨智敏和侯传教共同编写第 1 章，任晓燕、魏青梅参与部分章节的编写工作。全书由刘霞统稿。

空军工程大学电讯工程学院王忠江副教授、陕西科技大学电气与信息工程学院张震强高级工程师对本书进行了审阅，提出了很多宝贵意见，并对本书的编写工作给予了大力支持，在此表示衷心的感谢。

在本书的编写过程中，参考了大量的国内外著作和资料，并引用了其中的一些资料，难以一一列举，在此向有关作者表示衷心的感谢。

由于我们水平有限，错误和不足在所难免，敬请读者批评指正。

目　　录

第1章　电子设计与装调基本方法 …………………………………………………………（1）

　1.1　电子设计与装调的主要内容与要求 ……………………………………………（1）

　1.2　电子电路设计的基本方法 ………………………………………………………（1）

　　1.2.1　电子电路设计的一般流程 …………………………………………………（1）

　　1.2.2　设计任务的提出 ……………………………………………………………（1）

　　1.2.3　总体方案设计 ………………………………………………………………（3）

　　1.2.4　硬件单元电路的设计与选择 ………………………………………………（4）

　　1.2.5　硬件电路中元器件参数计算与选择 ………………………………………（6）

　　1.2.6　电路仿真及实验 ……………………………………………………………（7）

　　1.2.7　软件设计与调试 ……………………………………………………………（8）

　　1.2.8　绘制总电路图 ………………………………………………………………（8）

　　1.2.9　结构设计 ……………………………………………………………………（9）

　　1.2.10　设计文件 ……………………………………………………………………（9）

　1.3　电子电路组装与调试 ……………………………………………………………（9）

　　1.3.1　组装与调试流程 ……………………………………………………………（9）

　　1.3.2　元器件的预处理 ……………………………………………………………（9）

　　1.3.3　电路板布局 …………………………………………………………………（10）

　　1.3.4　电路的焊接 …………………………………………………………………（10）

　　1.3.5　电路调试准备 ………………………………………………………………（11）

　　1.3.6　电路静态调试 ………………………………………………………………（11）

　　1.3.7　电路动态调试 ………………………………………………………………（11）

　1.4　干扰与抑制技术 …………………………………………………………………（11）

　　1.4.1　干扰的产生及传播 …………………………………………………………（12）

　　1.4.2　干扰的抑制 …………………………………………………………………（12）

　1.5　故障与诊断 ………………………………………………………………………（14）

　　1.5.1　电子电路故障产生的原因 …………………………………………………（14）

　　1.5.2　电子电路故障诊断与排除 …………………………………………………（15）

　1.6　电子设计报告 ……………………………………………………………………（17）

　　1.6.1　电子设计报告的要求 ………………………………………………………（17）

　　1.6.2　电子设计报告的格式 ………………………………………………………（17）

第2章　电子设计与装调技术基础 …………………………………………………………（18）

　2.1　电子元器件的选择 ………………………………………………………………（18）

　　2.1.1　电阻器 ………………………………………………………………………（18）

　　2.1.2　电容器 ………………………………………………………………………（23）

2.1.3 电感器 ·· (26)

2.1.4 开关及接插元件 ··· (27)

2.1.5 半导体分立器件 ··· (28)

2.1.6 集成电路 ··· (30)

2.1.7 传感器 ·· (32)

2.1.8 继电器 ·· (33)

2.1.9 表面贴装元件 ··· (34)

2.2 装配与焊接 ·· (37)

2.2.1 装配工具 ··· (37)

2.2.2 焊接材料 ··· (38)

2.2.3 焊接工艺和方法 ·· (39)

2.3 印制电路板的设计与制作 ·· (45)

2.3.1 印制电路板的结构布局设计 ··· (45)

2.3.2 印制电路板上的元器件布线原则 ··································· (47)

2.3.3 印制导线和焊盘 ·· (48)

2.3.4 印制电路板设计 ·· (50)

2.3.5 印制电路板的制作 ·· (50)

2.3.6 印制电路板的检验 ·· (53)

第3章 Multisim 11 电路仿真 ··· (55)

3.1 Multisim 11 概述 ·· (55)

3.2 Multisim 11 用户界面 ··· (56)

3.2.1 主窗口界面 ·· (56)

3.2.2 菜单栏 ·· (57)

3.2.3 标准工具栏 ·· (60)

3.2.4 元件工具栏 ·· (60)

3.2.5 虚拟仪表栏 ·· (63)

3.2.6 设计工作盒 ·· (64)

3.2.7 活动电路标签 ·· (64)

3.2.8 电路仿真工作区 ·· (64)

3.2.9 电子表格视窗 ·· (64)

3.3 Multisim 11 的基本操作 ·· (65)

3.3.1 仿真电路界面的设置 ·· (65)

3.3.2 元器件的操作 ·· (68)

3.3.3 导线的连接 ·· (71)

3.3.4 添加文本 ··· (73)

3.3.5 添加仪表 ··· (75)

3.4 Multisim11 基本仿真分析 ··· (75)

3.4.1 基本分析方法 ·· (75)

3.4.2 共发射极负反馈放大电路仿真与分析 ······························ (76)

第 4 章　电路设计与实践 ··· (83)

　4.1　单级晶体管放大电路 ··· (83)

　　4.1.1　设计任务与要求 ·· (83)

　　4.1.2　电路基本原理 ·· (84)

　　4.1.3　设计指导 ·· (84)

　　4.1.4　实验与调试 ·· (85)

　4.2　差分放大电路 ·· (86)

　　4.2.1　设计任务与要求 ·· (86)

　　4.2.2　电路基本原理与设计指导 ·· (87)

　　4.2.3　实验与调试 ·· (88)

　4.3　积分运算电路 ·· (89)

　　4.3.1　设计任务与要求 ·· (89)

　　4.3.2　电路基本原理 ·· (89)

　　4.3.3　设计过程指导 ·· (89)

　　4.3.4　实验与调试 ·· (91)

　4.4　有源滤波器设计 ·· (91)

　　4.4.1　设计任务与要求 ·· (92)

　　4.4.2　电路原理与设计指导 ·· (92)

　　4.4.3　实验与调试 ·· (95)

　4.5　直流稳压电源 ·· (95)

　　4.5.1　设计任务和要求 ·· (96)

　　4.5.2　工作原理及技术指标要求 ·· (96)

　　4.5.3　设计过程指导 ·· (96)

　　4.5.4　实验与调试 ·· (99)

　　4.5.5　任务知识拓展 ··· (100)

　4.6　信号产生电路 ··· (101)

　　4.6.1　设计任务和要求 ··· (101)

　　4.6.2　电路基本原理 ··· (101)

　　4.6.3　设计过程指导 ··· (102)

　　4.6.4　实验与调试 ··· (106)

　4.7　多功能数字钟 ··· (107)

　　4.7.1　设计任务与要求 ··· (107)

　　4.7.2　电路原理 ··· (107)

　　4.7.3　调试要点 ··· (110)

　4.8　多路智力竞赛抢答器 ··· (111)

　　4.8.1　设计任务与要求 ··· (111)

　　4.8.2　电路原理与设计指导 ··· (111)

　　4.8.3　调试要点 ··· (115)

　4.9　数字频率计 ··· (116)

4.9.1 设计任务与要求 ………………………………………………… （116）

4.9.2 电路原理与设计指导 ……………………………………………… （116）

4.9.3 调试要点 …………………………………………………………… （118）

4.9.4 专用八位通用频率计数器 ICM7216 …………………………… （118）

4.10 调幅接收机 …………………………………………………………… （121）

4.10.1 设计任务与要求 ………………………………………………… （123）

4.10.2 电路原理与设计指导 …………………………………………… （123）

4.10.3 调试要点 ………………………………………………………… （128）

4.10.4 六管中波调幅收音机的装配与调试 …………………………… （129）

4.11 传感器及其应用电路 ………………………………………………… （134）

4.11.1 温度传感器及其应用 …………………………………………… （135）

4.11.2 速度传感器及其应用 …………………………………………… （137）

4.11.3 金属传感器 ……………………………………………………… （139）

4.11.4 超声波传感器 …………………………………………………… （139）

4.12 电机功率驱动电路 …………………………………………………… （142）

4.12.1 直流电机驱动接口电路 ………………………………………… （142）

4.12.2 步进电机及其驱动电路 ………………………………………… （146）

第 5 章 单片机技术基础及应用 ……………………………………………… （149）

5.1 单片机微处理器概述 …………………………………………………… （149）

5.1.1 单片机的组成 ……………………………………………………… （149）

5.1.2 单片机的特点 ……………………………………………………… （149）

5.1.3 单片机的发展 ……………………………………………………… （150）

5.1.4 单片机的应用 ……………………………………………………… （150）

5.1.5 常用单片机的类型 ………………………………………………… （151）

5.2 MCS-51 单片机的硬件结构 …………………………………………… （152）

5.2.1 MCS-51 单片机的硬件组成 ……………………………………… （152）

5.2.2 存储器配置 ………………………………………………………… （155）

5.2.3 CPU 时序及时钟电路 …………………………………………… （158）

5.2.4 复位电路 …………………………………………………………… （159）

5.2.5 地址译码 …………………………………………………………… （160）

5.3 MCS-51 单片机指令集 ………………………………………………… （163）

5.4 单片机应用系统的设计与开发 ………………………………………… （166）

5.4.1 单片机应用系统设计 ……………………………………………… （167）

5.4.2 单片机软硬件开发系统 …………………………………………… （169）

5.5 单片机应用与实践 ……………………………………………………… （170）

5.5.1 MCS-51 最小应用系统 …………………………………………… （170）

5.5.2 输入/输出端口的应用 …………………………………………… （172）

5.5.3 计数器 ……………………………………………………………… （174）

5.5.4 定时器 ……………………………………………………………… （175）

  5.5.5 外部中断 ·· （177）

  5.5.6 键盘显示器的应用：电子号码锁 ·································· （178）

  5.5.7 简易数字电压表的设计 ··· （182）

第 6 章 基于可编程逻辑器件的数字系统设计 ································· （191）

 6.1 可编程逻辑器件的基本原理 ··· （191）

  6.1.1 可编程逻辑器件概述 ··· （191）

  6.1.2 可编程逻辑器件基本结构 ··· （191）

  6.1.3 Altera 公司的 ACEX1K30 器件 ································· （193）

 6.2 基于可编程器件的数字系统设计 ··· （197）

  6.2.1 数字系统设计方法 ··· （198）

  6.2.2 数字系统设计方式 ··· （199）

 6.3 可编程逻辑器件开发软件及应用 ··· （200）

  6.3.1 Quartus II 概述 ··· （200）

  6.3.2 原理图输入设计法 ··· （201）

  6.3.3 VHDL 设计 ·· （208）

 6.4 VHDL 基础 ··· （209）

  6.4.1 VHDL 概述 ·· （209）

  6.4.2 VHDL 语言的基本结构 ·· （210）

  6.4.3 VHDL 语言元素 ··· （211）

  6.4.4 VHDL 基本描述语句 ·· （212）

 6.5 数字系统开发实例 ··· （213）

  6.5.1 基本电路设计 ·· （213）

  6.5.2 数字秒表设计 ·· （216）

第 7 章 Protel 2004 电路设计 ··· （226）

 7.1 Protel 2004 的基础知识 ·· （226）

  7.1.1 Protel 概述 ·· （226）

  7.1.2 Protel 2004 的系统组成 ··· （226）

  7.1.3 Protel 2004 常用的编辑器 ··· （227）

  7.1.4 Protel 2004 的基本界面 ··· （228）

 7.2 用 Protel 2004 绘制电路原理图 ··· （233）

  7.2.1 进入原理图编辑器 ··· （233）

  7.2.2 设置原理图编辑器的参数 ··· （235）

  7.2.3 绘制电路原理图 ·· （237）

  7.2.4 绘制原理图符号 ·· （242）

  7.2.5 建立层次式原理图 ··· （243）

 7.3 原理图的后处理 ··· （245）

  7.3.1 原理图的编译 ·· （245）

  7.3.2 生成各种报表 ·· （247）

7.4　PCB 的基本知识 ··（248）

　　7.4.1　印制电路板的分类 ··（248）

　　7.4.2　PCB 的元件封装 ··（248）

　　7.4.3　铜膜导线 ··（249）

　　7.4.4　焊盘（Pad）与过孔（Via）···（249）

　　7.4.5　层 ··（249）

　　7.4.6　丝印层 ···（250）

　　7.4.7　设计 PCB 的流程 ··（250）

7.5　用 Protel 2004 设计印制电路板 ···（250）

　　7.5.1　准备原理图和 SPICE netlist ···（250）

　　7.5.2　进入 PCB 编辑器 ··（251）

　　7.5.3　设置 PCB 编辑器的参数 ··（252）

　　7.5.4　绘制 PCB 图 ···（254）

　　7.5.5　PCB 的加工 ···（261）

参考文献 ···（266）

第1章　电子设计与装调基本方法

电子电路的设计、装配和调试方法在电子工程技术中占有重要的位置，也是电子设计与装调教学的基本内容。本章主要介绍电子电路设计的基本方法、装配步骤、调试方法、干扰抑制、故障分析和常用指标测试方法。

1.1　电子设计与装调的主要内容与要求

电子设计与装调的主要内容包括理论设计、安装调试及设计总结报告的撰写。其中，理论设计又包括选择总体方案、设计单元电路、选择元器件及计算参数等步骤，是课程设计的关键环节。安装与调试是把理论付诸实践的过程，通过安装与调试，进一步完善电路，使之达到课题所要求的性能指标。课程设计的最后要求是写出设计总结报告，把理论设计的内容、组装调试的进程及性能指标的测试结果进行全面的总结。

通过该课程的学习，培养学生系统性和整体性技能，尤其是独立进行产品的设计调试的能力，以及综合分析和解决问题的能力。基本要求如下：

（1）了解电子产品或小系统的设计流程，学会电路的设计方法（方案论证、电路设计、器件选择、应用 EDA 工具仿真等）；

（2）掌握元器件性能特点（晶体管、集成电路种类选用，阻容元件标称值、误差等）；

（3）熟悉设计工艺（正确焊接、合理布线、控制分布参数、选择接地、印制电路板制作等）；

（4）掌握电路调试方法（元器件性能测试、误差综合分析、故障排除）；

（5）学会观察现象的方法，能通过分析判断和逻辑推理取得正确结果，并能正确记录处理数据，用简洁的语言清晰、准确、严密地表达方案论证及实测结果；

（6）培养严肃认真的工作作风和严谨的科学态度。

1.2　电子电路设计的基本方法

1.2.1　电子电路设计的一般流程

电子电路设计通常需要明确设计任务，软、硬件设计，样机装配、调试几个阶段。由于电子电路种类繁多，设计方法和步骤也因不同情况而异。例如，确定总体方案、设计单元电路、仿真、实验（包括修改和测试性能）等环节有时需要交叉进行，甚至会出现反复。常用电子电路设计的一般流程如图 1.1 所示。设计者应根据具体要求，结合设计平台，灵活掌握。

1.2.2　设计任务的提出

设计课题一般来自上级要求完成的课题和自选课题。对上级要求完成的课题，必须弄清楚"干什么"，即课题达到具体的目标和研制难易程度；对自选课题应慎重论证，通过对当前国内外技术水平的了解，分析市场前景，查询有无同类产品面市，预估经济与社会效益以及研制难易程度等，拟定设计课题的具体性能指标。

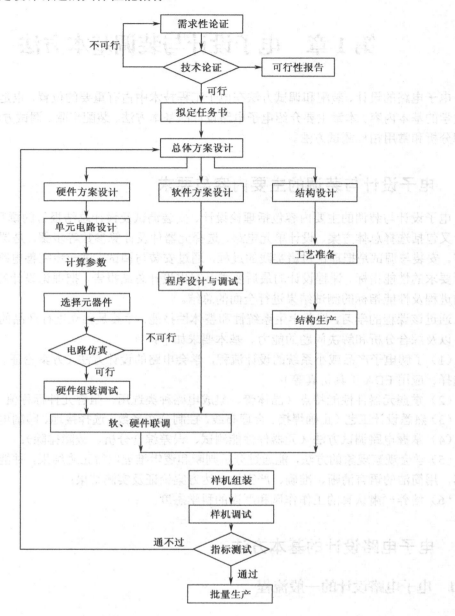

图 1.1　常用电子电路设计的一般流程

对所设计的课题提出一套完整、合适的性能指标，并不是一件容易的事，需要仔细研究，慎重确定。设计初期提出的性能指标可能不够准确或不切实际，某些要求可能提得过高或不合理等。这些问题可能到设计阶段，甚至试生产或使用阶段才发现。因此，产品的性能指标一般要在研制过程中反复修改，才能最后确定。

该阶段形成的文件是计划任务书。计划任务书主要包括：

（1）主要功能、用途及技术指标要求；

（2）技术水平状态（与国内外水平比较）；

（3）完成时间及开发经费。

1.2.3 总体方案设计

所谓总体方案是指针对所提出的任务、要求和条件，从全局着眼，用若干个具有一定功能且相互联系的单元电路构成一个整体，来实现各项性能指标。总体方案包含软件、硬件的总体设计。符合要求的总体方案通常不止一个，因此，总体方案设计的第一步是选择总体方案，我们应针对任务、要求和条件，查阅有关资料，广开思路，提出若干种不同方案，然后逐一分析其可行性和优缺点，再加以比较，择优选用。

1. 总体方案包含的主要内容

在总体方案中，根据功能和技术要求，拟定软件和硬件的主要功能模块，提出结构要求：

（1）确定系统的功能；

（2）拟定各个模块之间的关系及主要性能指标的分配；

（3）确定各个模块的功能及完成功能应采取的技术手段（方法）；

（4）简述硬件模块中所需关键元器件的性能；

（5）确定软件的整体功能，拟定软件流程，编写主要算法说明；

（6）规划整机结构，拟定结构要求（包括外观、机箱尺寸、内部安装、防电磁干扰、散热、操作面板、材料要求等）；

（7）确定外部连接方式（电缆、导线）和接口类型。

2. 总体方案的构想

（1）提出原理方案。一个复杂的系统需要进行原理方案的构思，也就是用什么原理来实现系统要求。因此，应对课题的任务、要求和条件进行仔细的分析与研究，找出其关键问题，然后据此提出实现的原理与方法，并画出其原理框图（即提出原理方案）。由于提出的原理方案关系到全局设计，应广泛收集与查阅有关资料，广开思路，利用已有的各种理论知识，提出尽可能多的方案，以便做出更合理的选择。注意所提方案必须对关键部分的可行性进行讨论，一般应通过试验加以确认。

（2）原理方案的比较与选择。原理方案提出后，必须对所提出的几种方案进行分析比较。在详细的总体方案尚未完成之前，只能对原理方案的简单与复杂以及方案实现的难易程度进行分析比较，并进行初步的选择。如果有两种方案难以敲定，那么可对两种方案都进行后续阶段设计，直到得出两种方案的总体电路图，然后针对性能、成本、体积等方面进行分析比较，才能最后确定。特别要注意总体方案中软、硬件的功能划分。如果系统中采用单片机等控制器件，功能的实现存在可以采用软件编程也可以采用硬件电路直接实现的情况。通常，软件实现成本低廉，但速度低、实时性差。硬件实现速度快、实时性好，但系统复杂，成本高。在软件可以实现的情况下，尽可能采用软件实现。

3. 总体方案的确定

原理方案选定以后，便可着手进行总体方案的确定。原理方案只着眼于方案的原理，不涉及方案的许多细节，因此，原理方案框图中的每个框图也只是原理性的、粗略的，它可能由一个单元电路构成，也可能由许多单元电路构成。为了把总体方案确定下来，必须把每一个框图进一步分解成若干个小框，每个小框为一个较简单的单元电路。当然，每个框图不宜分得太细，也不能分得太粗，太细对选择不同的单元电路或器件不利，并使单元电路之间的相互连接复杂化；但太粗将使单元电路本身功能过于复杂，不好进行设计或选择。总之，应从单元电路和单元电路之间连接的设计与选择出发，恰当地分解框图。

当总体方案确定后，便可画出较详细的框图，设计各单元电路，并根据方案的要求，明确对各单元功能和技术指标的要求。这点在多人参与设计时，尤为重要。此时要特别注意各单元电路的相互配合，少用接口电路。

4．选择方案时应注意的问题

（1）关系到全局的电路要深入分析比较，提出各种具体电路，找出最优方案。

（2）不要盲目热衷于数字化方案；要特别注意各单元电路的相互配合，少用接口电路。

（3）既要考虑方案的可行性，还要考虑性能、可靠性、成本、功耗和体积等实际问题。

（4）分析论证和设计过程中出现一些反复是难免的；但应尽量避免方案上的大反复，以免浪费时间和精力。

1.2.4　硬件单元电路的设计与选择

根据设计要求和已选定的总体方案原理框图，明确对各单元电路的要求，拟定单元电路的性能指标，分别设计各单元电路的结构形式。选用合适的电路结构形式和确定相应的算法是这一阶段设计的关键。同时应注意各单元电路之间的相互配合。

1．设计和选择单元电路的一般步骤

设计硬件单元电路时，各种电路图集、手册及参考书上的各种电路可以借鉴。但是，在大多数情况下，这些现成的电路不能恰好满足我们的要求，此时的任务就是对这些现成的电路进行选择、修正或补充，以满足具体要求。

设计硬件单元电路的一般步骤如下：

（1）根据设计要求和已选定的总体方案的原理框图，确定各单元电路的设计要求，必要时应详细拟定主要单元电路的性能指标。例如设计放大器时，在总放大倍数确定的情况下，则需要确定用几级放大电路及各级放大倍数。拟定出各单元电路的要求后，应全面检查，确定无误后，方可按一定的顺序分别设计各单元电路。

（2）按前后顺序分别设计各单元电路。满足功能要求的单元电路不止一个，在设计电路时必须进行分析比较，查阅相关资料，熟悉典型电路的形式（如放大器、计数分频、信号产生、电源等）、性能和参数，择优选择单元电路结构形式，确定电路参数，从而找到合适的电路。如果确实找不到性能指标完全满足要求的电路，也可选用与设计要求比较接近的电路，然后调整电路参数。

2．单元电路之间的级联

各单元电路确定以后，还要仔细地考虑它们之间的级联问题，如电气特性的相互匹配、信号耦合方式、时序配合以及相互干扰等问题。若不认真解决好这些问题，将会导致单元电路和总体电路的稳定性和可靠性被破坏，严重时使电路不能正常工作。

1）电气性能相互匹配

单元电路之间电气性能相互匹配的问题主要有：阻抗匹配、线性范围匹配、负载能力匹配、高低电平匹配等。阻抗匹配、线性范围匹配是模拟单元电路之间的匹配问题，高低电平匹配是数字单元电路之间的匹配问题。而负载能力匹配是两种电路都必须考虑的问题。对于阻抗匹配，从提高放大倍数和带负载能力考虑，希望后一级的输入电阻要大，前一级的输出电阻要小，但从改善频率响应角度考虑，则要求后一级的输入电阻要小；从功率传输角度来看，前、后级要匹配。对于线性范围匹配问题，涉及前后级单元电路中信号的动态范围，显然，为保证信号不失真的传输，则要求后一级单元电路的动态范围大于前级电路的动态范围；负载能力的匹配实际上是前一级单元电路能否正常驱动后一级的问题。这在各级之间均有，但特别突出的是在最后一级单元电路中，因为末级电路往往需要驱动执行机构。如果驱动能力不够，则应增加一级功率驱动单元。在模拟电路里，如果对驱动能力要求不高，可采用运算放大器构成的电压跟随器；否则需采用功率集成电路或互补对称输出电路。电平匹配问题在数字电路中经常遇到。若高低电平不匹配，则不能保证正常的逻辑功能。为此，必须增加电平转换电路。尤其是 CMOS 集成电路与 TTL 集成电路之间的连接，当两者的工作电源不同时（如 CMOS 为+15 V，TTL 为+5 V），两者之间必须加电平转换电路。

2）信号耦合方式

常见的单元电路之间的信号耦合方式有四种：直接耦合、阻容耦合、变压器耦合和光耦合。

（1）直接耦合是指将上一级单元电路的输出直接（或通过电阻）与下一级单元电路的输入相连接。这种耦合方式最简单，它可把上一级输出的任何波形的信号（正弦信号和非正弦信号）送到下一级单元电路。具有频带宽、频响好等优点。但是，这种耦合方式在静态情况下存在两个单元电路的相互影响。在电路分析与计算时，必须加以考虑。

（2）阻容耦合方式是指前级输出通过电阻 R、电容 C 直接与后级输入相连。阻容耦合方式具有隔直流、通交流，级间直流工作点互不影响的特点。

（3）变压器耦合方式是通过变压器的一次、二次绕组，把一次侧信号耦合到二次侧信号。由于变压器二次侧电压只反映变化的信号，即只能传递变化的信号，故其作用是"隔直通交"。变压器耦合方式的特点是通过改变匝比和同名端，实现阻抗匹配和改变传送到下一级信号的大小与极性。但变压器制造困难，不易集成化，频率（f）特性差，体积（V）大，效率（η）低。

（4）光耦合方式是一种常用的方式，通过光耦器件，把信号传送到下一级。它具有体积小、重量轻、开关速度快等特点。

以上四种耦合方式中，变压器耦合方式应尽量少用；光耦合方式通常只在需要电气隔离的场合中采用；直接耦合和阻容耦合是最常用的耦合方式，要视下一级单元电路对上一级输出信号的要求而定。若只要求传送上一级输出信号的交流成分，不传送直流成分，则采用阻容耦合，否则采用直接耦合。

3）时序配合

在一个数字系统中有一个固定的时序，哪个信号在前，哪个信号在后，作用时间长短，都是根据系统正常工作的要求而决定的，配合不好将导致系统的工作失常。时序配合是一个十分复杂的问题，为确定每个系统所需的时序，必须对该系统中各个单元电路的信号关系进行仔细的分析，首先确保系统正常工作下的信号时序，画出各信号的波形关系图——时序图，然后提出实现该时序的措施。这也是数字电子系统设计最关键的问题。单纯的模拟电路不存在时序问题，但在模拟与数字混合组成的系统中存在时序问题。

1.2.5　硬件电路中元器件参数计算与选择

元器件是构成硬件电路的基础。从某种意义上，电子电路的设计就是选择最合适的元器件，并把它们最好地组合起来。因此在设计过程中，经常遇到选择元器件的问题，不仅在设计单元电路和总体电路及计算参数时要考虑选哪些元器件合适，而且在提出方案、分析和比较方案的优缺点时，有时也需要考虑用哪些元器件以及它们的性能价格比如何等。

1．选择元器件的一般原则

首先根据具体要求和设计方案，确定需要哪些元器件，每个元器件应具有哪些功能和性能指标，是否满足单元电路对元器件性能指标的要求；其次哪些元器件市场上能买到、性能如何、价格如何、体积多大。由于元器件的品种规格繁多，性能、价格和体积各异，而且新品种不断涌现，这就需要我们多查阅器件手册和有关的科技资料，熟悉一些常用的元器件型号、性能和价格及其典型应用，通过分析、比较来选择元器件。

2．集成电路与分立元件电路的选择问题

随着微电子技术的飞速发展，各种集成电路大量涌现，集成电路的应用越来越广泛，它不但减小了电子设备的体积、成本，提高了可靠性，安装、调试比较简单，而且大大简化了设计。例如，+5 V 直流稳压电源的稳压电路，以前常用晶体管等分立元器件构成串联式稳压电路，现在常用集成三端稳压器 7805 构成。二者相比，显然后者比前者简单得多，而且很容易设计制作，成本低、体积小、重量轻、维修简单。但优先选用集成电路不等于什么场合都一定要用集成电路。在某些特殊情况下，如在频率高、电压高、电流大或要求噪声极低等特殊场合，仍需采用分立元器件。另外，对一些功能十分简单的电路，往往只需一只三极管或一只二极管就能解决问题，不必选用集成电路。若采用集成电路反而会使电路复杂，成本增加。总之，在一般情况下，应优先考虑选择集成电路。

3．集成电路的选择

集成电路的品种很多，总的可分为模拟集成电路、数字集成电路和模数混合集成电路等三大类。常用模拟集成电路有：运算放大器、比较器、模拟乘法器、集成功率放大器、集成稳压器、集成函数发生器以及其他专用模拟集成电路等；数字集成电路有：逻辑门、驱动器、译码器/编码器、数据选择器、触发器、移位寄存器、计数分频器、存储器、微处理器、可编程器件等。混合集成电路有：定时器、A/D 转换器、D/A 转换器、锁相环等。选择集成电路的关键因素主要包括参数指标、工作条件、性能价格比等，集成电路选用的方法一般是"先粗后细"，即先根据总体方案中所处理信号的性质选模拟或数字器件，根据所要求的功能、价格等方面，考虑应该选用某种型号的集成电路。选用集成电路时还须注意以下几点：

（1）熟悉集成电路的分类及每类若干种典型产品的型号、性能、价格等，以便在设计时能提出较好的方案，较快地设计出单元电路和总电路。

（2）如果没有特殊要求，集成电路尽量选择"全国集成电路标准化委员会的优选集成电路系列"中所列且在市面流行的通用器件。这既能降低成本，又易保证货源。

（3）集成电路的常用封装方式有：扁平式、直立式、双列直插式、方形扁平封装、球栅阵列等。为便于安装、更换、调试和维修，应尽选用适合的集成电路。

（4）注意系统对芯片的可靠性及环境要求。

（5）不要盲目追求高性能指标，只要满足设计要求并留有一定的余量就可以，过分追求高性能指标，会造成成本上升、货源困难等。况且有些性能指标间是矛盾的，选择时需要全面考虑。

4．半导体分立元件和阻容元件的选择

半导体分立元件、电阻和电容是常用的分立元件，它们的种类很多，性能各异，且各个元件参数及使用条件有很大不同。设计者应熟悉常用的电阻、电容、二极管、三极管、场效应管、晶闸管及半导体光电器件等的种类、性能和特点，并根据电路的要求进行选择。注意要保证器件在要求的环境下正常工作。

5．参数计算

在电子电路的设计过程中，常常需要计算一些参数（如增益、电阻、电容值等），计算参数的具体方法，主要在于正确运用已有的知识，灵活运用计算公式。对于一般情况，计算参数应注意以下几点：

（1）各元器件的工作电压、电流、频率和功耗等应在允许的范围内，并留有适当裕量，以保证电路在规定的条件下，能正常工作，达到所要求的性能指标；

（2）对于环境温度、交流电网电压等工作条件，计算参数时应按最不利的情况考虑；

（3）涉及元器件的极限参数时，必须留有足够的裕量，一般按 1.5 倍左右考虑；

（4）在保证电路性能的前提下，尽可能设法降低成本，减少元器件品种，减小元器件的功耗和体积，为安装调试创造有利条件。

1.2.6　电路仿真及实验

随着 EDA 技术的发展，传统电路设计中的实验演变为仿真和实验相结合，大大提高了工作效率。仿真和实验要完成以下任务：

（1）检查各元器件的性能、参数、质量能否满足设计要求；

（2）检查各单元电路的功能和指标是否达到设计要求；

（3）检查各个接口电路是否起到应有的作用；

（4）检查总体电路的功能、性能是否最佳。

利用 EDA 软件对所设计的电子电路系统进行仿真分析，不但能克服实验室在元器件品种、规格和数量上不足的限制，还能避免原材料的消耗和使用中仪器损坏等不利因素。因此，电路仿真已成为现代电子电路设计的必要方法和手段。

前面谈到了电子电路系统的方案选择、电路设计，以及参数计算和元器件选择，但方案选择是否合理，电路设计是否正确，元器件选择是否经济，这些问题还有待于研究，必须通过实验来检验其正确性与合理性。运用 EDA 软件对设计的单元电路进行实物模拟和调试，以分析检查所设计的电路是否达到设计要求的技术指标，如果检查结果不理想，可通过改变电路中元器件的参数，使整个单元电路的性能达到最佳。最后将仿真通过的单元电路进行连接后，再一次对系统进行仿真，直到得到一个最佳方案。尽管电路仿真有诸多优点，但其仍然不能完全代替实验。仿真的电路与实际的电路仍有一定差距，尤其是模拟电路部分，由于仿真系统中元器件库的参数与实际器件的参数可能不同，可能导致仿真时能实现的电路而实际却不能实现。因

此，对于比较成熟的有把握的电路可以只进行仿真，而对于电路中关键部分或采用新技术、新电路、新器件的部分，一定要进行实验。

因此，实验和仿真是整个设计过程中最耗时间的，包括计算机仿真、购买元器件、实验、测量、修改，然后逐步完善，直至全部性能指标满足要求。

1.2.7 软件设计与调试

软件设计是用软件编程的方法完成硬件电路设计的功能，主要针对含可编程逻辑器件、单片机等大规模集成芯片的电路系统，以 EDA 软件工具为开发环境，以硬件描述语言 HDL（Hardware Description Language）或 C 语言、汇编语言为设计语言，生成相应的目标文件，以大规模可编程逻辑器件（FPGA/CPLD）或单片机为硬件载体，用编程器或编程电缆下载到目标器件实现电路的设计过程。

1．软件设计的主要内容

（1）细化流程图中各模块的功能；

（2）确定算法及其表达式，给定取值上下限或精度；

（3）编写程序清单；

（4）程序自身调整。

2．软件设计与调试的一般步骤

（1）根据产品需要，确定框架，划分模块，确定人机交互或通信的方式与代码，以及输入输出接口；

（2）确定每个模块的算法、数据结构和存储模式；

（3）用流程图等方法，画出信息加工流向；

（4）根据选定的语言，编程、调试，生成执行文件；

（5）确定用户界面（如显示、打印、输入、通信、执行部件的驱动等程序）。

1.2.8 绘制总电路图

单元电路和它们之间的连接关系确定后，就可以进行总电路图的绘制。总电路图要能清晰完整地反映出电路的组成、工作原理、信号的流向等，必要时应画出波形、相位、时序等关系图，并标注需要说明之处。因此，图纸的布局、图形符号、文字标准等都应规范统一。

绘制总电路图的一般方法如下：

（1）按信号的流向画，通常从输入端或信号源画起，由左到右或由上到下按信号的流向画。

（2）采用国标符号画电路图，尽可能把总电路（起码是主电路图）画在同一张图样上，如果电路比较复杂，可采用分图，把一些比较独立或次要部分画在另一张或几张图样上，并用适当的方式说明各图样之间的联系。画电路图时要使元器件布局合理，排列均匀，稀密恰当，图面清晰，美观协调，便于看图。

（3）电路图中所有的连线都要表示清楚，连通交叉处用圆点标出。另外，可以将相关功能类似单个连线用总线的形式表示，并在每个汇合线的两端，标识相同的网络标号。

（4）电路图中的中大规模集成电路常用框形表示，在框中标出它的型号，框的边线两侧标出每根连线的功能名称和引脚号。除中大规模器件外，其余元器件的符号应当标准化。

以上只是总电路图的一般画法，实际情况千差万别，应根据具体情况灵活掌握。

1.2.9 结构设计

电子产品的结构设计是一种比较简单的机械设计，主要任务是为电路提供一个保护外壳。它包括制作印制板、连接线设计、机箱设计、前后面板设计和加工等。对电子产品的结构设计，应注意牢固可靠、便于操作、易于安装、拆卸、屏蔽（防电磁干扰）、防震及标准化。

1.2.10 设计文件

表达电子产品的组成、型式、结构、尺寸、原理以及其他技术数值和说明的技术资料称为设计文件。设计文件一般包括电路原理图、PCB 图、接线图、装配图、程序流程图、源程序清单和元器件、材料清单等。许多产品单凭一张设计图是表达不完整的，往往需要多种图纸的配合。例如一台电视机的设计文件，不但有装配图、电路原理图和接线图，调试时还要有各个参考点的波形图，使用者还需要使用说明书，同时也需要外观布局图、调试说明、质量检测说明等其他文字和表格内容的设计文件。

1.3 电子电路组装与调试

1.3.1 组装与调试流程

电路组装与调试的流程如图 1.2 所示。其中，电路组装包括审图、元器件的预处理、电路板布局和电路焊接；电路调试包括调试准备、静态调试、动态调试和指标测试。

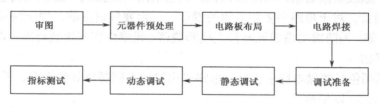

图 1.2　电路组装与调试的流程

1.3.2 元器件的预处理

1．元器件检验、老化和筛选

电路在安装前通常要对元器件检验、老化和筛选处理，这既是保证电路正常工作的第一步，也是提高产品可靠性的重要环节。

在规定的环境下，按照技术规范检测每一个元器件的好坏；对某些性能不稳定的元器件，或可靠性要求特别高的关键元器件，必须经过老化和筛选处理。所谓老化和筛选，是指模拟该元器件将要遇到的最恶劣工作环境中的各种条件，让其经受一段时间，或同时加上电压、电流，促使其进一步定性后再来测量，剔除其参数变坏者，筛选出性能合格而又稳定的优质元器件。

2．元器件引线成形

焊接在印制电路板上的一般元器件，以板面为基准，通常有直立式装置与水平装置两种方法。各种元器件的品种繁多，外形不一，引线形式有单向、双向、轴向、径向之分。在选择这些元器件的装置方法时，应根据产品的结构特点、装配密度以及产品的使用条件和要求等来决定。大部分需要在装插前弯曲成形。弯曲成形的要求取决于元器件本身的封装外形和印制板上的安装位置，有时也因整个印制板安装空间限定元器件安装位置。引线成形及注意事项参看2.2.3 节有关内容。

1.3.3　电路板布局

元器件的布局和连线的安排是否合理，对整机性能影响极大；只有正确合理地布置元器件和严格遵守安装工艺要求，才能达到设计要求。

（1）布局要合理，做到整齐美观、密度适宜。工作频率不高时，元器件可采用立式或卧式整齐排列。工作频率高时，元器件的引脚要尽可能短些。有些元器件相互不能平行放置，以避免分布电容的影响。电路相邻元器件就近放置，元器件之间不能互相交叉，也不在空中连接元器件。元器件一般置于底板的同一面。发热元器件可离其他元器件远些。

（2）输入回路应远离输出回路。为了避免输出回路对输入回路的寄生耦合，特别是多级放大电路的输出端靠近输入端时，可能造成寄生震荡，所以输入回路和输出回路应尽量远离，包括它们的引线也不要靠近平行放置。

（3）连线尽量短。连线和铜箔线不要迂回太远，以免产生寄生感应。电路板的焊接处的连线孔应一孔一线，切勿一孔多线。

（4）操作调整方便。凡是在实验中需要调整或更换的元器件，安装要合理，便于操作和调节。

（5）电源线和地线要粗。为减小金属导线的电阻，电源线和地线要粗，铜箔要宽，最好是镀银或镀金的。地线要短而粗，接地面积大，尽量采用一点接地，减小地线电压。

（6）便于测量。对于电路中要测量的关键点，一定要预留空隙，便于测量。

（7）固定可靠。为防震动造成元器件歪倒和脱落，元器件的固定要可靠。微调元件要锁紧，接插件要定位锁扣。

（8）用不同颜色导线做电路引出线。电路引出线用不同颜色导线区分，不易搞错，必要时在线头处打上标记，以便检查。

1.3.4　电路的焊接

1. 电路板的焊接

焊接是电路整机装配过程中的一个重要环节。关注每一个焊点质量，是提高产品质量和可靠性的基础。焊接工艺和方法参看 2.2.3 节内容。焊接电路板，除遵循锡焊要领外，须注意以下几点：

（1）电烙铁一般应选内热式 20 W～35 W 或调温式，烙铁的温度以不超过 300℃为宜。烙铁头形状应根据印制板焊盘大小选用，目前印制板发展趋势是小型密集化。因此，一般常采用小型圆锥烙铁头。

（2）加热时应尽量使烙铁头同时接触印制板上铜箔和元器件引线。对较大的焊盘（直径大于 5mm）焊接时可移动烙铁，即烙铁绕焊盘转动，以免长时间停留在一点上，导致局部过热。

（3）焊接时不要用烙铁头摩擦焊盘的方法增强焊料润湿性能，而要靠表面清理和预焊。

（4）耐热性差的元器件应使用工具辅助散热。

有关晶体管、瓷片电容、发光二极管和中周等元器件的焊接，集成电路、导线的焊接，继电器、波段开关类元件接点的焊接，参看 2.2.3 节内容。

2．焊后处理

（1）剪去多余引线，注意不要对焊点施加剪切力以外的其他力；

（2）检查印制板上所有元器件引线焊点，修补缺陷；

（3）根据工艺要求选择清洗液清洗印制板，一般情况下使用松香焊剂后印制板不用清洗。

1.3.5　电路调试准备

在调试前，应准备调试的技术文件，包括电路图、方框图、印制板电路图（PCB 图）；检查供电情况是否正常；检查准备调试用的仪器仪表是否处于良好状态，检查测量仪器仪表的功能选择开关、量程挡位是否处于正确的位置，注意仪器接地的正确性和测试仪器仪表的精度是否满足要求；被调试的电路是否按设计要求正确安装，接线是否正确，焊点是否牢靠，尤其是集成电路的引脚和二、三极管极性对不对，输出端有没有短路现象，检查被调试电路的功能选择开关、量程挡位是否安装在正确的位置上。经检查无误后方可按调试操作程序进行调试。

1.3.6　电路静态调试

所谓静态调试是在电路未加输入信号的直流工作状态下，测试和调整其静态工作点及静态技术指标。由分立元器件和集成电路组成的系统静态调试方法不同。通常对分立元器件的单元电路逐个进行调试，调试前应先检查元器件本身好坏，在线测试元器件参数时可能与器件隔离时的参数不一致，这并不表明元器件已坏，因为与电路的结构有关。其次调试静态工作点，再进行各静态参数的调整，直到所有电路符合要求为止。对集成运算放大器要进行"消振"以消除自激振荡，避免不加任何输入时仍有一定频率的输出。进行"调零"以克服运算放大器失调电压 U_{os} 和失调电流 I_{os} 的影响；保证零输入时零输出。对数字集成电路，先对单片"分调"检查其逻辑功能、高低电平、有无异常等；再对多片集成电路"总调"输入单次脉冲，对照状态转移表进行调试。经过调整和测试，紧固各调整元器件，选定并装配好各调试元器件，整机装配质量进一步检查后，对系统进行全参数测试，各项静态参数的测试结果均应符合要求。

1.3.7　电路动态调试

所谓动态调试，是在静态调试的基础上加入适当输入信号，测试、调整电路工作状态的过程。调试的关键是对实时测量的数据、波形和现象进行分析及判断，发现电路中存在的问题和异常现象，并采取有效措施进行处理，使电路技术指标满足预定要求。

调试的方法是在电路的输入端接入适当幅值和频率的信号，并循着信号的流向逐级检测各相关点的波形、参数和性能指标。发现故障现象，应采取相应的对策设法排除，保证电路测试的结果符合设计要求。

1.4　干扰与抑制技术

在调试的过程中，经常出现一些与预期的信号不相同甚至杂乱无章的信号，这就是干扰。干扰对电路正常工作有害。设计者应了解电子电路设计中常见的干扰，掌握对不同的干扰源进行抑制所要采取的不同措施。

1.4.1 干扰的产生及传播

1．干扰源

干扰都有源，一般来自空间和电路两方面。

空间干扰来自天电、电火花、无线电信发送、大用电设备的启动、电路中大的开关信号、大电流流过电感线圈等，如以电磁波发送的形式传入设备，对电路的工作干扰为例，其中受干扰最严重的是导线，既连接线和电路板上的印制线，它是电路中最长的元件，类似于信号接收天线，接收电场和磁场的干扰信号。

电路内部的干扰不仅来自电源的波动、地电流的变化、信号源和脉冲边沿的过冲引起冲击与振荡，而且主要来自电路内部的高频振荡电路和功率级开关电路所产生的噪声信号。

2．干扰途径

干扰信号几乎都是通过导线耦合、漏电，或者通过空间和大地电磁辐射传递的，一般有直接耦合、公共阻抗耦合、电容耦合、电磁感应耦合、地电流干扰和漏电耦合等方式。

（1）直接耦合：干扰信号经过导线直接传导到被干扰电路中，造成对电路的干扰，这是最普遍的电导性耦合方式。

（2）公共阻抗耦合：一个电路的电流变化通过公共阻抗时所产生的电压变化而影响与此公共阻抗相连的电路，从而产生干扰。

（3）电容耦合：通过任何两个元器件或两个导线之间所存在寄生电容而产生干扰。

（4）电磁感应耦合：又称磁场耦合。在任何载流导体周围空间中都会产生磁场。通过两个电路间的互感，将其一回路的电流变化以电磁信号的形式影响到另一回路而形成干扰。

（5）地电流干扰：当电子电路的接地点选取不当或接地回路设计不合理时，会导致电路基准电位变化对电路产生干扰。

（6）漏电耦合：电阻性耦合方式。由于电路间绝缘性能差，导致绝缘电阻降低，有些信号便通过这个降低了的绝缘电阻耦合到电路中而形成干扰。

3．敏感器件

敏感器件指容易被干扰的对象，如 A/D 变换器、D/A 变换器、单片机、数字 IC 和弱信号放大器等。

1.4.2 干扰的抑制

由于干扰的产生原因和表现形式复杂，所以抑制干扰的手段和消减措施也多种多样。抗干扰设计的基本原则是：抑制干扰源，切断干扰传播路径，提高敏感器件的抗干扰性能。

1．抑制干扰源的措施

（1）减小来自电源的噪声。电源在向系统提供能源的同时，也将其噪声加到所供电的电路上。电路中微控制器的复位线、中断线，以及其他一些控制线最容易受外界噪声的干扰。电网上的强干扰通过电源进入电路，即使电池供电的系统，电池本身也有高频噪声。模拟电路中的模拟信号更经受不住来自电源的干扰。对于电源,加屏蔽罩和滤波电路可减小它所带来的噪声。

（2）对特殊元件采取必要的措施，减小干扰源的 du/dt、di/dt。减小干扰源的 du/dt 主要通过在干扰源两端并联电容来实现，减小干扰源的 di/dt 则通过在干扰源回路串联电感或电阻以及增加续流二极管来实现。例如：继电器线圈增加续流二极管可消除断开线圈时产生的反电动势干扰；在可控硅（又称晶闸管）两端并接 RC 抑制电路，可减小可控硅产生的噪声；也可用串接一个电阻的办法，降低控制电路上下沿跳变速率。

（3）电路板上每个 IC 的电源端要并接一个 0.01 μF～0.1 μF 高频电容，以减小 IC 对电源的影响，见图 1.3。注意高频电容的布线，图 1.3（a）和图 1.3（b）的效果相差很大，图 1.3（c）比图 1.3（b）的效果更好。图 1.3（a）的布线增大了电容的等效串联电阻，影响了滤波效果。

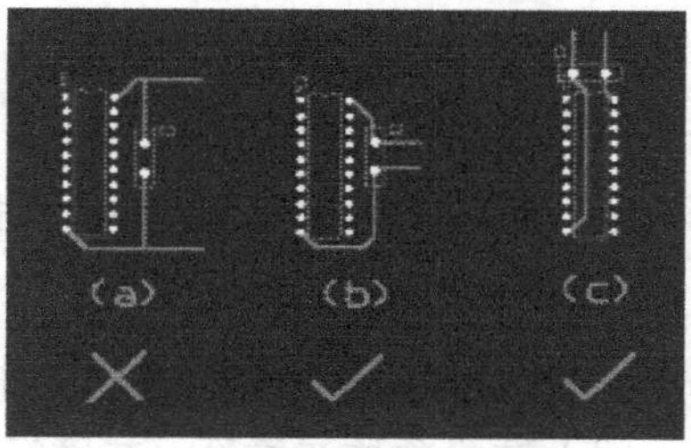

（4）布线时避免 90° 折线，减少高频噪声发射。

图 1.3　高频电容的布线比较图

2. 切断干扰传播路径

切断干扰传播路径的一般方法，是增加干扰源与敏感器件的距离，用地线把它们隔离和在敏感器件上加屏蔽罩。常用措施如下：

（1）合理布置元器件。元器件在印制电路板上排列的位置要充分考虑抗电磁干扰问题，原则上各部件之间的引线要尽量短，且元器件引脚尽量短，尤其是去耦电容引脚。在布局上，要把模拟信号部分、高速数字电路部分、噪声源部分（如继电器、大电流开关等）合理地分开，使相互间的信号耦合最小。印制电路板尽量使用 45° 折线而不用 90° 折线布线，以减小高频信号对外的发射与耦合。对噪声敏感的线不要与大电流、高速开关线平行。

印制板按频率和电流开关特性分区，噪声元器件与非噪声元器件距离应再远一些。单面板和双面板用单点接电源和单点接地，电源线、地线尽量粗。在关键的信号线中，电流大的连线也要尽量粗，并在两边加上保护地。高速线要短、直。模拟电压输入线、参考电压端要尽量远离数字电路信号线。对于 A/D 类器件，数字部分与模拟部分不要交叉。

时钟线垂直于 I/O 线比平行于 I/O 线干扰小，时钟元器件引脚应远离 I/O 电缆。石英晶体下面以及对噪声敏感的器件下面不要走线。I/O 驱动电路尽量靠近印制电路板边缘，对进入印制板的信号要加滤波，从高噪声区来的信号也要加滤波，同时用串终端电阻的办法，减小信号反射。时钟、总线、片选信号要远离 I/O 线和接插件。大功率器件尽可能放在电路板边缘。弱信号电路、低频电路周围不要形成电流环路。任何信号都不要形成环路，如不可避免，让环路区尽量小。

（2）处理好接地线。在印制电路板上，克服电磁干扰最主要的手段就是接地。对于双面板，地线布置特别讲究，通过采用单点接地法，电源和地是从电源的两端接到印制电路板上的，电源一个接点，地一个接点。印制电路板上要有多个返回地线，这些都会聚回到电源的那个接点上，就是所谓单点接地。所谓模拟地、数字地、大功率器件地分开，是指布线分开，而最后都汇集到这个接地点上。与印制电路板以外的信号相连时，通常采用屏蔽电缆。对于高频和数字信号，屏蔽电缆两端都接地。低频模拟信号用的屏蔽电缆，一端接地为好。对噪声和干扰非常敏感的电路或高频噪声特别严重的电路应该用金属罩屏蔽起来。机箱采用金属外壳，以屏蔽外部空间的干扰。单片机和大功率器件的地线要单独接地，以减小相互干扰。

（3）用好去耦电容。好的高频去耦电容可以去除高达 1 GHz 的高频成分，陶瓷片电容或多层陶瓷电容的高频特性较好。设计印制电路板时，每个集成电路的电源和地之间都要加一个去耦电容。去耦电容有两个作用：一方面是本集成电路的蓄能电容，提供和吸收该集成电路开关门瞬间的充放电能；另一方面旁路掉该器件的高频噪声。在电源进入印制板的地方接一个 1 μF 或 10 μF 的去高频电容往往是有利的，即使是用电池供电的系统也需要这种电容。每 10 片左右的集成电路要加一个充放电容，电容大小可选 10 μF。最好不用电解电容，电解电容是两层薄膜卷起来的，这种卷起来的结构在高频时表现为电感，最好使用胆电容或聚碳酸酯电容。去耦电容值的选取并不严格，可按 $C=1/f$ 计算，即 10 MHz 取 0.1 μF，对微控制器构成的系统，取 0.1 μF～0.01 μF。

3．提高敏感器件的抗干扰性能

提高敏感器件的抗干扰性能，是指敏感器件尽量减少对干扰噪声的拾取，以及从不正常状态尽快恢复的方法。提高敏感器件抗干扰性能的常用措施如下：

（1）精心选择元器件。元器件是构成单元电路和系统的基础。通过查阅元器件手册，根据其在电子电路中的应用（直流或交流、低频或高频等）合理地选用那些集成度高、抗干扰能力强、功耗又小的电子元器件。例如，在低噪声电路中常使用金属膜电阻器，采用云母和瓷介质电容器以及漏电流小的钽电解电容。结型场效应管相对于三极管具有高输入阻抗和较小的噪声，常用于低噪声的前置放大器。另外，元器件的精度是系统完成既定功能的重要保证，如 A/D 芯片的调零及满程调整等。在单片机 I/O 口、电源线、电路板连接线等关键地方，使用抗干扰元器件（如磁珠、磁环、电源滤波器）和屏蔽罩，可显著提高电路的抗干扰性能。

（2）合理布局。布线时尽量减少回路环的面积，以降低感应噪声；布线时电源线和地线要尽量粗。除减小压降外，更重要的是降低耦合噪声。每个集成电路都要有一个去耦电容。每个电解电容边上都要加一个小的高频旁路电容。

（3）对于单片机、FPGA 等闲置的 I/O 口，不要悬空，要接地或接电源。其他 IC 的闲置端在不改变系统逻辑的情况下接地或接电源。

（4）对单片机使用电源监控及看门狗电路，如 IMP809、IMP706、IMP813、X25043、X25045 等，可大幅度提高整个电路的抗干扰性能。

（5）在速度能满足要求的前提下，尽量降低单片机的晶振频率和选用低速数字电路。

（6）IC 器件尽量直接焊在电路板上，少用 IC 座。

1.5　故障与诊断

在调试过程中，除了干扰和噪声引起的问题外，元器件的缺陷和安装错误所引起的故障也是常见的。电路故障的诊断就是从故障现象出发，通过对主要测试点的测试，做出分析判断，逐步找出故障的过程。下面介绍电子电路故障的发生原因、诊断和排除的基本方法。

1.5.1　电子电路故障产生的原因

电子电路故障产生的原因很多，一般分内部原因和外部原因。

1．内部原因

（1）元器件因使用条件或质量问题而损坏；

（2）印制电路板上有焊点虚焊；

（3）电路中的接插件松动或接触不良、断线；

（4）新装配的电路，有时会碰到接线错误、元器件装错、漏装、搭锡（不应该连接的焊点焊接在一起）等现象；

（5）电路中可调节的元器件失调，如中频变压器的磁芯破碎、脱落，电位器变值、接触不良等。

2．外部原因

（1）违反操作规程和使用不当会引起故障，尤其是非专业人员误操作发生的故障率较高，如电子设备中的可调部件（如可调电感、可调电阻等）调整不当、使用不当、保养不当等；

（2）外界强电波的干扰、电网电压的波动等所引起的电路失效。

1.5.2 电子电路故障诊断与排除

1．故障诊断与排除的一般流程

电子电路故障诊断与排除的一般流程如图 1.4 所示。

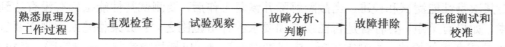

图 1.4　电子电路故障诊断与排除的一般流程

从图 1.4 中可以看出，电子电路故障的诊断与排除就像中医诊病"望、闻、问、切"，需要观察病灶、听取自述、询问病症、切脉测温来推断病症一样，电子电路的故障诊断也有其方法：

（1）熟悉电路原理及工作过程。要系统地了解电子产品的组成、工作原理、各部分电路间的联系、各级作用，并且能根据电气原理图、印制线路图，迅速找到各元器件的位置、接线及各测试点数值

（2）直观检查。通电前观察电路有无明显的故障现象，通过看、听、摸、闻、敲、压等具体措施判断故障。例如，电阻烧焦、线头脱落、电阻、三极管断脚等；有无异常的声音；轻触器件有无接触不良；用手触摸变压器及通过大电流的电阻、晶体管等元器件，可能发现某元器件异常发烫等，这些方法都可直观检查故障。

（3）试验观察。设法接通电源，拨动各有关的开关旋钮，仔细听输出的声音，观察故障现象与位置，如冒烟、打火、烧损等。如果产生这些现象，应立即切断电源，进一步查明原因。

（4）分析、判断电路故障。根据电路工作原理，分析、判断故障出现在整个电路系统的哪一个或哪几个单元电路中，再逐步判断故障出现在哪一级、哪一路、哪一点，分析故障产生的原因，这是非常关键的一步。这样做能缩小故障范围，找出故障所在，迅速地查出故障位置。如果故障部位判断不准确，就盲目检修，将会导致故障进一步扩大，造成不必要的损失。

在故障产生的部位确认后，要制订检测方案，如静态电压测试、电流测试、动态测试、选用仪器仪表等。

（5）故障排除。排除故障的方法有很多，常用的有焊接法、替代法、调整法等。

常见故障是由于电路中的接点接触不良造成的，如插接点接触不牢，焊接点虚焊、假焊，电位器滑动端、开关接点接触不良；也有的是出现了机械损坏，如断线、接点脱焊等。这些原因引起的故障一般是间歇式工作以及瞬时或突然不工作。根据这些现象，利用万用表就可找到故障点，用焊接法排除故障。对于有些自动流水线焊接的电路板，由于焊点较小，长时间通过

大电流使得焊点熔融掉部分，引起焊接点导电不良，这时候也需要对焊点进行补焊。

另外，有些情况是由电子电路中元器件本身原因引起的故障，如电阻、电感、电容、晶体管和集成器件等特性不良或损坏变质，电容、变压器绝缘击穿等，常常使电子电路表现为有输入而无输出或输出异常的现象。查找出损坏的元器件后进行更换，电子电路即可正常工作。

还有些情况下，故障的排除需要通过对电子电路中的可调元器件进行调整，使得信号恢复正常，如微调电阻、微调电容、电感磁芯等。应用调整法排除故障要注意以下三点：

- 如果有多个可调元器件，则要一个一个地调整，切忌多个一起调，以免调乱而比未调前性能更坏；
- 最好在调整之前，在可调元器件上做个记号，标出原来的位置，以便需要时复原；
- 调节的"步伐"要小些，每次的调整量小点，在判断出整机性能确有改善后再向前调整。

（6）性能测试和校准。当电子电路的故障排除后，必须对检修后的电路系统进行检验和校准。首先进行操作检验，以验证所有功能都无问题，先前的故障已不存在，而且没有造成新的故障。其次是性能测试和校准。当故障解除并恢复工作后，要测试其性能指标有没有达到原来的要求，如果有差距，要看看是否在误差和要求的许可范围之内；如果相差太大则需要进行调整和校准或者重新检修。检测完毕后，应仔细做好记录，包括故障症状、故障原因、查找方法、维修措施和调整方式、检测结果和校准精度等。

2．检查电路故障的基本原则

对于电子电路系统，检查电路故障时要遵循先询问后检查、先外部后内部、先简单后复杂、先直流后交流、先硬件后软件，按照部、级、路、点逐步排查故障；通过听、看、摸、闻、敲、压等具体措施判断故障部位；选择适合的故障检查方法进行故障排查。

3．查找电路故障的主要方法

（1）测量法。测量法包括电压测量法、电流测量法和电阻测量法。电压测量法的一般规律是：先测供电电源电压，再测关键点电压，之后再测量其他各点电压，如果关键点电压不对，说明电路有大故障，要首先予以排除。电流测量法适合于直流电阻值较低的电感元件，一般是集电极负载电路和各种功率输出电路。测量电流时一般采用断开法，即焊下某个零件的一只连接脚，串接上万用表电流挡测量。对于以电阻为集电极负载的电路，或在发射极串有百欧以上电阻的电路，不必断开电路，只要测量该电阻的电压降，就可以算出电流值。电路的电流值过大，常造成功率器件发烫，甚至损坏。利用电阻测量法时一般要求断开电源，用万用表直接测量印制电路板上的元器件（在线测量）。

（2）信号注入法。信号注入法适合检修各种信号通道、多级放大器电路等。用信号发生器检查时，可以从信号通道的前级输入端注入信号，观测输出级的信号，从而判断信号通道情况；也可从放大器的基极注入信号，从基极注入信号可以检查本级放大器的三极管是否良好、本级发射极反馈电路是否正常。从集电极注入信号，主要检查集电极负载是否正常、本级与后一级的耦合电路有无故障。检修多级放大器时，信号从前级逐级向后级检查，也可以从后级逐级向前级检查。另外，在没有仪器设备的情况下，可采用简易信号注入法，也就是常说的干扰法也能大致确定故障部位，例如判断一个接收机的信号故障。方法是手拿小螺丝刀（注意要使手指与螺丝刀的金属部分接触）去碰擦电路中各测试点，相当于在该点注入一个干扰信号，如被测点以后的电路良好，那么在扬声器中应能发出"嘟嘟"声。其方法、步骤与用信号发生器时类似。

（3）旁路法。当电路有寄生振荡现象时，可以用电容器在电路的适当部位分别接入，使其对地短路一下，若振荡消失，则表明在此或前级电路是产生振荡的所在。不断使用此法试探，便可寻找到故障点所在。

（4）代替法。在查找电路故障时，为方便起见，如有可疑的元器件，可以用完好的同类型元器件代替它试一下，这时如果故障消除，就证明所怀疑的元器件的确是坏了，应该更换。在所怀疑的元器件质量不易检查的情况下，用这种方法比较方便。例如，电容量很小的电容器是否内部开路，若没有适当仪器，就不易检查；但如果用代替法，拿一个容量相近的好电容器并在它上面一试，就很容易解决问题。又如，在所怀疑的集成电路器件不易检测的情况下，也可采用代替法，用一个好的同类集成器件替换，并且试验一下，也很容易解决问题。

（5）断开环路法。在反馈环路断开点注入适当的直流电平或信号，然后检测整个电路上的电压和信号是否正常，并改变注入的电压或信号，以观察对整个电路是否有适当的响应。

（6）隔离法。复杂的电路一般由若干子电路组成，整个电路可能太复杂而不能立即确定故障，但是每个子电路相对简单，通常用隔离法来检查子电路，确定其故障部位，直至确定整个电路的故障。

1.6 电子设计报告

1.6.1 电子设计报告的要求

电子设计报告是电子设计的另一个重要环节，是电子系统设计的总结和升华。报告要求书写规范、文字通顺、图纸清晰、数据完整、结论明确。

1.6.2 电子设计报告的格式

电子设计报告应包含封面、摘要、目录、正文、参考文献、附录等。

（1）封面：报告名称、项目名称、作者、作者单位、撰写日期。

（2）摘要：摘要是对设计报告的总结，摘要的内容一般有目的、方法、结果和结论，即应包含设计的主要内容、设计的主要方法、设计的创新点及关键技术。

（3）目录：目录包含设计报告的章节标题、附录的内容及其对应的页码。

（4）正文：正文是设计报告的核心。设计报告正文的主要内容有：功能及性能指标；总体设计方案论证及选择；硬件单元电路的设计与选择，硬件电路结构和元器件参数计算与选择、EDA 仿真；软件设计与调试；系统调试及调试中出现问题及解决途径与方法；结果测试，包括测试仪器、测试的数据、曲线及波形等；误差分析及结论。

（5）参考文献：应列出在设计过程中参考的主要书籍、刊物、杂志等。

（6）附录：附录包括元器件明细表、仪器设备清单、电路原理图、PCB 图、设计的程序清单、系统的使用说明等。

第2章 电子设计与装调技术基础

2.1 电子元器件的选择

任何电子电路都是由电子元器件组成的。电子元器件一般分为有源元器件和无源元器件两大类。有源元器件是指器件工作时，其输出不仅依靠输入信号，还要依靠电源，即它在电路中起到能量转换的作用。例如，晶体管、集成电路等就是最常用的有源元器件。无源元器件一般又分为耗能元件、储能元件和结构元件三种。电阻器是典型的耗能元件；储存电能的电容器和储存磁能的电感器属于储能元件；接插件和开关等属于结构元件。这些元器件各有特点，在电路中起着不同的作用。通常，称有源元器件为"器件"，称无源元器件为"元件"。为了能正确地选择和使用这些元器件，必须了解它们的结构与主要性能参数。

2.1.1 电阻器

物质对电流通过的阻碍作用称为电阻（Resistance）。利用这种阻碍作用做成的元件称为电阻器（Resistor），简称电阻。电阻是电子产品中使用最多的基本元件，一般约占到元件总数的30%以上，其质量的好坏对电路工作的稳定性有极大影响。电阻主要用于稳定、调节、控制电压或电流的大小，在电路中起到限流、降压、偏置、取样、调节时间常数、抑制寄生振荡等作用。

电阻器的外形如图 2.1 所示。

（a）金属膜电阻（色环电阻）　　　　　　　（b）水泥电阻

图 2.1 电阻器的外形

1. 电阻器的命名方法及分类

电阻器的型号由主称、材料、分类和序号构成。其中，主称用字母表示，R 表示一般电阻，W 表示电位器，M 表示敏感电阻；电阻器的材料、分类代号及其意义见表 2.1。

表 2.1 电阻器的材料、分类代号及其意义

材料		分类					
字母代号	意义	数字代号	意义		字母代号	意义	
			电阻器	电位器		电阻器	电位器
T	碳膜	1	普通	普通	G	高功率	
H	合成膜	2	普通	普通	T	可调	
S	有机实心	3	超高频		W		微调

材　料		分　类					
字母代号	意　义	数字代号	意　义		字母代号	意　义	
			电阻器	电位器		电阻器	电位器
N	无机实心	4	高阻		D		多圈
J	金属膜	5	高温				
Y	氧化膜	6			说明：新型产品的分类根据发展情况予以补充		
C	化学沉积膜	7	精密	精密			
I	玻璃釉膜	8	高压	函数			
X	线绕	9	特殊	特殊			

例如，RJ71 型精密金属膜电阻器的含义如下：

MF41 旁热式热敏电阻器的含义如下：

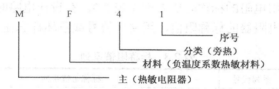

电阻器按照制造工艺或材料，可分类如下：

（1）合金型：用块状电阻合金拉制成合金线或碾压成合金箔制成的电阻，如线绕电阻、精密合金箔电阻等。

（2）薄膜型：在玻璃或陶瓷基体上沉积一层电阻薄膜。

（3）合成型：电阻体由导电颗粒和化学黏合剂混合而成。

电阻器按照使用范围及用途可分类如下：

（1）普通型：指能适应一般技术要求的电阻，额定功率范围为 $0.05\,W \sim 2\,W$，阻值为 $1\,\Omega \sim 22\,\Omega$，允许偏差为 $\pm5\%$、$\pm10\%$、$\pm20\%$等。

（2）精密型：有较高精密度及稳定性，功率一般不大于 $2\,W$，标称值在 $0.01\,\Omega \sim 20\,M\Omega$ 之间，精度在 $\pm2\% \sim \pm0.001\%$ 之间。

（3）高频型：电阻自身电感量极小，常称为无感电阻。用于高频电路，阻值小于 $1\,k\Omega$，功率范围宽，最大可达 $100\,W$。

（4）高压型：用于高压装置中，功率在 $0.5\,W \sim 15\,W$ 之间，额定电压可达 $35\,kV$ 以上，标称阻值可达 $1\,G\Omega$。

（5）高阻型：阻值在 $10\,M\Omega$ 以上，最高可达 $10^{14}\,\Omega$。

（6）集成电阻：这是一种电阻网络，具有体积小、规整化、精密度高等特点，特别适用于电子仪器仪表及计算机产品中。

2. 电阻器的主要参数

电阻器的参数很多，有额定功率、标称阻值、允许误差（精度等级）、温度系数、非线性度、电阻温度系数、噪声系数等。选用时必须根据电路的要求考虑相关的特性参数。通常情况下考虑标称阻值、允许误差和额定功率三项，对于特殊要求的才考虑温度系数和热稳定性、最大工作电压、噪声和高频特性（电阻器工作在高频激励源情况下，有寄生电容和寄生电感的效应）等参数。

1）额定功率

电阻在电路中长时间连续工作不损坏，或不显著改变其性能所允许消耗的最大功率，称为电阻器的额定功率。电阻器的额定功率系列见表 2.2。

表 2.2　电阻器的额定功率系列　　　　　　　　　　　（单位：W）

线绕电阻器的额定功率系列	0.05, 0.125, 0.25, 0.5, 1, 2, 4, 8, 10, 16, 25, 40, 50, 75, 100, 150, 250, 500
非线绕电阻器的额定功率系列	0.05, 0.125, 0.25, 0.5, 1, 2, 5, 10, 25, 50, 100

从表 2.2 知，电阻器的额定功率有 19 系列，实际中应用较多的是 0.125 W, 0.25 W, 0.5 W, 1 W, 2 W。

2）标称阻值

根据部颁标准，常用电阻的标称阻值系列见表 2.3。在设计电路时，应该尽可能选用阻值符合标称系列的电阻。电阻器的标称阻值，用文字符号或色环标志在电阻的表面上。

表 2.3　标称阻值系列

允许误差	系列代号	标称阻值系列
±5%	E24	1.0, 1.1, 1.2, 1.3, 1.5, 1.6, 1.8, 2.0, 2.2, 2.4, 2.7, 3.0 3.3, 3.6, 3.9, 4.3, 4.7, 5.1, 5.6, 6.2, 6.8, 7.5, 8.2, 9.1
±10%	E12	1.0, 1.2, 1.5, 1.8, 2.2, 2.7, 3.3, 3.9, 4.7, 5.6, 6.8, 8.2
±20%	E6	1.0, 1.5, 2.2, 3.3, 4.7, 6.8

3）阻值精度（允许偏差）

实际阻值与标称阻值的相对误差为电阻精度。允许相对误差的范围叫作允许偏差（简称允差，也称为精度等级）。普通电阻的允许偏差可分为±5%、±10%、±20%等，精密电阻的允许偏差可分为±2%、±1%、±0.5%直到±0.001%等十多个等级。在电子产品设计中，应该根据电路的不同要求，选用不同精度的电阻。

电阻的精度等级可以用符号标明，见表 2.4。

表 2.4　电阻的精度等级符号

精度等级/%	±0.001	±0.002	±0.005	±0.01	±0.02	±0.05	±0.1
符　　号	E	X	Y	H	U	W	B
精度等级/%	±0.2	±0.5	±1	±2	±5	±10	±20
符　　号	C	D	F	G	J	K	M

4）温度系数

所有材料的电阻率都会随温度变化，电阻的阻值同样如此。在衡量电阻器的温度稳定性时，使用温度系数：

$$\alpha_r = \frac{R_2 - R_1}{R_1(t_2 - t_1)} \qquad (2.1)$$

式中，R_1 为 t_1 时的阻值，R_2 为 t_2 时的阻值。

金属膜、合成膜电阻具有较小的正温度系数，碳膜电阻具有负温度系数。适当控制材料及加工工艺，可以制成温度稳定性很高的电阻。

一般情况下，应该采用温度系数较小的电阻；而在某些特殊情况下，则需要使用温度系数大的热敏电阻器，这种电阻器的阻值随着环境和工作电路的温度而敏感地变化。热敏电阻一般在电路中用于温度补偿或作为测量调节元件。

5）非线性

通过电阻的电流与加在其两端的电压不成正比关系时，叫作电阻的非线性。电阻的非线性用电压系数表示，即在规定的范围内，电压每改变 1 V，电阻值的平均相对变化量：

$$K = \frac{R_2 - R_1}{R_1(U_2 - U_1)} \times 100\% \qquad (2.2)$$

式中，U_1 为额定电压，U_2 为测试电压；R_1、R_2 分别是在 U_1、U_2 条件下测得的电阻值。

一般情况下，金属型电阻线性度很好，非金属型电阻常会出现非线性。

6）极限电压

电阻两端电压增加到一定值时，电阻会发生电击穿使其损坏，这个电压值叫作电阻的极限电压。对于阻值较大的电阻器，当工作电压过高时，虽然功率不超过规定值，但内部会发生电弧火花放电，导致电阻变质损坏。一般 1/8 W 碳膜电阻器或金属膜电阻器的最高工作电压分别不能超过 150 V 或 200 V。

3. 电位器（可调电阻器）

电位器是一种可调电阻器，对外有三个引出端，其中两个为固定端，另一个是滑动端（也称中心抽头）。滑动端可以在固定端之间的电阻体上做机械运动，使其与固定端之间的电阻发生变化。在电路中，常用电位器来调节电阻值或电位。电位器的种类很多，介绍电位器的手册也往往是各厂家根据生产的品种而编排的，规格、型号的命名及代号也有所不同。因此，在产品设计中必须根据电路特点及要求，查阅产品手册，了解性能，合理选用。几种常用电位器如下。

1）线绕电位器（型号：WX）

结构：用合金电阻线在绝缘骨架上绕制成电阻体，中心抽头的簧片在电阻丝上滑动。

特点：根据用途，可制成普通型、精密型、微调型线绕电位器；根据阻值变化规律，有线性、非线性的两种。线性电位器的精度易于控制，稳定性好，温度系数小，噪声小，耐压高；但阻值范围较窄，一般在几欧到几十千欧之间。

2）合成碳膜电位器（型号：WTH）

结构：在绝缘基体上涂覆一层合成碳膜，经加温聚合后形成碳膜片，再与其他零件组合而成。

特点：这类电位器的阻值变化连续，分辨率高，阻值范围宽（$100\,\Omega \sim 5\,M\Omega$）；对温度和湿度的适应性较差，使用寿命较短。但由于成本低，因而广泛用于收音机、电视机等家用电器产品中。

3）有机实心电位器（型号：WS）

结构：由导电材料与有机填料、热固性树脂配制成电阻粉，经过热压，在基座上形成实心电阻体。

特点：这类电位器的优点是结构简单、耐高温、体积小、寿命长、可靠性高；缺点是耐压稍低、噪声较大、转动力矩大。多用于对可靠性要求较高的电子仪器中。

4）多圈电位器

多圈电位器属于精密电位器，调整阻值需使转轴旋转多圈（可多达 40 圈），因而精度高，当阻值需要在大范围内进行微量调整时，可选用多圈电位器。

5）导电塑料电位器

导电塑料电位器的电阻体由碳黑、石墨、超细金属粉与磷苯二甲酸、二烯丙酯塑料和胶粘剂塑压而成。这种电位器的耐磨性好，接触可靠，分辨力强，其寿命可达线绕电位器的一百倍，但耐潮性较差。

除了上述各种接触式电位器以外，还有非接触式（如光敏、磁敏）电位器。非接触式电位器没有电刷与电阻体之间的机械性接触，因此克服了接触电阻不稳定、滑动噪声及断线等缺陷。

4．电阻器的正确选用与质量判别

1）电阻器的正确选用

在选用电阻器时，不仅要求其各项参数符合电路的使用条件，还要考虑外形尺寸和价格等多方面的因素。一般来说，电阻器应该选用标称阻值系列，允许偏差多为 $\pm 5\%$，额定功率为在电路中的实际功耗的 $1.5 \sim 2$ 倍以上。

在研制电子产品时，要仔细分析电路的具体要求。在那些稳定性、耐热性、可靠性要求比较高的电路中，应该选用金属膜或金属氧化膜电阻；如果要求功率大、耐热性能好，工作频率又不高，则可选用线绕电阻；对于无特殊要求的一般电路，可使用碳膜电阻，以便降低成本。表 2.5 所示对各种电阻的特性进行了比较，可以在选用时参考。

表 2.5　电阻的特性及选用

性　能	合成碳膜	合成碳膜（实心）	热分解碳膜	金属氧化膜	金属膜	金属玻璃釉	块金属膜	电阻合金线
阻值范围	中～很高	中～高	中～高	低～中	低～高	中～很高	低～中	低～高
温度系数	尚可	尚可	中	良	优	良～优	极优	优～极优
非线性、噪声	尚可	尚可	良	良～优	优	中	极优	极优
高频、快速响应	良	尚可	优	优	极优	良	极优	极优
比功率	低	中	中	中～高	中～高	高	中	中～高
脉冲负荷	良	优	良	优	中	良	良	良
储存稳定性	中	中	良	良	良～优	良～优	优	优
工作稳定性	中	良	良	良	优	良～优	极优	极优
耐潮性	中	中	良	良	良～优	良～优	良～优	良～优

性　　能	合成碳膜	合成碳（实心）	热分解碳膜	金属氧化膜	金属膜	金属玻璃釉	块金属膜	电阻合金线
可靠性		优	中	良～优	良～优	良～优	良～优	
通用		△	△	△				△
高可靠		△		△	△	△	△	
半精密			△	△				
精密					△			△
高精密							△	△
中功率				△				△
大功率				△				△
高频、快速响应			△	△	△		△	
高频大功率			△	△				
高压、高阻	△							
贴片式						△		
电阻网络	△					△	△	

2）电阻器的质量判别方法

（1）看电阻器引线有无折断及外壳烧焦现象；

（2）用万用表欧姆挡测量阻值，合格的电阻值应该稳定在允许的误差范围内，若超出误差范围或阻值不稳定，则不能选用；

（3）根据"电阻器质量越好，其噪声电压越小"的原理，使用"电阻噪声测量仪"测量电阻噪声，判别电阻质量的好坏。

3）电位器的正确使用方法

焊接前要对电位器焊点做好镀锡处理，去除焊点上的漆皮与污垢；焊接时间要适宜，不得加热过长，避免引线周围的壳体软化变形。安装电位器时要注意检查定位柱是否正确装入安装面板上的定位孔里，避免壳体变形；用螺钉固定的矩形微调电位器，螺钉不可压得过紧，避免破坏电位器的内部结构。安装在电位器轴端的旋钮不要过大，应与电位器的尺寸相匹配，避免调节转动力矩过大而破坏电位器内部的止挡。插针式引线的电位器，为防止引线折断，不得用力弯曲或扭动引线。

2.1.2　电容器

电容器在各类电子线路中是一种必不可少的重要元件，是一种储能元件，具有充电、放电、通交（能通过交流信号，其通过交流信号的频率与电容量成反比）和隔直（隔断直流信号）的特点。在电路中常用于电源滤波，交流信号的隔直耦合、旁路、调谐，能量转换等。

电容器的基本结构是用一层绝缘材料（介质）间隔的两片导体。当两端加上电压以后，极板间的电介质即处于电场之中。电介质在电场的作用下，原来的电中性不能继续维持，其内部也形成电场，这种现象叫作电介质的极化。在极化状态下的介质两边，可以储存一定量的电荷，储存电荷的能力用电容量表示。电容量的基本单位是 F（法），常用单位是 μF（微法）和 pF（皮法）。

1. 电容器的命名与分类

根据国家标准，电容器型号的命名由四部分内容组成：

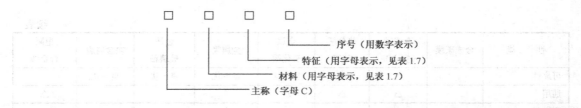

其中第三部分作为补充，说明电容器的某些特征；如无说明，则只需三部分组成，即两个字母一个数字。大多数电容器的型号都由三部分内容组成，见表2.6。

例如，CJX-250-0.33-±10% 电容器的含义是额定工作电压250 V、标称容量为0.33 μF、误差为±10%的小型金属化纸介质电容器。

电容器的种类很多，分类原则也各不相同，通常可按结构、用途或介质、电极材料分成如表2.7所示的几种。

表2.6　电容器的分类代号及其意义

第一部分		第二部分		第三部分	
符号	含义	符号	含义	符号	含义
C	电容器	C	瓷介	W	微调
		Y	云母		
		I	玻璃釉		
		O	玻璃（膜）		
		B	聚苯乙烯		
		F	聚四氟乙烯		
		L	涤纶		
		S	聚碳酸酯	J	金属膜
		Q	漆膜		
		Z	纸介		
		J	金属化纸介		
		H	混合介质		
		D	铝电解		
		A	钽电解		
		N	铌电解		
		T	钛电解		

表2.7　常用电容器的种类

固定式	有机介质	纸介	普通纸介
			金属纸介
		有机薄膜	涤纶
			聚碳酸酯
			聚苯乙烯
			聚四氟乙烯
			聚丙烯
			漆膜
	无机介质	云母	
		陶瓷	瓷片
			瓷管
			独石
		玻璃	玻璃膜
			玻璃釉
	电解		铝电解
			钽电解
			铌电解
可变式	可变：空气、云母、薄膜		
	半可变：瓷介、云母		

从表2.7可知，电容器按结构可分为固定式和可变式两类。其中，固定式又分为有机介质电容器、无机介质电容器和电解电容器。由于现代高分子合成技术的进步，新的有机介质薄膜不断出现，这类电容器发展很快。除了传统的纸介、金属化纸介电容器外，常见的涤纶、聚苯乙烯电容器等均属此类。陶瓷、云母、玻璃等材料可制成无机介质电容器。电解电容器以金属氧化膜作为介质，以金属和电解质作为电容的两极，金属为阳极，电解质为阴极。使用电解电容器必须注意极性，由于介质单向极化的性质，它不能用于交流电路，极性不能接反；否则会影响介质的极化，使电容器漏液、容量下降，甚至发热、击穿、爆炸。

2．电容器的主要技术参数

电容器的主要参数有标称电容量（简称容量）、允许偏差、额定直流工作电压（耐压）、绝缘电阻、损耗、温度系数、频率特性等。通常情况下，选用时考虑多是电容量、额定工作电压、绝缘电阻、频率特性，除电路有特别的要求，才会考虑其他相关的一些特性参数。

1）标称容量及偏差

电容量是电容器的基本参数，它是指电容器加上电压后存储电荷的能力。电容器上标记的电容数是电容器的标称容量。我国常用固定式电容标称容量系列为 E24、E12、E6，与表 2.3 类似。常用电容器的标称容量和实际容量会有误差。常用固定电容允许误差的等级见表2.8。

表2.8　允许误差等级

级 别	0.1	0.2	I	II	III	IV	V	VI
允许误差	±1%	±2%	±5%	±10%	±20%	+20% ～−30%	+20%～−30%	+20%～−30%

2）额定工作电压

电容器在规定的工作电压范围内，长期、可靠地工作而不致击穿的最大电压称为电容器的额定工作电压。常用固定电容器的直流工作电压为 6.3 V、10 V、16 V、25 V、40 V、63 V、100 V、250 V 和 400 V。

3）绝缘电阻

绝缘电阻是指加在电容器上的直流电压与通过它的漏电流的比值。绝缘电阻一般应在 5 000 MΩ 以上，优质电容器的绝缘电阻可达 TΩ（$10^{12}Ω$）级。

4）介质损耗

所谓介质损耗，是指介质缓慢极化和介质电导所引起的损耗。通常用损耗功率和电容器的无功功率之比，即损耗角的正切来表示：

$$\tan\delta = \frac{损耗功率}{无功功率}$$ （2.3）

不同类型的电容器，其 $\tan\delta$ 的数值不同，一般为 $10^{-2}\sim10^{-4}$。$\tan\delta$ 真实地表征了电容器的质量优劣。在同容量、同工作条件下，损耗角越大，电容器的损耗也越大。损耗角大的电容器不适合高频工作。

3. 电容器的合理选用

所谓合理选用，就是要在满足电路要求的前提下综合考虑体积、重量、成本、可靠性等各方面的因素。为了合理选用电容器，应该广泛收集产品目录，及时掌握市场信息，熟悉各类电容器的性能特点；了解电路的使用条件和要求以及每个电容器在电路中的作用，如耐压、容量、允许偏差、介质损耗、工作环境、体积、价格等因素。

在具体选用电容器时，还应注意如下问题：

（1）电容器型号选择。根据电路的要求合理选择电容器型号。一般，电路极间耦合多选用金属化纸介电容器或涤纶电容器；电源滤波和低频旁路宜选用铝电解电容器；高频电路和要求电容量稳定的地方应该用高频瓷介电容器、云母电容器或钽电解电容器；如果在使用中要求电容量做经常性调整，可选用可变电容器；如果不需要经常调整，可使用微调电容器。

（2）电容器的额定电压。所选电容器应该符合标准系列，额定电压一般应高于电容器两端实际电压的 1～2 倍。不论选用何种电容器，都不得使其额定电压低于电路的实际工作电压，否则，电容器将会被击穿；也不要使其额定电压太高，否则不仅提高了成本，而且电容器的体积必然加大。

（3）标称容量及精度等级。大多数情况下，在一般电路中，对电容器的容量精度要求并不严格。但在振荡回路、延时电路及音调控制电路中，电容器的容量则应和计算要求值尽量一致。在一些滤波网络中，电容器的容量则要求非常精确。

（4）对 $\tan\delta$ 值的选择。在高频电路或对信号相位要求严格的电路中，$\tan\delta$ 值对电路性能的影响很大，直接关系到整机的技术指标，所以应该选择 $\tan\delta$ 值较小的电容器。

（5）成本。由于各类电容器的生产工艺相差很大，因此价格也相差很大。在满足产品技术要求的情况下，应该尽量选用价格低廉的电容器，以便降低产品成本。

2.1.3 电感器

电感器（Inductor）是根据电磁感应原理制成的储能元件，可以将电能转换为磁场能储存和传递。因此，电感器的应用范围很广泛，在调谐、振荡、耦合、匹配、滤波、陷波、延迟、补偿及偏转聚焦等电路中都是必不可少的，在交流电路中也常用于阻流、降压、交链或用作负载。

1．电感器的种类

由于其用途、工作频率、功率、工作环境不同，对电感器的基本参数和结构就有不同的要求，导致电感器类型和结构的多样化。在无线电元件中电感器分为两大类：一类是应用自感作用原理的线圈（Coil），另一类是应用互感作用原理的变压器（Transformer）或互感器（Mutual Inductor）。

其中，线圈可以用来组成 LC 滤波器、谐振回路、均衡电路和去耦电路等。线圈包括单层线圈、多层线圈、蜂房式线圈、带磁芯线圈、固定电感器、可调电感器、低频扼流圈等多种形式。它们都是由漆包线分单层或多层绕组绕在绝缘骨架上而成的。单层绕组有间绕与密绕两种形式。为了增加电感量和 Q 值并缩小体积，常在线圈的骨架中嵌入软磁性材料制作的磁芯，故有空心、磁芯、铁芯线圈之分。变压器主要用来变换电压或阻抗，包括电源变压器、低频输入变压器、低频输出变压器、中频变压器、宽频带变压器、脉冲变压器等。从原理上来说，各种变压器都属于电感器。

在各种电子设备中，根据不同的电路特点，还有很多结构各异的专用电感器。例如，半导体收音机的磁性天线，电视机中的偏转、振荡线圈等。变压器主要用来变换电压或阻抗，包括电源变压器、低频输入变压器、低频输出变压器、中频变压器、宽频带变压器、脉冲变压器等。从原理上来说，各种变压器都属于电感器。

2．电感器的基本参数

1）电感量

电感量是指电感器通过变化电流时产生感应电动势的能力。其大小与磁导率 μ、线圈单位长度中匝数 n 及体积 V 有关。当线圈的长度远大于直径时，电感量为

$$L = \mu n^2 V \tag{2.4}$$

电感的基本单位是 H（亨利），实际工作中的常用单位有 mH（毫亨）、μH（微亨）和 nH（纳亨）。

2）固有电容

电感器实际上可以等效成如图 2.2 所示的电路。图中的等效电容 C_0，就是电感器的固有电

容。由于固有电容的存在，使线圈有一个固有频率或谐振频率，记为f_0，其值为

$$f_0 = 1/(2\pi\sqrt{LC_0}) \tag{2.5}$$

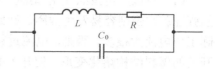

图 2.2　电感的等效电路

使用电感线圈时，应使其工作频率远低于线圈的固有频率。为了减小线圈的固有电容，可以减小线圈骨架的直径，用细导线绕制线圈，或者采用间绕法、蜂房式绕法。

3）品质因数（Q 值）

电感线圈的品质因数定义为

$$Q = \omega L / r \tag{2.6}$$

式中，ω 是工作角频率（rad/s），L 是线圈的电感量（H），r 是线圈的损耗电阻（包括直流电阻、高频电阻及介质损耗电阻）（Ω）。

Q 值反映线圈损耗的大小，Q 值越高，损耗功率越小，电路效率越高，选择性越好。为提高电感线圈的品质因数，可以采用镀银导线、多股绝缘线绕制线匝，使用高频陶瓷骨架及磁芯（提高磁通量）。

4）额定电流

电感线圈中允许通过的最大电流，通常用字母A、B、C、D、E分别表示，标称电流值分别为50 mA、150 mA、300 mA、700 mA、1 600 mA。

3．使用电感器常识

（1）在选电感器时，首先应明确其使用范围，铁芯线圈只能用于低频，而铁氧体线圈、空心线圈可用于高频；其次，要弄清线圈的电感量。

（2）线圈是磁感应元件，它对周围的电感元件有影响。安装时一定要注意电感性元件之间的相互位置，一般应使相互靠近的电感线圈的轴线互相垂直，必要时可在电感性元件上装屏蔽罩。

2.1.4　开关及接插元件

开关及接插元件可以通过一定的机械动作完成电气的连接或断开。它的主要功能是传输信号、输送电能以及通过金属接触点的闭合或开启，使其所联系的电路接通或断开。

1．开关

开关在电子设备中用于接通或切断电路，大多数都是手动式机械结构，由于构造简单、操作方便、廉价可靠，使用十分广泛。随着新技术的发展，各种非机械结构的电子开关，如气动开关、水银开关以及高频振荡式、感应电容式、霍尔效应式的接近开关等，正在不断出现。常见的开关有旋转式开关、按动式开关和拨动式开关。

2．接插件

接插件的功能是进行电路的连接，常见的接插件有圆形接插件、矩形接插件、印制板接插件、同轴接插件、带状电缆接插件和插针式接插件。

3. 正确选用开关及接插件

（1）应该严格按照使用和维护所需要的电气、机械、环境要求来选择开关及接插件，不能勉强迁就，否则容易发生故障。例如，在大电流工作的场合，选用接插件的额定电流必须比实际工作电流大很多，否则，电流过载将会引起触点的温度升高，导致弹性元件失去弹性，或者开关的塑料结构熔化变形，使开关的寿命大大降低；在高电压下，要特别注意绝缘材料和触点间隙的耐压程度；插拔次数多或开关频度高的开关及插件，应注意其镀层的耐磨情况和弹性元件的屈服限度。

（2）为了保证连通，一般应该把多余的接触点并联使用，并联的接触点数目越多，可靠性就越高。设计接触对时，应该尽可能增加并联的点数，保证可靠接触。

（3）要特别注意接触面的清洁。在购买或领用新的开关及接插件后，应该保持清洁并尽可能减少不必要的插拔或拨动，避免触点磨损；在装配焊接时，应该注意焊锡、助焊剂或油污不要流到接触表面上；如果可能，应该定期清洗或修磨开关及接插件的接触对。

（4）在焊接开关和接插件的连线时，应避免加热时间过长、焊锡和助焊剂使用过多，否则可能使塑料结构或接触点损伤变形，引起接触不良。接插件和开关的接线端要防止虚焊或连接不良。为避免接线端上的导线从根部折断，在焊接后应加装塑料热缩套管。

（5）要注意开关及接插件在高频环境中的工作情况。当工作频率超过 $100\ kHz$ 时，小型接插件或开关的各个触点上，往往同时分别有高、低电平的信号或快速脉冲信号通过，应该特别注意避免信号的相互串扰，必要时可以在接触对之间加接地线，起到屏蔽作用。高频同轴电缆与接插件连接时，电缆的屏蔽层要均匀梳平，内外导体焊接后都要修光，焊点不宜过大，不允许残留可能引起放电的毛刺。

（6）当信号电流小于几个微安时，由于开关内的接触点表面上有氧化膜或污染层，假如接触点电压不足以击穿膜层，将会呈现很大的接触电阻，所以应该选用密封型或压力较大的滑动接触式开关。

（7）多数接插件都设有定位装置以免插错方向，插接时应该特别注意；对于没有定位装置的接插件，更应该在安装时做好永久性的接插标志，避免使用者误操作。

（8）插拔力大的连接器，安装一定要牢固。对于这样的连接器，要保证机械安装强度足够高，避免在插拔过程中因用力使安装底板变形而影响接触的可靠性。

（9）电路通过电缆和接插件连通以后，不要为追求美观而绷紧电缆，应该保留一定的长度裕量，防止电缆在震动时受力拉断；选用没有锁定装置的多线连接器（如微型计算机系统中的总线插座），应在确定整机的机械结构时采取锁定措施，避免在运输、搬动过程中由于震动冲击引起接触面磨损或脱落。

2.1.5 半导体分立器件

半导体二极管和三极管是组成分立元器件电子电路的核心器件。二极管具有单向导电性，可用于整流、检波、稳压及混频电路中。三极管对信号具有放大作用和开关作用。

1. 常用半导体分立器件及其分类

按照习惯，通常把半导体分立器件分成如下类别：半导体二极管、双极型三极管和场效应晶体管。其中，半导体二极管包括整流二极管、检波二极管、稳压二极管、恒流二极管、开关二极管、变容二极管、雪崩二极管、PIN 管等；双极型晶体三极管包括高频小功率管，低频小、中、大功率管，微波功率管，低噪声管，微波低噪声，高速开关管及专用器件单结晶体管，高频大功率管；场效应晶体管包括结型管、MOS 管、VMOS 管等。

2. 半导体分立器件的型号命名

按照国家标准规定，国产半导体分立器件的型号命名见表 2.9。

例如，2AP9 表示 N 型锗材料普通二极管，3DG6A 表示 NPN 硅材料高频小功率管。然而，市场上多见的是按照国外产品型号命名的半导体器件，符合国家标准命名的器件反而不易买到。在选用进口半导体器件时，应该仔细查阅有关技术资料，比较性能指标。

表 2.9　国产半导体分立器件的型号命名

第一部分		第二部分		第三部分		第四部分	第五部分
用数字表示器件的电极数目		用汉语拼音字母表示器件的材料和极性		用汉语拼音字母表示器件的类别		用数字表示器件序号	用汉语拼音字母表示规格号
符号	意义	符号	意义	符号	意义		
2	二极管	A	N 型锗材料	P	普通管		
				V	微波管		
				W	稳压管		
		B	P 型锗材料	C	参量管		
				Z	整流管		
		C	N 型硅材料	L	整流堆		
				S	隧道管		
		D	P 型硅材料	N	阻尼管		
				U	光电器件		
				K	开关管		
3	三极管	A	PNP 型锗材料	X	低频小功率管 $(f_a<3\,\mathrm{MHz},\ P_c<1\,\mathrm{W})$		
		B	NPN 型锗材料	G	高频小功率管 $(f_a\geqslant 3\,\mathrm{MHz},\ P_c<1\,\mathrm{W})$		
		C	PNP 型硅材料	D	低频大功率管 $(f_a<3\,\mathrm{MHz},\ P_c\geqslant 1\,\mathrm{W})$		
		D	NPN 型硅材料	A	高频大功率管 $(f_a\geqslant 3\,\mathrm{MHz},\ P_c\geqslant 1\,\mathrm{W})$		
		E	化合物材料	U	光电器件		
				K	开关管		
				I	可控整流器		
				Y	体效应器件		
				B	雪崩管		
				J	阶跃恢复管		
				CS	场效应器件		
				BT	半导体特殊器件		
				FH	复合管		
				PIN	PIN 型管		
				JG	激光器件		

3. 选用半导体分立器件的注意事项

为使晶体管能够长期稳定运行，必须注意下列事项：

（1）切勿使电压、电流超过器件手册中规定的极限值，并应根据设计原则选取一定的裕量。

（2）安装晶体管时，晶体管的位置尽可能不要靠近电路中的发热元件。要分清不同电极的引脚位置，允许使用小功率电烙铁进行焊接，焊接时间应该小于 3 s～5 s，焊点距离管壳不得太近。在焊接点接触型晶体管时，要注意保证焊点与管心之间有良好的散热。

（3）大功率管的散热器与管壳的接触面应该平整光滑，中间应该涂抹有机硅脂以便导热并减少腐蚀；要保证固定三极管的螺丝钉松紧一致。对于大功率管，特别是外延型高频功率管，在使用中要防止二次击穿。

（4）对于绝缘栅型场效应管，应该特别注意避免栅极悬空，即栅、源两极之间必须经常保持直流通路。在采用绝缘栅型场效应管的电路中，通常是在它的栅、源两极之间接入一个电阻或稳压二极管，使积累电荷不致过多或使电压不致超过某一界限；焊接、测试时应该采取防静电措施，电烙铁和仪器等都要有良好的接地线；使用绝缘栅型场效应管的电路和整机，外壳必须良好接地。

2.1.6　集成电路

半导体集成电路是用半导体工艺技术将电子电路的元件（电阻、电容、电感等）和器件（晶体管、传感器等）在同一半导体材料上"不可分割地"制造完成，并互连在一起，形成完整的有独立功能的电路和系统。这种器件打破了电路的传统概念，实现了材料、元器件、电路的三位一体，与分立元器件组成的电路相比，具有体积小、功耗低、性能好、重量轻、可靠性高、成本低等许多优点。

1．集成电路的基本类别

半导体集成电路按器件结构类型可分为双极型、MOS 型和双极—MOS（BIMOS）型；按集成度分，有小规模 SSI（集成了几个门或几十个元器件）、中规模 MSI（集成了 100 个门或几百个元器件以上）、大规模 LSI（1 万个门或 10 万个元器件）、超大规模 VLSI（10 万个元器件以上）等集成电路；按使用的基片材料分为单片集成电路（电路中所有的元器件都制作在同一块半导体基片上的集成电路）和混合集成电路（将多个半导体集成电路裸片或半导体集成电路芯片与分离元器件通过一定的工艺集成到一块绝缘基板上，构成一个完整的、更复杂的功能器件），其中，混合集成电路又分为薄膜集成电路和厚膜集成电路。按电路功能分，有数字集成电路和模拟集成电路两大类。见表 2.10。

2．集成电路的型号与命名

国产集成电路的型号命名由四部分组

表 2.10　半导体集成电路的主要分类

数字集成电路	门电路（与、或、非、与非、或非、与或非门等）	
	触发器（R-S、D、J-K 触发器等）	
	功能部件（半加器、全加器、译码器、计数器等）	
	存储器	随机存储器（RAM）
		只读存储器（ROM）
		移位寄存器等（SR）
	微处理器（CPU）	
	可编程器件	PROM，EPROM，E^{2}ROM
		PLA
		PAL
		GAL，FPGA，CPLD
		其他
	其他	
模拟集成电路	线性集成电路	直流运算放大器
		音频放大器
		宽带放大器
		高频放大器
		其他
	非线性集成电路	电压调整器
		比较器
		读出放大器
		模数（数模）转换器
		模拟乘法器
		可控硅触发器
		其他

成，见表 2.11。

表 2.11 国家标准规定的国产集成电路的型号命名

| 第一部分 | | 第二部分 | 第三部分 | | 第四部分 | |
| 用汉语拼音字母表示电路的类型 | | 用三位数字表示电路的系列和品种号 | 用汉语拼音字母表示器件的工作温度范围 | | 用汉语拼音字母表示电路的封装 | |
符号	意义		符号	意义	符号	意义
T	TTL	其中，TTL 分为：	C	0℃～70℃	A	陶瓷扁平
H	HTL	54/74××	G	−25℃～70℃	B	塑料扁平
E	ECL	54/74H××	L	−25℃～85℃	C	陶瓷双列
I	I^2L	54/74L××	E	−40℃～85℃	D	塑料双列
P	PMOS	54/74S××	R	−55℃～85℃	Y	金属圆壳
N	NMOS	54/74LS××	M	−55℃～125℃	F	F 型
C	CMOS	54/74AS××				
F	线性放大器	54/74ALS××				
W	集成稳压器	54/74F××				
J	接口电路					
μ	微型继电器	CMOS 分为：				
D	音响、电视电路	4000 系列				
B	非线性电路	54/74HC××				
AD	A/D 转换器	54/74HCT××				
DA	D/A 转换器					
SC	通信专用电路					
SS	敏感电路					
SW	钟表电路					
SJ	机电仪表电路					
SF	复印机电路					
VF	电压/频率和频率/电压转换电路					

例如，C180BC——CMOS 二-十进制同步加法计数器：

又如，F031CY——低功耗运算放大器：

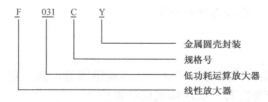

　　国家标准型号的集成电路与国际通用或流行的系列品种相仿，其型号主干、功能、电特性及引脚排列等均与国外同类产品相同，因而品种代号相同的产品可以相互代用。国外企业多在国际通用系列型号前冠以自己企业的代号，因此一般品种代号相同的产品也可以互相代用。

3．集成电路的封装

集成电路的封装，按材料分为金属、陶瓷、塑料三类，按电极引脚的形式分为通孔插装式及表面安装式两类。其中，塑料封装是目前最常见到的封装形式，其最大特点是工艺简单、成本低，因而被广泛使用。国家标准规定的塑料封装的形式，可分为扁平型（B 型）和双列直插型（D 型）两种。为降低成本和方便使用，中功率器件现在也大量采用塑料封装形式；但为了限制温升并有利于散热，通常同时封装一块导热金属板，便于加装散热片。

4．集成电路的使用注意事项

（1）在使用集成电路时，其负荷不允许超过极限值；当电源电压变化不超出额定值±10%的范围时，集成电路的电气参数应符合规定标准；在接通或断开电源的瞬间，不得有高电压产生，否则将会击穿集成电路。

（2）输入信号的电平不得超出集成电路电源电压的范围（即输入信号的上限不得高于电源电压的上限，输入信号的下限不得低于电源电压的下限；对于单个正电源供电的集成电路，输入电平不得为负值）。必要时，应在集成电路的输入端增加输入信号电平转换电路。

（3）一般情况下，数字集成电路的多余输入端不允许悬空，否则容易造成逻辑错误。"与门"、"与非门"的多余输入端应该接电源正端，"或门"、"或非门"的多余输入端应该接地（或电源负端）。为避免多余端，在驱动能力允许的情况下，也可以把几个输入端并联起来，不过这样会增大前级电路的驱动电流，影响前级的负载能力。

（4）数字集成电路的负载能力一般用扇出系数 N_0 表示，但它所指的情况是用同类门电路作为负载。当负载是继电器或发光二极管等需要大电流的元器件时，应该在集成电路的输出端增加驱动电路。

（5）使用模拟集成电路前，要仔细查阅它的技术说明书和典型应用电路，特别注意外围元器件的配置，保证工作电路符合规范。对线性放大集成电路，要注意调整零点漂移、防止信号堵塞、消除自激振荡等。

（6）集成电路的使用温度一般在–30℃～+85℃之间。在系统布局时，应使集成电路尽量远离热源。

（7）在手工焊接电子产品时，一般应该最后装配焊接集成电路；不得使用大于 45 W 的电烙铁，每次焊接时间不得超过 10 s。

（8）对于 MOS 集成电路，要特别防止栅极静电感应击穿。一切测试仪器（特别是信号发生器和交流测量仪器）、电烙铁以及线路本身，均须良好接地。当 MOS 电路的源—漏电压加载时，若栅极输入端悬空，很容易因静电感应造成击穿，损坏集成电路。可以使用机械开关转换到电源正极（或负极）上。此外，在存储 MOS 集成电路时，必须将其收藏在金属盒内或用金属箔包装起来，防止外界电场将栅极击穿。

2.1.7 传感器

传感器（Sensor）是将感受的物理量、化学量等信息，按一定规律转换成便于测量和传输的信号装置，也被称为变换器、检测器或探测器等。

传感器是信息采集系统的首要元件，是实现现代化测量和自动控制的重要环节。传感器主要用于测量和控制系统，它的性能好坏直接影响系统的性能。

1．传感器的组成

传感器通常由敏感元件、转换元件、信号调节电路和辅助部件组成。传感器通过敏感元件直接感受及检测出被测对象的待测信息，再由转换元件将检测出的信息转换成电信号，然后再由信号调节电路将转换元件输出的电信号转换为便于传输、显示、记录、处理和控制的有用电信号。

2．传感器的分类

从使用出发，按传感器的输入信号分类，一般可分为力学量测量、热学量测量、声学量测量、光学量测量、磁学量测量、电学量测量、化学量测量、生物量测量等。其中，常见的传感器有电阻应变式力传感器、压电式测力传感器、应变式加速度传感器、压电式加速度传感器、热电式传感器、集成温度传感器、液晶温度传感器、气体敏感传感器等，它们在不同的场合得到了广泛应用。

3．传感器的基本特性

传感器的基本特性是指传感器的输出—输入关系特性，包括静态特性和动态特性。所谓静态特性是指在稳态信号（即信号不随时间的变化而变化）的作用下，传感器的输出—输入关系特性。衡量传感器静态特性的重要指标是线性度、灵敏度、重复性和迟滞。静态特性好的传感器，其输出量和输入量之间的非线性误差小，测量精度高；传感器的灵敏度高，并且在全量程范围内恒定，输出—输入特性曲线一致性程度高；输出和输入之间的时延小。所谓动态特性是指传感器对动态输入信号（激励）的响应特性。动态特性好的传感器，其输出量和输入量有非常相似的时间函数，动态差异小。

2.1.8 继电器

继电器是一种根据某种输入信号变化而接通或断开控制电路，实现自动控制和保护的自动电器，它是自动化设备中的主要元件之一，起到操作、调节、安全保护及监督设备工作状态等作用。其输入量可以是电流、电压等电量，也可以是温度、时间、压力、速度等非电量。

1．继电器的命名和分类

1）继电器的型号命名

继电器型号命名不一，部分常用继电器的型号命名见表 2.12。

表 2.12　部分常用继电器的型号命名法

第一部分		第二部分				第三部分		第四部分	第五部分	
主称		产品分类				形状特征		序号	防护特性	
符号	意义	符号	意义	符号	意义	符号	意义		符号	意义
J	继电器	R	小功率	S	时间	X	小型	数字	F	封闭式
		Z	中功率	A	舌簧	C	超小型		M	密封式
		Q	大功率	M	脉冲	Y	微型			
		C	电磁	J	特种					
		V	温度							

2）继电器的分类

按功率大小可分为小功率（25 W 以下）、中功率（25 W～100 W）、大功率继电器（100 W 以上）。按用途不同可分为控制继电器、保护继电器、时间继电器等。按动作时间的不同可分为快速继电器（小于 50 ms）、标准继电器（50 ms～1 s）及延时继电器（大于 1 s）。现在常用的继电器有电磁式继电器、舌簧继电器、时间继电器和固态继电器。

2. 继电器的主要参数

（1）额定工作电压：继电器正常工作时加在线圈上的电压称为继电器的额定工作电压。额定工作电压可以是交流电压，也可以是直流电压，随型号的不同而不同。

（2）吸合电压或吸合电流：继电器能够产生吸合动作的最小电压或最小电流称为吸合电压或吸合电流。在使用时，实际工作电流必须略大于吸合电流，吸合动作才可靠。为了保证吸合动作的可靠性，实际工作电压也可以略高于额定电压，但不能超过额定电压的 1.5 倍，否则容易烧毁线圈。

（3）直流电阻：指线圈的直流电阻值，可以用万用表进行测量。

（4）释放电压或电流：继电器由吸合状态转换为释放状态，所需的最大电压或电流值称为释放电压或电流。其值一般为吸合值的 1/10 至 1/2。

（5）触点负荷：继电器触点允许的电压、电流值称为触点负荷。一般，同一型号的继电器触点的负荷是相同的，它决定了继电器的控制能力。

此外，继电器的体积大小、安装方式、尺寸、吸合释放时间、使用环境、绝缘强度、触点数、触点形式、触点寿命（次数）、触点是控制交流还是直流等，在设计时都需要考虑。

2.1.9　表面贴装元件

表面贴装元件主要特点是：微小型化，无引线，适合在印制板上表面组装，可节省空间，特别适合高频电路使用。贴片元件有电阻、电容、三极管、二极管、电感、集成电路等。

1. 电阻器

表面贴装电阻按特性及电阻材料分类有厚膜电阻器、薄膜电阻器和大功率线绕电阻器。按外型结构分类有矩形片式电阻器、异型电阻器和圆矩形片式电阻器。

1）矩形片式电阻器

矩形片式电阻器的结构如图 2.3 所示，由陶瓷基片、电阻膜、玻璃釉层和电极四大部分组成。电极一般采用三层电极结构（内层电极、中间电极和外层电极）。外层是锡铅层，是可焊层。

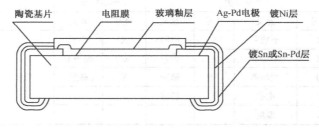

图 2.3　矩形片式电阻器结构

矩形片式电阻器按电阻材料分成薄膜型（RN）和厚膜型（RK）两类。RK 型是电路中应用最为广泛的一种，RN 型则适用于精密和高频电路中。

表 2.13 所示以日本 JISC5222、JISC5223 标准为代表列出了矩形片式电阻器的技术性能。

表 2.13　矩形片式电阻器的技术性能

特性 ＼ 分类		RK（厚膜型）											RN（薄膜型）			
		H			K				M				F、G、H			
温度系数		±100			±250				±500				±25、±50、±100			
额定功率 记号	记号	2A	2B	2E	1J	2A	2B	2E	1J	2A	2B	2E	1J	2A	2B	2E
	功率	0.1	0.125	0.25	0.063	0.1	0.125	0.25	0.063	0.1	0.125	0.25	0.063	0.1	0.125	0.25
最大使用电压/V		75	150	200	50	75	150	200	50	75	150	200	50	75	150	200
最大过流电压/V		150	300	400	100	150	300	400	100	150	300	400	100	150	300	400
额定使用温度		70℃											70℃			
使用温度范围		−55℃～125℃											−55℃～125℃			
标称阻值容差		±1（±2）			±2，±5				±2，±5，±10				±0.1，±0.25，±0.5，±1			
标称阻值范围		100Ω～1MΩ			10Ω～1MΩ				2.2Ω～10MΩ				10Ω～47kΩ	10Ω～100kΩ		10Ω～470kΩ

矩形片式电阻的阻值采用直接标识的方法，即在电阻的表面用 3 位数字表示，前两位为有效值，第三位为倍率（10 的幂数）。例如，电阻的表面标识是 121，则对应的电阻值为 120 Ω。

2）异型电阻器

异型电阻器多为电阻网络。电阻网络是将几个单独的电阻，按预定的配置要求加以连接后封装在同一塑料或陶瓷体内组成的。

（1）外形结构：电阻网络按结构分为小型扁平封装（SOP）型、芯片功率型、芯片载体型、芯片阵列型 4 种结构。

（2）内部电阻连接方式：根据电路的用途不同，电阻网络有串联、并联等多种连接形式。

3）片式微调电位器

片式微调电位器可以分成两种：敞开式和密封式。片式微调电位器的检测方法与普通电位器的方法一样。

2．片式电容器

片式电容器目前使用最多的是陶瓷系列电容器、钽电容器和铝电容器。

1）多层片式瓷介电容器

多层片式瓷介电容器又称 MLC（Multilayer Ceramic Capacity），有时也称独石电容。目前的 MLC 标准有美国的 EIA、日本的 JIS 等。国内常用的有两类：CC41 和 CT41，其型号及尺寸如表 2.14 所示，其耐压只有 50 V 和 25 V 两种。

2）片式钽电解电容器

容量超过 0.33 μF 的表面组装元件通常使用钽电解电容器，优点是响应速度快，内部为固体电解质。矩形钽电解电容器有裸片型、模塑封装型和端帽型 3 种类型。矩形钽电解电容器的容量范围为 0.047 μF～100 μF，误差范围为 ±20% 或 ±10%，额定耐压值为 4 V～35 V。

表 2.14　MLC 标准外形尺寸

型　　号			尺寸/mm		
CC41、CT41	EIA	JIS	L	W	H_{max}
—	—	1	1.6±0.2	0.8±0.2	1.0
0805	CC0805	2	2.0±0.3	1.25±0.2	1.25
1005	CC1005	—	2.5±0.3	1.25±0.2	1.25
1206	CC1206	3	3.2±0.4	1.60±0.2	1.25
1210	CC1210	4	3.2±0.4	2.50±0.3	1.90
1805	CC1805	—	4.5±0.5	1.25±0.2	1.25
1812	CC1812	5	4.5±0.5	3.2±0.4	1.90
3220	CC1812	6	5.7±0.5	5.0±0.5	1.90

3）片式铝电解电容器

片式铝电解电容器按外形可分为圆柱形、矩形两种类型。按封装形式可以分为金属封装形、树脂封装形，如图 2.4 所示。片式铝电解电容器的容量范围为 0.1 μF～220 μF，误差范围为 ±20%，额定耐压值为 4 V～50 V。

片式铝电解电容器的极性表示方法如图 2.5 所示。

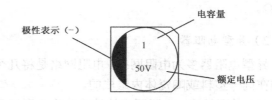

图 2.4　片式铝电解电容器　　　　　图 2.5　片式铝电解电容器极性表示方法

3．片式电感器

片式电感器是将线绕在磁芯上，低电感时用陶瓷做磁芯，大电感时用铁氧体做磁芯，再将绕组引出两个电极，制作成贴片元件，有普通型和功率应用型之分。

4．贴片三极管

贴片三极管采用塑料封装，封装形式有 SOT、SOT23、SOT223、SOT25、SOT343、SOT220、SOT89、SOT143 等，结构外形如图 2.6 所示。其中 SOT23 是通用的表面组装晶体管，有三条引线，功耗一般为 150 mW～300 mW；SOT89 适合于较高功率场合，管子底部有金属散热片和集电极相连，功率一般为 300 mW～2 W；SOT143 有 4 条引线，一般是射频晶体管或双栅场效应管。

5．贴片二极管

贴片二极管外形与贴片电阻的外形相似，常用的尺寸有 1206、0805。贴片发光二极管的中间是一个发光二极管，颜色有红、黄、绿、白等，也有双色的。

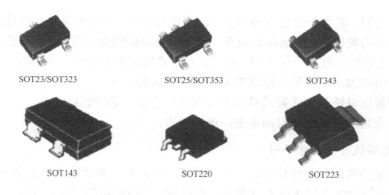

SOT23/SOT323　　　SOT25/SOT353　　　SOT343

SOT143　　　SOT220　　　SOT223

图 2.6　SOT 贴片三极管结构外形

2.2　装配与焊接

装配、焊接是电子设计制作中最重要的环节，关系到作品的成功与否以及性能指标的优劣。

2.2.1　装配工具

1．电烙铁

电烙铁是焊接的主要工具，作用是把电能换成热能对焊接点部位进行加热，同时熔化焊锡，使熔化的焊锡润湿被焊金属形成合金，冷却后被焊元器件通过焊点牢固地连接。

1）电烙铁的类型与结构

电烙铁主要有内热式电烙铁、外热式电烙铁、吸锡器电烙铁和恒温式电烙铁等类型。

（1）内热式电烙铁由手柄、连杆、手柄弹簧夹、铁心、烙铁头（也称铜头）5 个部件组成。烙铁心安装在烙铁头的里面，故称为内热式电烙铁。烙铁心采用镍铬电阻丝绕在瓷管上制成，一般 20 W 电烙铁其电阻为 2.4 kΩ 左右。常用的内热式电烙铁的工作温度如表 2.15 所示。

表 2.15　内热式电烙铁的工作温度

烙铁功率/W	20	25	45	75	100
端头温度/℃	350	400	420	440	455

烙铁心是可更换的，换烙铁心时注意不要将引线接错，一般电烙铁有 3 个接线柱，中间一个为地线，另外两个接烙铁心的两条引线。接线柱外接电源线接 220 V 交流电压。

一般来说，电烙铁的功率越大，热量越大，烙铁头的温度越高。焊接集成电路、印制电路板等较小体积的元器件时，一般可选用 20 W 内热式电烙铁。使用烙铁功率过大，容易烫坏元器件（一般二极管、三极管结点温度超过 200℃时就会烧坏），使印制导线从基板上脱落；使用的烙铁功率太小，焊锡不能充分熔化，也会烧坏器件，一般每个焊点在 1.5 s～4 s 内完成。

（2）外热式电烙铁一般由烙铁头、烙铁心、外壳、手柄、插头等部分组成。烙铁心是用镍铬电阻丝在薄云母片绝缘的筒子上（或绕在一组瓷管上），烙铁头安装在烙铁心里面，故称外热式电烙铁。烙铁头的长短也是可以调整的（烙铁头越短，烙铁头的温度越高）。电阻丝断路后也可重新修复或更换。烙铁头采用热传导性好的以铜为基体的合金材料制成。普通的铜质烙铁头在连续使用后,其作业面会变得不平,需用锉刀挫平。即使新烙铁头在使用前也要用锉刀去掉烙铁头表面的氧化物,然后接通电源,待烙铁头加热到颜色发紫时,再用含松香的焊锡丝摩擦烙铁头,使烙铁头挂上一层薄锡。注意:对于表面镀有合金层的烙铁头,不能够采用上述的方法,可以用湿的木棉布等去掉烙铁头表面的氧化物。

(3)吸锡器电烙铁是将活塞式吸锡器与电烙铁合在一起的拆焊工具。

(4)恒温电烙铁的温度能自动调节,保持恒定。

2)使用电烙铁时的注意事项

(1)使用电烙铁前要坚持检查烙铁的电线有没有损坏,烙铁头有没有和电源引线间连接。

(2)根据焊接对象合理选用不同类型的电烙铁。当被焊接的导体较大时,则电烙铁的功率相应也要高。

(3)根据焊接元器件不同,可以选用不同截面的烙铁头,常用的是尖圆锥形。

(4)使用过程中不要任意敲击电烙铁头,以免损坏。内热式电烙铁连接杆管壁厚度只有0.2 mm,不能用钳子夹,以免损坏。在使用过程中应经常维护,保证烙铁头挂上一层薄锡。当烙铁头上有杂物时,用湿润的耐高温海绵或棉布擦拭。

(5)新的电烙铁在使用前,首先给烙铁上一层松香,然后用另一把烙铁给新烙铁上锡。

(6)对于吸锡电烙铁,在使用后要马上压挤活塞,清理内部的残留物,以免堵塞。

2.其他常用工具

(1)尖嘴钳头部较细,常用来夹小型金属零件、元器件引脚,使之成形。

(2)剪丝钳的刀口较锋利,主要用来剪切导线以及元器件多余的引线。

(3)镊子的作用是弯曲较小元器件的引脚、摄取微小器件用来焊接。

(4)螺丝刀有"一"字式和"十"字式两种,它的作用是拧动螺钉和调整可调元器件的可调部分。在进行电路调试时,调整电容或中周要选用非金属的螺丝刀。

(5)小刀用来刮去导线和元件引线上的绝缘物和氧化物。

(6)剥线钳用于剥离导线上的护套层。

2.2.2　焊接材料

1.焊料

锡中加入一定比例的铅和少量其他金属,可制成熔点低、流动性好、对元件和导线的附着力强、机械强度高、导电性好、不易氧化、抗腐蚀性强、焊点光亮美观的焊料,一般称为焊锡。

1)焊锡的种类

常用焊锡按含锡量的多少可分为 15 种,并按含锡量和杂质的化学成分分为 S、A、B 三个等级,家用电器和通信设备使用的焊锡为 60Sn～40Sn。65Sn 用于印制电路板的自动焊接(浸焊、波峰焊等);50Sn 为手工焊接中使用较广的焊锡,但其液相温度高(约为 215℃)。所以,为防止器件过热,最好选用 60Sn 或 63Sn。

2)焊锡的形状

焊锡有很多种形状,手工焊接主要用丝状焊锡。焊锡丝的直径有 0.5,0.8,0.9,1.0,1.2,1.5,2.0,2.3,2.5,3.0,4.0,5.0 mm 等多种。

实际手工焊接时，为了使操作简化将焊锡制成丝型管状，管内夹带固体焊剂。焊剂一般用特级松香并添加一定的活化剂（如二乙胺盐酸盐）制成。

2. 焊剂

根据焊剂的作用不同可分为助焊剂和阻焊剂两大类。手工电子制作时主要用助焊剂。

1）助焊剂的作用

（1）助焊剂能溶解金属表面的氧化物，并在焊接加热时包围金属的表面，使之与空气隔绝，防止金属在加热时氧化。

（2）助焊剂可降低焊锡的表面张力，有利于焊锡的湿润。

2）助焊剂的分类

助焊剂一般可分为无机助焊剂、有机助焊剂和树脂型助焊剂。

（1）无机助焊剂化学作用强、腐蚀作用大、锡焊效果好。使用这种助焊剂进行焊接后，一定要进行清洗。由于它的腐蚀作用强，一般在电子设备制作中几乎不采用。

（2）有机助焊剂由有机酸、有机类卤化物以及各种胺盐组成。这种助焊剂的缺点是热稳定性差；有的具有一定程度的腐蚀性，残渣不易清洗干净；有的是水溶性的，因而在电子工业装配中的使用受到限制。

（3）用于电子设备的助焊剂应具备无腐蚀性、高绝缘性、长期稳定性、耐湿性、无毒性。树脂系列的助焊剂以松香焊剂使用最广。松香可直接做助焊剂使用，它的熔化温度约为 52℃～83℃，加热到 125℃时变为液态。采用 22%松香、67%无水乙醇、1%三乙醇胺配成松香酒精溶液比单独使用松香的效果好。

2.2.3 焊接工艺和方法

1. 焊接工艺

1）焊接的要求

电子产品的组装，其主要任务是在印制电路板上对电子元器件进行锡焊。焊点的个数从几十个到成千上万个，如果有一个焊点达不到要求，都会影响整机的质量。因此，在锡焊时必须做到以下几点：

（1）焊点的机械强度要足够高。为保证被焊件在受到震动或冲击时不至于脱落、松动，因此，要求焊点有足够高的机械强度。但不能用过多的焊料堆积，这样容易造成虚焊以及焊点与焊点的短路。

（2）焊接要可靠，以保证导电性能。为使焊点有良好的导电性能，必须防止虚焊。虚焊是指焊料与被焊物表面没有形成合金结构，只是简单地依附在被焊金属的表面上。

（3）焊点表面要光滑、清洁。为使焊点美观、光滑、整齐，不但要有熟练的焊接技能，而且要选择合适的焊料和焊剂，否则将出现焊点表面粗糙、拉尖、棱角等现象。图 2.7 所示是两种典型焊点的外观，其共同特点是：

- 外形以焊接导线为中心，匀称，成裙形拉开；
- 焊料的连接呈半弓凹面，焊料与焊件交界处平滑，接触角尽可能小；
- 表面有光泽且平化；
- 无裂纹、针孔、夹渣。

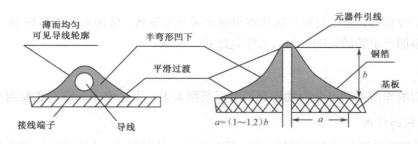

图 2.7 典型焊点外观示意图

2）焊接前的准备

元器件在印制板上的排列和安装方式有两种，一种是立式，另一种是卧式。元器件引线弯成的形状是根据焊盘孔的距离及装配上的不同而加工成的，引线的跨距应根据尺寸优选 2.5 的倍数。图 2.8 所示是印制板上装配元器件部分实例。

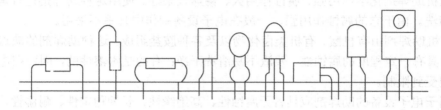

图 2.8 印制板上元器件引线成形

元器件引线成形要注意以下几点：

（1）加工时，注意不要将引线齐根部弯折。因为制造工艺上的原因，根部容易折断。一般应留 1.5 mm 以上，如图 2.9 所示。

（2）弯曲一般不要成死角，圆弧半径应大于引线直径的 1～2 倍。

（3）要尽量将有字符的元器件面置于容易观察的位置，如图 2.10 所示。

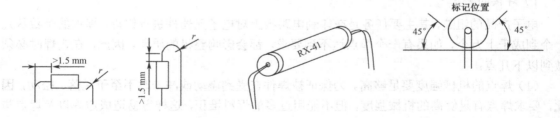

图 2.9 元器件引线弯曲　　　图 2.10 元器件成形及插装时注意标记位置

元器件引线一般都镀有一层薄的钎料，但时间一长，引线表面产生一层氧化膜，影响焊接。对于引线氧化的元器件，在焊接前引线都要重新镀锡。

镀锡时要注意以下几点：

（1）待镀面应清洁。元器件、焊片、导线等表面的污物，轻则用酒精或丙酮擦洗，严重的腐蚀性污点只有用机械办法去除，包括刀刮或砂纸打磨，直到露出光亮金属为止。

（2）加热温度要足够。被焊金属表面温度应接近熔化时的焊锡温度才能形成良好的结合层，因此应该根据焊件大小供给它足够的热量。但由于考虑到元器件承受温度不能太高，必须掌握恰到好处的加热时间。

（3）要使用有效的焊剂。松香是广泛应用的焊剂，但松香经过反复加热后会失效，发黑的松香实际已经不起什么作用，应及时更换。

（4）多股导线镀锡。剥导线头的绝缘皮不要伤线，最好用剥皮钳根据导线直径选择合适的槽口剥导线头。剥好的多股导线一定要将其绞合在一起，否则在镀锡时就会散乱。绞合时旋转角一般为 30°～40°，旋转方向应与原线芯旋转方向一致。绞合时，手不要直接触及导线，可捏紧已剥断而没有剥落的绝缘皮进行绞合。要注意，不要让锡浸入到绝缘皮中，最好在绝缘皮前留 1 mm～3 mm 间隔使之没有锡。

3）手工焊接要点

焊接材料、焊接工具、焊接方式方法和操作者是焊接的四要素。

手工焊接操作的基本步骤如下：

（1）准备施焊：右手拿烙铁（烙铁头应保持干净，并上锡），处于随时可施焊状态；

（2）加热焊件：应注意加热整个焊接体，例如元器件的引线和焊盘都要均匀受热；

（3）送入焊丝：加热焊件达到一定温度后，焊丝从烙铁对面接触焊件，注意不是直接接触电烙铁头；

（4）移开焊丝：当焊丝熔化一定量后，立即移开焊丝；

（5）移开电烙铁头：焊锡浸润焊盘或焊件的施焊部位后，移开烙铁。

对于小热容量焊件而言，上述整个过程不过 2 s～4 s 时间，各步时间的控制和时序要准确掌握。

一般烙铁头温度比焊料熔化温度高 50℃较为适宜。在保证焊料浸湿焊件前提下，加热时间越短越好。如果加热时间不足、温度过低，易造成焊料不能充分浸润焊件，形成夹渣（松香）、虚焊。过量加热除可能造成元器件损坏外，还有如下危害和外部特征：

（1）焊点外观变差。如果焊锡已浸润焊件后还继续加热，造成溶态焊锡过热，烙铁撤离时容易造成拉尖，同时出现焊点表面粗糙颗粒、失去光泽、焊点发白。

（2）焊接时所加松香焊剂在温度较高时容易分解碳化（一般松香 210℃开始分解），失去助焊剂作用，而且夹到焊点中造成焊接缺陷。如果发现松香已加热到发黑，肯定是加热时间过长所致。

（3）印制板上的铜箔是采用黏合剂固定在基板上的。过多的受热会破坏黏合剂，导致印制板上铜箔的剥落。

因此，准确掌握焊接温度和时间是优质焊接的关键。

4）焊接操作要领

（1）焊件表面处理。一般情况下遇到的焊件往往都需要进行表面清理工作，除去焊接面上的锈迹、油污、灰尘等影响焊接质量的杂质。手工操作中常用机械刮磨和酒精、丙酮擦洗等简单易行的方法。

（2）预焊。预焊就是将要锡焊的元器件引线或导线的焊接部位预先用焊锡润湿，一般称为镀锡、上锡或搪锡等。预焊并非锡焊不可缺少的操作，但对于手工烙铁焊接，特别是维修、调试和研制工作，几乎是必不可少的。

（3）不要用过量的焊剂。适量的焊剂是必不可少的，但不要认为越多越好。过量的松香不仅造成焊后焊点周围需要清洗，而且又容易夹杂到焊锡中，形成"夹渣"缺陷。合适的焊剂量应该是松香水仅能浸湿将要形成的焊点，防止松香水透过印制板流到元件面或插座孔里（如

IC插座）。对使用松香芯的焊丝，基本不需要再涂焊剂。

（4）保持烙铁头清洁。焊接时烙铁头长期处于高温状态，又接触焊剂等受热分解的物质，其表面很容易氧化而形成一层黑色杂质，这些杂质几乎形成隔热层，使烙铁头失去加热作用。因此，要随时清除掉杂质。

（5）焊锡量要合适。过量的焊锡不但毫无必要地消耗了较贵的锡，而且增加了焊接时间。更为严重的是，在高密度的电路中，过量的锡很容易造成不易觉察的短路。但是焊锡过少不能形成牢固的结合，降低焊点强度，特别是在板上焊导线时，焊锡不足往往造成导线脱落。

（6）焊件要固定。在焊锡凝固之前不要使焊件移动或震动，特别是用镊子夹住焊件时一定要等焊锡凝固再移去镊子；否则会造成焊点外观无光泽呈豆渣状，焊点内部结构疏松，容易有气隙和裂缝，造成焊点强度降低，导电性能差。

（7）注意烙铁撤离。撤离烙铁时轻轻旋转一下，可保持焊点适当的焊料，撤离要及时，而且撤离时角度和方向对焊点的形成有一定关系，需要在实际操作中体会。

（8）不要用烙铁头作为运载焊料的工具。烙铁头温度一般都在300℃左右，用烙铁头沾上焊锡去焊接，容易造成焊料的氧化、焊剂的挥发。

2. 典型焊接方法

1）印制电路板的焊接

焊接电路板，除遵循锡焊要领外，印制电路板在焊接之前要仔细检查，检查印制电路板有无断路、短路、孔金属化不良以及是否涂有助焊剂或阻焊剂等。将印制板上所有的元器件做好焊前准备工作（测试、整形、镀锡）。

焊接时，根据元器件尺寸高度，一般工序应先焊尺寸较低的元器件，后焊尺寸较高的和要求比较高的元器件等。次序是：电阻→电容→二极管→三极管→其他元器件等。但根据印制板上的元器件特点，有时也可先焊高的元器件，后焊低的元器件（如晶体管收音机），使所有元器件的高度不超过最高元器件的高度，保证印制电路板上元器件比较整齐，并占有最小的空间位置。不论哪种焊接工序，印制板上的元器件都要排列整齐，同类元器件要保持高度一致。

焊接结束后，需检查有无漏焊、虚焊现象。检查时，可用镊子将每个元器件脚轻轻提一提，看是否摇动，若发现摇动，应重新焊好。

2）晶体管、瓷片电容、发光二极管和中周等元器件的焊接

这类元器件的共同弱点是加热时间过长就会失效，其中瓷片电容、中周等元器件最易出现内部接点开焊，晶体管、发光管则出现管芯损坏。焊前一定要处理好焊点，施焊时强调一个"快"字。同时，先用辅助散热措施可避免过热失效。例如，使用钳子或镊子夹持引脚散热，防止烫坏管子。焊接晶体管（锗管）时，如果焊接技术比较熟练，晶体管的引线与接点浸锡良好，则直接焊接也可。硅管的耐热性能高于锗管，一般可不加散热措施。

3）集成电路的焊接

静电和过热容易损坏集成电路，因此在焊接时必须非常小心。

集成电路的安装焊接有两种方式，一种是将集成块直接与印制板焊接，另一种是通过专用插座（IC插座）在印制板上焊接，然后将集成块直接插入IC插座上。

在焊接集成电路时，应注意下列事项：

（1）集成电路引线如果是镀金银处理的，不要用刀刮，只需用酒精擦拭或绘图橡皮擦干净

就可以了。

（2）对于 MOS 电路，如果事先已将各引线短路，焊前不要拿掉短路线。

（3）焊接时间在保证焊接质量的前提下尽可能短，每个焊点最好用 3 s 时间焊好，最多不超过 4 s，连续焊接时间不要超过 10 s。

（4）使用烙铁最好是 20 W 内热式的，接地线应保证接触良好。若用外热式的，采用烙铁断电后用余热焊接，必要时还要采取人体接地的措施。

（5）使用低熔点焊剂，一般不要高于 150 ℃。

（6）工作台上如果铺有橡皮、塑料等易于积累静电的材料，集成电路等器件及印制板等不宜放在台面上。

（7）集成电路若不使用插座，直接焊到印制板上，安全焊接顺序为地端→输出端→电源端→输入端。注意集成电路的引脚方向，不要装反了。

（8）焊接集成电路插座时，必须按集成块的引线排列图焊好每个点。

4）有机材料塑料元件接点焊接

各种有机材料，包括有机玻璃、聚氯乙烯、聚乙烯、酚醛树脂等材料，现在已被广泛用于电子元器件的制作，如各种开关、插接件等，这些元件都是采用热铸塑方式制成的。它们最大的弱点就是不能承受高温。当对铸塑在有机材料中的导体接点施焊时，如果不注意控制加热时间，极容易造成塑性变形，导致元件失效或降低性能，从而引起隐性故障。

（1）在元件预处理时，尽量清理好接点焊接部分，力争一次镀锡成功，不要反复镀，尤其将元件在锡锅中浸镀时，更要掌握好浸入深度及时间。

（2）焊接时烙铁头要修整尖一些，焊接一个接点不应碰相邻接点。

（3）镀锡及焊接时加助焊剂量要少，防止浸入电接触点。

（4）烙铁头在任何方向均不要对接线片施加压力。

（5）时间要短一些，焊后不要在塑壳未冷前对焊点做牢固性试验。

5）继电器、波段开关类元件接点焊接

继电器、波段开关类元件的共同特点是簧片制造时加预应力，使之产生适应弹力，保证了电接触性能。如果安装施焊过程中对簧片施加外力，则易破坏接触点的弹力，造成元件失效；如果装焊不当，容易造成以下四方面的问题：

（1）装配时如对触片施力，造成塑性变形，开关失效；

（2）焊接时对焊点用烙铁施力，造成静触片变形；

（3）焊锡过多，流到铆钉右侧，造成静触片弹力变化，开关失效；

（4）安装过紧，变形。

6）导线焊接

实践中发现，出现故障的电子产品中，导线焊点的失效率高于电路板，有必要对导线的焊接工艺给予特别重视。

首先是常用连接导线的焊前处理。电子装配常用导线有三类：单股导线、双股导线和屏蔽线，如图 2.11 所示。导线焊接前要除去末端绝缘层，一般可用

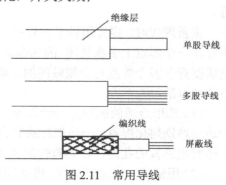

图 2.11 常用导线

剥线钳或简易剥线器。剥线时要注意对单股导线不应伤及导线，多股导线及屏蔽线不断线。焊前先进行预焊处理，预焊又称为挂锡，导线挂锡时要边上锡边旋转，旋转方向与拧合方向一致。

然后是导线焊接及末端处理。导线同接线端子的连接有以下三种基本形式。

（1）绕焊：把经过上锡的导线端子在接线端子上缠一圈，用钳子拉紧缠牢后进行焊接。注意导线一定要紧贴端子表面，绝缘层不接触端子，一般导线绝缘皮与焊面之间的距离 $L=1\text{ mm}\sim 3\text{ mm}$ 为宜。这种连接可靠性最好。

（2）钩焊：将导线端子弯成钩形，钩在接线端子上并用钳子夹紧后施焊，端头处理与绕焊相同。这种方法强度低于绕焊，但操作简便。

（3）搭焊：把经过镀锡的导线搭到接线端子上施焊，这种连接最方便，但强度可靠性最差，仅用于临时连接或不便于缠、钩的接线端子以及某些接插件上，如图 2.12 所示。

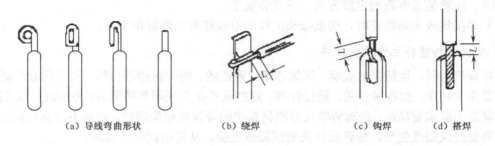

（a）导线弯曲形状　　　　　（b）绕焊　　　　　（c）钩焊　　　　　（d）搭焊

图 2.12　导线与端子的连接

导线与导线的连接以绕焊为主，操作步骤是：首先去掉一定长度绝缘皮，端子上锡并穿上合适套管，然后绞合施焊，趁热套上套管，冷却后套管固定在接头处。

为了使元器件或导线在继电器、波段开关类元件的焊片上焊牢，需要将导线插入焊片孔内绕住，然后再用电烙铁焊好，不应搭焊。如果焊片上焊的是多股导线，最好用套管将焊点套上，这样既保护焊点不易和其他部位短路，又能保护多股导线不容易散开。

3．拆焊

调试和维修中常常需要更换一些元器件，如果方法不得当，就会破坏印制电路板，也会使换下而并没失效的元器件无法重新使用。

一般电阻、电容、晶体管等的引脚不多，且每个引线能相对活动的元器件可用烙铁直接拆焊。将印制板竖起来夹住，一边用电烙铁加热待拆元件的焊点，一边用镊子或尖嘴钳夹住元器件引线轻轻拉出。但需注意，动作要迅速。如果加热时间过长，会使印制板表面氧化或焊盘脱落。

重新焊接时，需先用锥子将焊孔在加热熔化焊锡的情况下扎通。需要指出的是，这种方法不宜在一个焊点上多次使用，因为印制导线和焊盘经反复加热后很容易脱落，造成印制板损坏。当需要拆下多个焊点且引线较硬的元器件（如多线插座）时，以上方法就不可行了，一般有以下几种方法：

（1）选用合适的医用空心针拆焊。将医用针头用钢锉锉平，作为拆焊的工具。具体的方法：一边用烙铁熔化焊点，一边把针头套在被焊的元器件引线上，直至焊点熔化后，将针头迅速插入印制电路板的孔内，使元器件的引线脚与印制板的焊盘脱开。

（2）用铜编制线进行拆焊。将铜编制线的部分吃上松香焊剂，然后放在将要拆焊的焊点上，再把电烙铁放在铜编制线上加热焊点，待焊点上的焊锡熔化后，就被铜编制线吸去，如果焊点上的焊料一次没有被吸完，则可进行第二次、第三次，直至吸完。当编制线吸满焊料后就不能再使用了，需要把已吸满焊料的部分剪去。

（3）用气囊吸锡器进行拆焊。将被拆的焊点加热，使焊料熔化，然后把吸锡器挤瘪，将吸嘴对准熔化的焊料，然后放松吸锡器，焊料就被吸进吸锡器内。

（4）用吸锡器电烙铁拆焊。吸锡器电烙铁也是一种专用拆焊烙铁，它能在对焊点加热的同时，把锡吸入内腔，从而完成拆焊。

4．焊点的质量检查

1）外观检查

典型焊点外观示意图参见图 2.7。外观检查除目测（或借助放大镜、显微镜观测）焊点是否合乎上述标准外，还需要检查以下几个方面：漏焊、焊料拉尖、焊料引起导线间短路（即所谓"桥接"）、导线及元器件绝缘的损伤、布线整形、焊料飞溅。检查时，除目测外，还要用指触、镊子拨动、拉线等，检查有无导线短线、焊盘剥离等缺陷。

2）通电检查

通电检查必须是在外观检查及连接检查无误后才可进行，也是检验电路性能的关键步骤。如果不经过严格的外观检查，直接通电检查，有损坏设备仪器和作品、造成安全事故的危险。

2.3　印制电路板的设计与制作

印制电路板（Printed Circuit Board，PCB）由绝缘底板、连接导线和装配焊接电子元器件的焊盘组成，具有导电线路和绝缘底板的双重作用，是实现电子整机产品功能的主要部件之一，其设计是整机工艺设计中重要的一环。印制电路板的设计质量，不仅关系到电路在装配、焊接、调试过程中的操作是否方便，而且直接影响整机的技术指标和使用、维修性能。

印制电路板设计通常有两种方式：一种是人工设计，另一种是计算机辅助设计。无论采取哪种方式，都必须符合原理图的电气连接和产品电气性能、机械性能的要求，并要考虑印制板加工工艺和电子产品装配工艺的基本要求。目前，计算机辅助设计（CAD）印制电路板的应用软件已经普及推广，本书将在第 7 章介绍用 Protel 2004 绘制电路原理图和设计印制电路板。本节主要介绍印制电路板的结构布局、元器件布线、印制电路板的设计步骤及制作。

2.3.1　印制电路板的结构布局设计

印制板有许多特点，如印制导线都是平面布置，单面印制板上导线不能相互交叉；铜箔的抗剥离强度较低，接点不易多次焊接；不宜采用一点接地等。因此印制板上元器件布局与布线有其自身特点。

1．按照信号流走向的布局

整机电路的布局原则：把整个电路按照功能划分成若干个电路单元，按照电信号的流向，依次安排各个功能电路单元在板上的位置，使布局便于信号流通，并使信号流尽可能保持一致的方向。在多数情况下，信号的流向安排成从左到右（左输入、右输出）或从上到下（上输入、下输出)。与输入、输出端直接相连的元器件应当放在靠近输入、输出接插件或连接器的地方。以每个功能电路的核心元器件为中心，围绕它来进行布局。例如，一般是以三极管或集成电路等半导体器件作为核心元器件，根据它们各电极的位置，排布其他元器件。要考虑每个元器件的形状、尺寸、极性和引脚数目，以缩短连线为目的，调整它们的位置及方向。

2．优先确定特殊元器件的位置

电子整机产品的干扰问题比较复杂，它可能由电、磁、热、机械等多种因素引起。所以在着手设计整机电路布局时，应该分析电路原理，首先确定那些可能从电、磁、热、机械强度等几方面对整机性能产生影响，或者根据操作要求而固定位置的特殊元器件的位置；然后再安排其他元器件，尽量避免可能产生干扰的因素，并采取措施，使印制板上可能产生的干扰得到最大限度的抑制。

3．印制电路板的热设计

由于印制电路板基材耐温能力和导热系数都比较低，铜箔的抗剥离强度随工作温度的升高而下降。印制电路板的工作温度一般不能超过 85℃。如果不采取措施，则过高的温度会导致印制电路板损坏和焊点开裂，还会使安装在印制板上的热敏元件和发热量大的元件无法正常工作。

装在板上的发热元器件（如功耗大的电阻）应当布置在靠近外壳或通风较好的地方，以便利用机壳上开凿的通风孔散热。元器件的工作温度高于允许值时应加散热器。散热器体积较小时可直接固定在元器件上，体积较大时应固定在底板上。在设计印制板时要考虑到散热器的体积以及温度对周围元器件的影响。

对于温度敏感的元件，如晶体管、集成电路和其他热敏元件、大容量的电解电容器等，不宜放在热源附近或设备内的上部，要和其他元器件有足够的距离，或者采用热屏蔽结构。

4．印制电路板的减震缓冲设计

为提高印制板的抗震、抗冲击性能，板上的负荷应合理分布以免产生过大的应力。较重的元器件应安排在靠近印制电路板支承点处。大而重的元器件尽可能布置在靠近固定端，并降低其重心或加金属结构件固定。

电路板面尺寸大于 200 mm×150 mm 时，应考虑电路板的机械强度。应该采用机械边框对它加固，以减少印制板的负荷和变形。位于电路板边缘的元器件，离电路板边缘一般不小于2 mm。在板上要留出固定支架、定位螺钉和连接插座所用的位置。

5．印制电路板的抗电磁干扰设计

相互可能产生影响或干扰的元器件，应当尽量分开或采取屏蔽措施。强电部分（或高电压供电的部分）和弱电部分（低电压供电或小信号处理的部分）、输入级和输出级的元器件应当尽量分开。高频电路和低频电路、高电位与低电位电路的元器件不能靠得太近。输入和输出元器件应尽量远离。要设法缩短高频部分元器件之间的连线，减小它们的分布参数和相互之间的电磁干扰。直流电源引线较长时，要增加滤波元件，防止受 50 Hz 交流电干扰。元器件排列方向与相邻的印制导线应垂直交叉。

扬声器、电磁铁、永磁式仪表等元器件会产生恒定磁场，高频变压器、继电器等会产生交变磁场。这些磁场不仅对周围元器件产生干扰，同时对周围的印制导线也会产生影响。这类干扰要根据情况区别对待，一般应该注意减少磁力线对印制导线的切割；两个电感类元件的位置，应该使它们的磁场方向相互垂直，减少彼此间的磁力线耦合；对干扰源进行磁屏蔽，屏蔽罩应该良好接地；使用高频电缆直接传输信号时，电缆的屏蔽层应一端接地。

由于某些元器件或导线之间可能有较高电位差，应该加大它们的距离，以免因放电、击穿引起意外短路。金属壳的元器件要避免相互触碰。例如，NPN 型三极管的外壳或大功率管的散热片一般接管芯的集电极，在电路中接电源正极或高电位；电解电容器的外壳为负极，在电路中接地或接低电位。如果二者的外壳都不带绝缘，设计电路板时就必须考虑它们的距离；否则在电路工作时，二者相碰就会造成电源短路事故。

6．印制电路板的板面设计

（1）元器件应按电路原理图顺序成直线排列，力求紧凑以缩短印制导线长度，并得到均匀的组装密度。在保证电性能要求的前提下，元器件应平行或垂直于板面，并和主要板边平行或垂直。在板面上分布均匀整齐，一般不得将元器件重叠安放。如果确实需要重叠，应采用结构件加以固定。

（2）通常元器件布置在印制板的一面，此种布置便于加工、安装和维修。对于单面板，元器件只能布置在没有印制电路的一面，元器件的引线通过安装孔焊接在印制导线的焊盘上。双面板主要元器件也是安装在板的一面，在另一面可装一些小型的零件，一般为表面贴装元件。如需绝缘，可在元器件和印制电路之间垫绝缘薄膜，或留 1 mm～2 mm 间隙。

（3）如果由于板面尺寸限制，或由于屏蔽要求而必须将电路分成几块时，应使每一块印制板成为独立的功能电路，以便于单独调整、测试和维修。这时应使每一块印制板的引出线最少。高电压的元器件应尽量布置在调试时手不易触及的地方，应留出印制板定位孔及固定支架所占用的位置。

（4）对于电位器、可调电感线圈、可变电容器、微动开关等可调元件的布局，应考虑整机的结构要求。若是机内调节，应放在印制板上便于调节的地方；若是机外调节，其位置与调节旋钮要在机箱上。元件的标记或型号应朝向便于观察的一面。

2.3.2　印制电路板上的元器件布线原则

1．电源线设计

根据印制电路板电流的大小，尽量加粗电源线宽度，减少环路电阻。布线时，电流线不要走平行大环形线，电源线与信号线不要靠得太近，并避免平行。同时使电源线、地线的走向和数据传递的方向一致，这样有助于增强抗噪声能力。

2．地线设计

（1）公共地线应布置在板的最边缘，便于印制板安装在机架上，也便于与机架（地）相连。导线与印制板的边缘应留有一定的距离（不小于板厚），如图 2.13 所示。这不仅便于安装导轨和进行机械加工，而且可以提高绝缘性能。

（2）在低频电路中，信号的工作频率小于 1 MHz，它的布线和器件间的电感影响较小，而接地电路形成的环流对干扰影响较大，因而应尽量采用单点并联接地。当信号工作频率大于 10 MHz 时，地线阻抗变得很大，此时应尽量降低地线阻抗，应采用多点串联就近接地，地线应短而粗，电路的工作频率越高，地线应越宽。如有可能，接地线应在 2 mm～3 mm 以上。

高频元件周围，尽量用栅格状大面积铜箔，如图 2.14 所示。当工作频率为 1 MHz～10 MHz 时，如果采用一点接地，其地线长度不应超过波长的 1/20，否则应采用多点接地法。

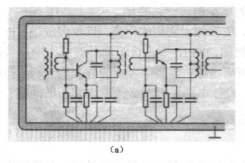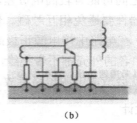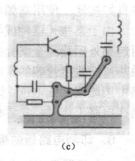

（a）　　　　　　　　　（b）　　　　　　　　　（c）

图 2.13　印制电路板地线布设

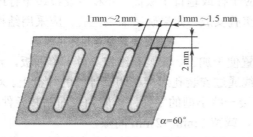

图 2.14　栅格状大面积铜箔

（3）数字地与模拟地应尽量分开。电路板上既有高速逻辑电路，又有线性电路时，两者的地线不要相混，应分别与电源端地线相连。要尽量加大线性电路的接地面积。

（4）印制板上每级电路的地线一般应自成封闭回路，以保证每级电路的地电流主要在本级地回路中流通，减小级间的电流耦合。例如，仅由数字电路组成的印制板，其接地电路布成封闭环路大多能提高抗噪声能力。但印制板附近有强磁场时，地线不能做成封闭回路，以免成为一个闭合线圈而引起感生电流。

3．信号线设计

（1）低频导线靠近印制板边布置，将电源、滤波、控制等低频和直流导线放在印制板的边缘。高频线路放在板面的中间，可以减小高频导线对地线和机壳的分布电容，也便于板上的地线和机架相连。

（2）高电位导线和低电位导线应尽量远离，最好的布线是使相邻导线间的电位差最小。

（3）避免长距离平行走线。印制电路板上的布线应短而直，必要时可以采用跨接线。双面印制板两面的导线应垂直交叉。高频电路的印制导线的长度和宽度宜小，导线间距要大。

（4）印制电路板上同时安装模拟电路和数字电路时，宜将这两种电路的地线系统完全分开，它们的供电系统也要完全分开。

（5）采用恰当的插接形式。用接插件、插接端和导线引出等几种形式。

（6）输入电路的导线要远离输出电路的导线，以免发生反馈耦合。引出线要相对集中设置。布线时使输入输出电路分列于电路板的两边，并用地线隔开。

2.3.3　印制导线和焊盘

当元器件结构布局和布线方案确定后，就要具体地设计绘制印制导线的图形。

1．印制导线

1）印制导线的宽度

电路板上连接焊盘的印制导线的最小宽度取决于导线的载流量和允许温升。覆铜箔板铜箔的厚度一般为 0.02 mm～0.05 mm，导线的宽度可选在 0.3 mm～2.5 mm 之间。当铜箔厚度为 0.05 mm，宽度为 1 mm～1.5 mm 时，通过 2 A 的电流，温升不会高于 3℃，一般可采用导线的最大电流密度不超过 20 A/mm²。目前，印制导线的宽度已标准化，建议采用 0.5 mm 的整数倍。对于集成电路，尤其是数字电路，通常选 0.02 mm～0.3 mm 的导线宽度。用于表面贴装的印制板，线条的宽度为 0.12 mm～0.15 mm。当然，只要允许，还是尽可能用宽线，尤其是电源线和地线及大电流的信号线，更要适当加大宽度。表 2.16 所示是 0.05 mm 厚的导线宽度与允许的载流量。

表 2.16　0.05mm 厚的导线宽度与允许的载流量

导线的宽度/mm	0.5	1.0	1.5	2.0
允许的载流量/A	0.8	1.0	1.3	1.9
电阻/（Ω·m⁻¹）	0.7	0.41	0.31	0.29

2）印制导线的间距

导线的最小间距主要由最恶劣情况下的导线间绝缘电阻和击穿电压决定。一般导线间距等于导线宽度，但不小于 1 mm。对于微型设备，不小于 0.4 mm。表面贴装板的间距 0.12 mm～0.2 mm，甚至 0.08 mm。具体设计时应考虑下述三个因素：

（1）低频低压电路的导线间距取决于焊接工艺。采用自动化焊接时间距要大些，手工操作时宜小些。

（2）高压电路的导线间距取决于工作电压和基板的抗电强度。

（3）高频电路主要考虑分布电容对信号的影响。

表 2.17 是安全工作电压、击穿电压与导线间距离的关系。

表 2.17　安全工作电压、击穿电压与导线间距离的关系

导线间距/mm	0.5	1.0	1.5	2.0	3.0
工作电压/V	100	200	300	500	700
击穿电压/V	1 000	1 500	1 800	2 100	2 400

3）印制导线的走向与形状

关于印制导线的走向与形状，在设计时应该注意下列几点：

（1）印制导线的走向不能有急剧的拐弯和尖角，拐角不得小于 90°。最佳的拐弯形式是平缓的过渡，拐角的内角和外角最好都是圆弧。

（2）导线通过两个焊盘之间而不与它们连通的时候，应该与它们保持最大而相等的间距；同样，导线与导线之间的距离也应当均匀地相等并保持最大。

（3）导线与焊盘连接处的过渡也要圆滑，避免出现小尖角。

（4）焊盘之间导线的连接：当焊盘之间的中心距小于一个焊盘的外径 D 时，导线的宽度可以和焊盘的直径相同；如果焊盘之间的中心距比 D 大时，则应减小导线的宽度；如果一条导线上有三个以上焊盘，它们之间的距离应该大于 $2D$。

4）导线的布局顺序

在印制导线布局的时候，应该先考虑信号线，后考虑电源线和地线。因为信号线一般比较集中，布置的密度也比较高，而电源线和地线比信号线宽很多，对长度的限制要小一些。

2. 焊盘

元器件通过板上的引线孔，用焊锡焊接固定在印制板上，印制导线把焊盘连接起来，实现元器件在电路中的电气连接。引线孔及其周围的铜箔称为焊盘。

1）焊盘的形状

焊盘的形状有岛形焊盘、圆形焊盘、方形焊盘、椭圆焊盘和灵活设计的焊盘，如图 2.15 所示。

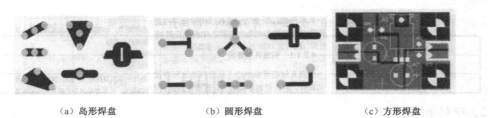

(a) 岛形焊盘　　　　　(b) 圆形焊盘　　　　　(c) 方形焊盘

图 2.15　各种焊盘的形状

2）焊盘的外径

在单面板上，一般焊盘外径 $D>d+1.3$ mm，其中 d 为引线插孔直径。对于高密度的数字电路，焊盘最小直径可取 $D_{min}=d+1$ mm。焊盘太小容易在焊接时粘断或剥落。

在双面电路板上，焊盘比单面板的略小一些，应为 $D_{min}>2d$。

3）引线孔的直径

引线孔钻在焊盘中心，孔径应该比所焊接的元器件引线的直径略大一些，才能方便地插装元器件；但孔径也不能太大，否则在焊接时不仅用锡量多，并且容易因为元器件的活动而造成虚焊，使焊接的机械强度变差。元器件引线孔的直径应该比引线的直径大 0.2 mm～0.3 mm，优先采用 0.6 mm、0.8 mm、1.0 mm、1.2 mm 等尺寸。在同一块电路板上，孔径的尺寸规格应当少一些，要尽可能避免异形孔，以便降低加工成本。

为了保证双面板或多层板上金属化孔的生产质量，孔径一般要大于板厚的 1/3；否则，将会造成孔金属化工艺的困难而提高成本。

2.3.4　印制电路板设计

印制电路板设计是电子设计制作中很关键的一步。随着大规模集成电路工艺的飞速发展，对印制电路板的组装密度要求越来越高，手工设计印制电路板的传统方法已不能满足现代设计的需求，利用计算机辅助设计（CAD）印制电路板软件来辅助印制板的设计和生产已成为主流。无论采取人工设计，还是计算机辅助设计方式，都必须符合前面介绍的印制电路板的结构布局设计、元器件布线原则、原理图的电气连接和产品电气性能、机械性能的要求，并要考虑印制板加工工艺和电子产品装配工艺的基本要求，设计的一般原则仍然要体现在 CAD 软件的应用过程中。目前，计算机辅助设计印制电路板的应用软件已经普及推广，主要有 Protel 2004、OrCAD 等，第 7 章将具体讲解用 Protel 2004 设计印制电路板的具体步骤。

2.3.5　印制电路板的制作

现在，印制电路板一般都由专业化的生产厂家制作。这样不仅可以提高印制板的生产制造工艺水平、专用设备的利用率和经济效益，也有利于环境保护。但由于印制电路板的制作是整个电子设计制作的关键环节，它的质量好坏直接关系到整个设计的成败。因此，作为电子设计工程技术人员，了解印制板的制作工艺是很有必要的。

制造印制板的工艺方法很多，不同类型和不同要求的印制板要采用不同的制造工艺，但在这些不同的工艺流程中，有许多必不可少的基本环节是类似的。

1. 底图胶片制版

在印制板的生产过程中，需要使用符合质量要求的 1:1 的底图胶片，也叫原版底片，在生产时还要把它翻拍成生产底片。获得底图胶片通常有两种基本途径：一种是光绘法，即利用计算机辅助设计（CAD）系统和光学绘图机直接绘制出来；另一种是照相制版法，即先绘制黑白底图，再经过照相制版得到。

光绘法是用光绘机直接将 CAD 设计的 PCB 图形数据送入光绘机的计算机系统，控制光绘机，利用光线直接在底片上绘制图，再经显影、定影得到照相底片。用光绘法制作照相底片，速度快，精度高，质量好，但成本较高。

照相制版法的工艺现在已经被淘汰，整个制版过程与普通照相大体相同。

2. 图形转移

把相版上的印制电路图形转移到覆铜板上，称为图形转移。具体方法有丝网漏印法、光化学法等。

1）丝网漏印法

在丝网上涂敷、粘附一层漆膜或胶膜，然后按照技术要求将印制电路图制成镂空图形。现在，漆膜丝网已被感光膜丝网或感光胶丝网取代。经过贴膜（制膜）、曝光、显影、去膜等工艺过程，即可制成用于漏印的电路图形丝网。漏印时，只需将覆铜板在底座上定位，使丝网与覆铜板直接接触，将印料倒入固定丝网的框内，用橡皮刮板刮压印料，即可在覆铜板上形成由印料组成的图形。漏印后需要烘干、修版。这种方法的特点是操作简单，成本低廉，生产效率高，质量稳定。其缺点是所制的印制板的精度比光化学法的差，网版的耐印力差。

2）直接感光法（光化学法之一）

直接感光法适用于品种多、批量小的印制电路板生产，它的尺寸精度高，工艺简单，对单面板或双面板都能应用。直接感光制版法的主要工艺流程如图 2.16 所示。

图 2.16　直接感光制版法的主要工艺流程

（1）覆铜板表面处理：用有机溶剂去除覆铜板表面上的油脂等有机污物，用酸去除氧化层。通过表面处理，可以使感光胶在铜箔表面牢固地粘附。

（2）上胶：在覆铜板表面涂覆一层可以感光的液体材料（感光胶）。胶膜还必须在一定温度下烘干。

（3）曝光（晒版）：将照相底版置于上胶烘干后的覆铜板上，置于光源下曝光。曝光时，应该注意相版与覆铜板的定位，特别是双面印制板，定位更要严格，否则两面图形将不能吻合。

（4）显影：曝光后的板在显影液中显影后，再浸入染色溶液中，将感光部分的胶膜染色硬化，显示出印制板图形，便于检查线路是否完整，为下一步修版提供方便。未感光部分的胶膜可以在温水中溶解、脱落。

（5）固膜：将染色后的板浸入固膜液中停留一定时间。然后用水清洗并置于100℃～120℃的恒温烘箱内烘干30 min～60 min，使感光膜进一步得到强化。

（6）修版：固膜后的板应在化学蚀刻前进行修版，以便修正图形上的粘连、毛刺、断线、砂眼等缺陷。修补所用材料必须耐腐蚀。

3）光敏干膜法

这也是一种光化学法，但感光材料不是液体感光胶，而是一种由聚酯薄膜、感光胶膜、聚乙烯薄膜三层材料组成的薄膜类光敏干膜。光敏干膜法的主要流程如下。

（1）覆铜板表面处理：清除表面油污，以便干膜可以牢固地粘贴在板上。

（2）贴膜：揭掉聚乙烯保护膜，把感光胶膜贴在覆铜板上，一般使用滚筒式贴膜机。

（3）曝光：将相版按定位孔位置准确置于贴膜后的覆铜板上，进行曝光，曝光时应控制光源强弱、曝光时间和温度。

（4）显影：曝光后，先揭去感光胶膜上的聚酯薄膜，再把板浸入显影液中，显影后去除板表面的残胶。显影时，也要控制显影液的浓度、温度及显影时间。

3．化学蚀刻

蚀刻在生产线上也俗称烂板。它是利用化学方法去除板上不需要的铜箔，留下组成焊盘、印制导线及符号等的图形。

1）蚀刻溶液

常用的蚀刻溶液有三氯化铁、酸性氯化铜、碱性氯化铜、过氧化氢—硫酸等。大量使用蚀刻液时，应注意环境保护，要采取措施处理废液并回收废液中的金属铜。

2）蚀刻方式

（1）浸入式：将板浸入蚀刻液中，用排笔轻轻刷扫即可。这种方法简便易行，但效率低，对金属图形的侧腐蚀严重，常用于数量很少的手工操作制板。

（2）泡沫式：以压缩空气为动力，将蚀刻液吹成泡沫，对覆铜板进行腐蚀。这种方法工效高，质量好，适用于小批量制板。

（3）泼溅式：利用离心力作用将蚀刻液泼溅到覆铜板上，达到蚀刻目的。这种方式的生产效率高，但只适用于单面板。

（4）喷淋式：用塑料泵将蚀刻液压送到喷头，呈雾状微粒高速喷淋到由传送带运送的覆铜板上，可以进行连续蚀刻。这种方法是目前技术比较先进的蚀刻方式。

3）腐蚀后的清洗

腐蚀后的清洗，目前有流水冲洗法和中和清洗法两种办法。

（1）流水冲洗法：把腐蚀后的板子立即放在流水中清洗30 min。若有条件，可采用冷水—热水—冷水—热水这样的循环冲洗过程。

（2）中和清洗法：把腐蚀后的板子用流水冲洗一下后，放入82℃、10%的草酸溶液中处理，拿出来后用热水冲洗，最后再用冷水冲洗。也可用10%的盐酸处理2 min，水洗后用碳酸钠中和，最后再用流水彻底冲洗。

4．孔金属化与金属涂覆

1）孔金属化

双面印制板两面的导线或焊盘需要连通时，可以通过金属化孔实现，即把铜沉积在贯通两面导线或焊盘的孔壁上，使原来非金属的孔壁金属化。金属化了的孔称为金属化孔。

孔金属化是利用化学镀技术，即用氧化—还原反应产生金属镀层。基本步骤是：先使孔壁上沉淀一层催化剂金属（如钯），作为在化学镀铜中铜沉淀的结晶核心；然后浸入化学镀铜溶液中，使印制板表面和孔壁上产生一层很薄的铜；化学镀铜以后进行电镀铜，使孔壁的铜层加厚并附着牢固。

2）金属涂覆

为提高印制电路的导电、可焊、耐磨、装饰性能，延长印制板的使用寿命，提高电气连接的可靠性，可以在印制板图形铜箔上涂覆一层金属。金属镀层的材料有金、银、锡、铅锡合金等。

涂覆方法可用电镀或化学镀两种。电镀法可使镀层致密、牢固，厚度均匀可控，但设备复杂、成本高，用于要求高的印制板和镀层，如插头部分镀金等；化学镀虽然设备简单、操作方便、成本低，但镀层厚度有限且牢固性差，因而只适用于改善可焊性的表面涂覆，如板面铜箔图形镀镍金（水金）、镀银等。

目前，在高密度的 SMT 印制电路板生产中，大部分采用浸镀镍金（俗称水金）工艺，这种工艺的优点是焊盘可焊性良好，平整度好，镀层不易氧化，印制板可以长时间存放。当然，制板价格也要高一些。

5．助焊剂与阻焊剂的使用

印制板经表面金属涂覆后，根据不同需要可以进行助焊或阻焊处理。

1）助焊剂

在电路图形的表面上喷涂助焊剂，既可以保护镀层不被氧化，又能提高可焊性。酒精松香水是最常用的助焊剂。

2）阻焊剂

阻焊剂是在印制板上涂覆的阻焊层（涂料或薄膜）。除了焊盘和元器件引线孔裸露以外，印制板的其他部位均覆盖在阻焊层之下。阻焊剂的作用是限定焊接区域，防止焊接时搭焊、桥连造成的短路，改善焊接的准确性，减少虚焊；防护机械损伤，减少潮湿气体和有害气体对板面的侵蚀。

在高密度的镀铅锡合金、镀镍金印制板和采用自动焊接工艺的印制板上，为使板面得到保护并确保焊接质量，均需要涂覆阻焊剂。

2.3.6　印制电路板的检验

印制板作为基本的重要电子部件，制成后必须通过必要的检验，才能进入装配工序。

1．目视检验

目视检验是借助简单工具（如直尺、卡尺、放大镜等），对要求不高的印制板进行质量把关，其主要检验内容如下：

（1）外形尺寸与厚度是否在要求的范围内，特别是与插座导轨配合的尺寸；

（2）导电图形的完整和清晰，有无短路和断路、毛刺等；

（3）表面质量：有无凹痕、划伤、针孔及表面粗糙；

（4）焊盘孔及其他孔的位置及孔径，有无漏打或打偏；

（5）镀层质量：镀层平整光亮，无凸起缺损；

（6）涂层质量：阻焊剂均匀牢固，位置准确，助焊剂均匀；

（7）板面平整无明显翘曲；

（8）字符标记清晰、干净、无渗透、划伤、断线。

2．电气性能检验

1）连通性能

一般可以使用万用表对导电图形的连通性能进行检验，重点是双面板的金属化孔和多层板的连通性能。对于大批量生产的印制板，制板厂在出厂前采用专门的工装、仪器进行检验，甚至专门为这种印制板设计针床用于检验。

2）绝缘性能

可检测同一层不同导线之间或不同层导线之间的绝缘电阻，以确认印制板的绝缘性能。检测时应在一定温度和湿度下，按照印制板标准进行。

3．工艺性能检验

1）可焊性

可焊性是用来测量元器件连接到印制板上时，焊接对印制图形的润湿能力，一般用润湿、半润湿、不润湿来表示。

（1）润湿：焊料在导线和焊盘上自由流动及扩展而成黏附性连接。

（2）半润湿：焊料首先润湿表面，然后由于润湿不佳而造成焊接回缩，结果在基底金属上留下一薄层焊料层。在表面一些不规则的地方，大部分焊料都形成了焊料球。

（3）不润湿：虽然印制板表面接触熔融焊料，但在其表面丝毫未沾上焊料。

2）镀层附着力

检验镀层附着力，可以采用简单的胶带试验法。将质量好的透明胶带粘到要测试的镀层上，按压均匀后快速掀起胶带一端扯下，镀层无脱落为合格。

此外，还有铜箔抗剥离强度、镀层成分、金属化孔抗拉强度等多项指标，应该根据对印制板的要求选择检测内容。

第 3 章　Multisim 11 电路仿真

　　随着 EDA 技术的不断发展，计算机仿真技术已成为现代电子设计制造的主流技术。它以计算机硬件和系统软件为基本工作平台，采用 EDA 通用支撑软件和应用软件包，在计算机上帮助电子设计工程师完成电路的功能设计、逻辑设计、性能分析、时序测试等，使虚拟与实操相辅相成，计算机仿真与动手制作相映辉。NI 公司的 Multisim 仿真软件就是其中的一款优秀仿真软件。

3.1　Multisim 11 概述

　　Multisim 的前身是 EWB。EWB（Electronics Workbench，虚拟电子工作台）是加拿大 IIT 公司于 20 世纪 80 年代末推出的电子线路仿真软件。该软件可以对模拟电路、数字电路以及模拟/数字混合电路进行仿真，几乎可以 100%地仿真出真实电路的结果，而且在其桌面上提供了万用表、示波器、信号发生器、扫频仪、逻辑分析仪、数字信号发生器和逻辑转换器等工具，其器件库中则包含了许多大公司的晶体管元器件、集成电路和数字门电路芯片，器件库中没有的元器件，还可以由外部模块导入；该软件克服了传统电子产品的设计受实验室客观条件限制的局限性，用虚拟的元件搭建各种电路，用虚拟的仪表进行各种参数和性能指标的测试。因此，它在电子工程设计和高校电子类教学中得到广泛应用。

　　1996 年 IIT 公司推出 EWB 5.0 版本，随着电子技术的飞速发展，EWB 5.x 版本的仿真设计功能已远远不能满足新的电子线路的仿真与设计要求，分析功能相对单一，提供的元件库也不是很多，与其他软件的接口功能不是很强。于是 IIT 公司从 EWB 6.0 版本开始，将专用于电子电路仿真与设计的模块更名为 Multisim，将 PCB 版软件 Electronics Workbench Layout 更名为 Ultiboard。因此，Multisim 是 EWB 的升级版本，这个系列经历了 EWB 5.0、EWB 5.x、Multisim 2001、Multisim 7、Multisim 8 的升级过程。2005 年，加拿大 IIT 公司隶属于美国 NI 公司，之后推出了 Multisim 9、Multisim 10、Multisim11 等。

　　Multisim 11 电路设计套件含有 Multisim 11 和 Ultiboard 11 两个软件，能够实现电路原理图的图形输入、电路硬件描述语言输入、电子线路和单片机仿真、虚拟仪器测试、多种性能分析、PCB 布局布线和基本机械 CAD 设计等功能。目前最新版本 Multisim 11 主要有以下特点：

　　（1）直观的图形界面。Multisim 11 仍保持原 EWB 图形界面直观的特点，电路仿真工作区就像一个电子实验工作台，放置元件和测试仪表均可直接拖放到屏幕上，点击鼠标可用导线将它们连接起来，虚拟仪器操作面板都与实物相似，甚至完全相同。可方便选择仪表测试电路波形或特性，可以对电路进行 20 多种电路分析，以帮助设计者分析电路的性能。

　　（2）丰富的元件。Multisim 11 自带元件库中元件数量已超过 17 000 个，可以满足工科院校电子技术课程的要求。Multisim 11 的元件库不但含有大量的虚拟分离元件、集成电路，还含有大量的实物元件模型，包括一些著名制造商（如 Analog Device、Linear Technologies、Microchip、National Semiconductor 以及 Texas Instruments 等）的元件模型。用户可以编辑这些元件参数，利用模型生成器和代码模式创建自己的元件。

（3）众多的虚拟仪表。Multisim 11 提供 22 种虚拟仪器，这些仪器的设置和使用与真实仪表一样，能动态交互显示。用户还可以创建 LabVIEW 的自定义仪器，既能在 LabVIEW 图形环境中灵活升级，又可调入 Multisim 11 方便使用。

（4）完备的仿真分析。以 SPICE 3F5 和 Xspice 的内核作为仿真的引擎，能够进行 SPICE 仿真、RF 仿真、MCU 仿真和 VHDL 仿真。通过 Multisim 11 自带的增强设计功能优化数字和混合模式的仿真性能，利用集成 LabVIEW 和 Signalexpress 可快速进行原型开发和测试设计，具有符合行业标准的交互式测量和分析功能。

（5）独特的虚实结合。在 Multisim 11 电路仿真的基础上，NI 公司推出"教学实验室虚拟仪表套件（NI ELVIS）"，用户可以在 NI ELVIS 平台上搭建实际电路，利用 NI ELVIS 仪表完成实际电路的波形测试和性能指标分析。用户可以在 Multisim 11 电路仿真环境中模拟 NI ELVIS 的各种操作，为在实际 NI ELVIS 平台上搭建、测试实际电路打下良好的基础。NI ELVIS 仪表允许用户自行定制并进行灵活的测量，还可以在 Multisim 11 虚拟仿真环境中调用，以此完成虚拟仿真数据和实际测试数据的比较。

（6）强大的 MCU 模块。可以完成 8051（8052）、PIC 单片机及其外部设备（如 RAM、ROM、键盘和 LCD 等）的仿真，支持 C 代码、汇编代码以及 16 进制代码，并兼容第三方工具源代码；具有设置断点、单步运行、查看和编辑内部 RAM、特殊功能寄存器等高级调试功能。

（7）简化了 FPGA 应用。在 Multisim 11 电路仿真环境中搭建数字电路，通过测试功能正确后，执行菜单命令将之生成原始 VHDL 语言，有助于初学 VHDL 语言的用户对照学习 VHDL 语句。用户可以将这个 VDHL 文件应用到现场可编程门阵列（FPGA）硬件中，从而简化了 FPGA 的开发过程。

Multisim 11 可以实现计算机仿真设计与虚拟实验，它以其界面形象直观、操作方便、分析功能强大、创建电路模型便捷，选用元器件和测量仪器均可直接点击鼠标从屏幕图标中选取，易学易用等突出优点，受到了广大电子设计工作者的欢迎。同时它在高校通信工程、电子信息、自动化、电气控制等专业学生学习和综合性设计、实验中得到广泛应用。该软件的使用有利于培养学生的综合分析能力、开发能力和创新能力，被誉为"计算机里的电子实验室"。

3.2　Multisim 11 用户界面

3.2.1　主窗口界面

在完成 Multisim11 软件的安装后，便可在 Windows 窗口点击"开始"\所有程序\National Instruments\Circuit Design Suite 11.0 下出现电路仿真软件 Multisim11.0 和 PCB 板制作软件 Ultiboard 11.0，选择"Multisim11.0"选项就会启动 NI Multisim11，其用户主界面如图 3.1 所示。它与所有的 Windows 应用程序一样，可以在主菜单中找到各个功能的命令。

在 Multisim 11 用户主窗口界面中，第 1 行为菜单栏，包含电路仿真的各种命令。第 2 行为快捷工具栏，其上显示了电路仿真常用的命令，且都可以在菜单栏中找到对应的命令，可用菜单 View 下的 Toolsbar 选项来显示或隐藏这些快捷工具。第 3 行为元件栏，元器件库工具栏列出了元器件库的分类图标按钮，可给电路的创建和仿真带来方便。在元件栏的下方从左至右依次是设计工作盒、电路仿真工作区和虚拟仪表栏，其中设计工作盒用于操作设计项目中各种类型的文件（如原理图、PCB 文件、报告清单等），电路仿真工作区是用户搭建电路的区域，仪表栏显示了 Multisim 11 能够提供的各种仪表。电路仿真工作区下边是活动电路标签。最下方的窗口是电子表格视窗，主要用于快速地显示编辑元件的参数，如封装、参数值、属性和设计约束条件等。Multisim 11 实际上相当于构建了一个虚拟电子实验工作平台。

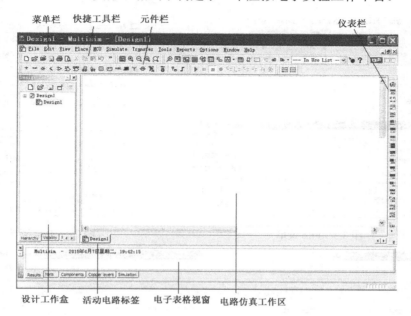

图 3.1　Multisim11 用户界面图

3.2.2　菜单栏

Multisim 11 的菜单栏如图 3.2 所示，包含电路仿真的各种命令。菜单栏从左向右依次是文件（File）菜单、编辑（Edit）菜单、窗口显示（View）菜单、放置（Place）菜单、MCU 菜单、仿真（Simulate）菜单、文件输出（Transfer）菜单、工具（Tools）菜单、报告（Reports）菜单、选项（Options）菜单、窗口（Window）菜单和帮助（Help）菜单，共 12 个主菜单。

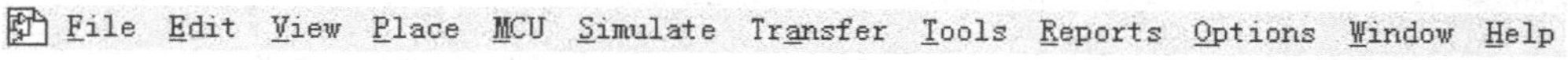

图 3.2　菜单栏

（1）文件（File）菜单：用于 Multisim 11 所创建电路文件的管理，其命令与 Windows 中其他应用软件基本相同，Multisim 11 主要增强了 Project 的管理，如图 3.3 所示。

（2）编辑（Edit）菜单：主要对电路窗口中的电路或元件进行删除、复制或选择等操作，如图 3.4 所示。

（3）窗口显示（View）菜单：用于显示或隐藏电路窗口中的某些内容（如工具栏、栅格、纸张边界等），如图 3.5 所示。

（4）放置（Place）菜单：用于在电路窗口中放置元件、节点、总线、文本或图形等，如图 3.6 所示。

（5）MCU 菜单：提供 MCU 调试的各种命令，如图 3.7 所示。

（6）仿真（Simulate）菜单：主要用于仿真的设置与操作，如图 3.8 所示。

图 3.3　File 菜单

图 3.4　Edit 菜单

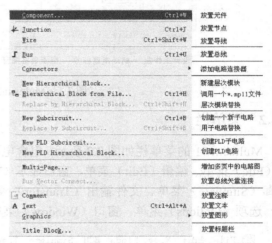

图 3.5　View 菜单

图 3.6　Place 菜单

图 3.7　MCU 菜单

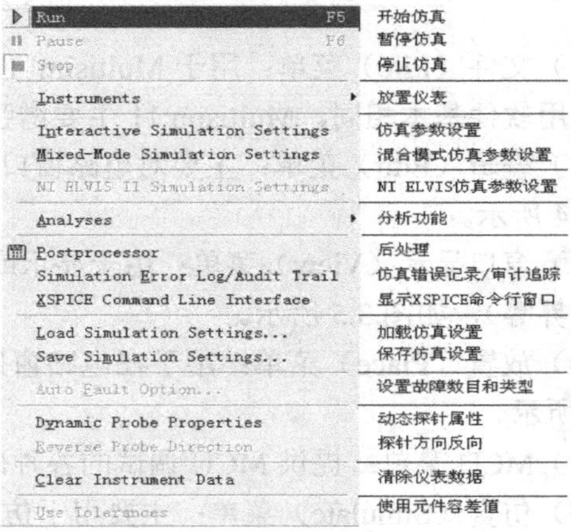

图 3.8　Simulate 菜单

（7）文件输出（Transfer）菜单：用于将 Multisim 11 的电路文件或仿真结果输出到其他应用软件，如图 3.9 所示。

图 3.9　Transfer 菜单

（8）工具（Tools）菜单：用于编辑或管理元件库或元件，如图 3.10 所示。

（9）报告（Reports）菜单：产生当前电路的各种报告，如图 3.11 所示。

（10）选项（Options）菜单：用于定制电路的界面和某些功能的设置，如图 3.12 所示。

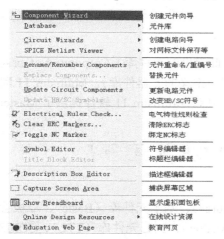

图 3.10　Tools 菜单

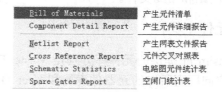

图 3.11　Reports 菜单

图 3.12　Options 菜单

（11）窗口（Window）菜单：用于控制 Mulitisim 11 窗口显示的命令，并列出所有被打开的文件，如图 3.13 所示。

（12）帮助（Help）菜单：为用户提供在线技术帮助和使用指导，如图 3.14 所示。

图 3.13　Window 菜单

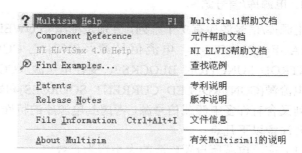

图 3.14　Help 菜单

3.2.3　标准工具栏

标准工具栏如图 3.15 所示。

图 3.15　标准工具栏

标准工具栏包含了有关电路窗口基本操作的按钮，可分为系统工具栏和设计工具栏。系统工具栏从左向右依次是新建、打开、打开 Mutisim 例程，保存、打印、打印预览、剪切、复制、粘贴、撤销、全屏、放大、缩小、放大选择区域、放大适合页面。设计工具栏从左向右依次是发现例子、显示或隐藏 SPICE 网表示图、显示或隐藏设计工具箱、显示或隐藏电子数据表、数据库管理、显示面包板、元件编辑器、分析工具选择、后处理、电气特性规则检查、复制区域选择、返回上层数据表、打开 Ultiboard Log File、打开 Ultiboard 7 PCB、使用的元件列表、登录教育网站和帮助文件。

3.2.4　元件工具栏

Multisim 11 提供的元件库分别是 Master Database（厂商提供的元件库），Corporate Database（特定用户向厂商所取的元器件库）和 User Database（用户定义的元器件库）。Multisim 11 默认元器件库为 Master Database 元件库，也是最常用的元件库。Multisim 11 软件提供了 Master Database 元件工具栏图标，如图 3.16 所示。

图 3.16　元件工具栏

元件工具栏从左向右依次是：电源库/信号源库（Source）、基本元件库（Basic）、二极管库（Diode）、晶体管库（Transisor）、模拟集成电路库（Analog）、TTL 元件库（TTL）、COMS 元件库（COMS）、混杂数字器件库（Miscellaneous Digital）、模数混合元器件库（Mixed)、指示元器件库（Indicator）、电源器件库（Power Component）、其他元器件库（Miscellaneous）、高级外设元器件库（Advanced Peripherals）、射频元器件库（RF）、机电器件库（Electro Mechanical）、NI 库（NI Component）和微控制器库（MCU）。

1. 电源库/信号源库

电源库/信号源库有 7 个系列，分别是电源（POWER_SOURCES）、电压信号源（SIGNAL_VOLTAGE_SOURCES）、电流信号源（SIGNAL_CURRENT_SOURCES）、函数控制模块（CONTROL_FUNCTION_BLOCKS）、受控电压源（CONTROLLED_VOLTAGE_SOURCES）、受控电流源(CONTROLLED_CURRENT_SOURCES)和数字信号源（DIGITAL_SOURCE）。每一系列又含有许多电源或信号源，考虑到电源库的特殊性，所有电源皆为虚拟组件。在使用过程中要注意以下几点：

（1）交流电源所设置电源的大小皆为有效值。

（2）直流电压源的取值必须大于零，其大小可以从数微伏到数千伏。而且没有内阻，如果它与另一个直流电压源或开关并联使用，就必须给直流电压源串联一个电阻。

（3）许多数字器件没有明确的数字接地端，但必须接上地才能正常工作。

（4）地是一个公共的参考点，电路中所有的电压都是相对于该点的电位差。在一个电路中，一般来说应当有一个且只能有一个地。在 Multisim 11 中，可以同时调用多个接地端，但它们的电位都是 0 V。并非所用电路都需要接地，但下列情形应考虑接地：

- 运算放大器、变压器、各种受控源、示波器、波特图仪和函数发生器等必须接地。对于示波器，如果电路中已有接地，示波器的接地端可不接地。
- 含模拟和数字元件的混合电路必须接地。

2. 基本元件库

基本元件库有 16 个系列，分别是基本虚拟器件（BASIC_VIRTUAL）、设置额定值的虚拟器件（RATED_VIRTUAL）、电阻（RESISTOR）、排阻（RESISTOR_PACK）、电位器（POTENTIONMETER）、电容（CAPACITOR）、电解电容（CAP_ELECTROLIT）、可变电容（VARIABLE CAPACITO）、电感（INDUCTOR）、可变电感（VARIABLE INDUCTOR）、开关（SWITCH）、变压器（TRANSFORMER）、非线性变压器（NONLINEAR TRANSFORMER）、继电器（RELAY）、连接器（CONNECTORS）和插座（SOCKETS）等。每一系列又含有各种具体型号的元件。

3. 二极管库

Multisim 11 提供的二极管库中有虚拟二极管（DIODES_VIRTUAL）、二极管（DIODE）、齐纳二极管（ZENER）、发光二极管（LED）、全波桥式整流器（FWB）、可控硅整流器（SCR）、双向开关二极管（DIAC）、三端开关可控硅开关（TRIAC）变容二极管（VARACTOR）和肖特基二极管（SCHOTTKY_DIODE）等。

4. 晶体管库

晶体管库将各种型号的晶体管分成 20 个系列，分别是虚拟晶体管（TRANSISTOR_VIRTUAL）、NPN 晶体管（BJT_NPN）、PNP 晶体管（BJT_PNP）、达灵顿 NPN 晶体管（DARLINGTON_NPN）、达灵顿 PNP 晶体管（DARLINGTON_PNP）、达灵顿晶体管阵列（DARLINGTON_ARRAY）、绝缘栅双极型晶体管（IGBT）、三端 N 沟道耗尽型 MOS 管（MOS_3TDN）、三端 N 沟道增强型 MOS 管（MOS_3TEN）、三端 P 沟道增强型 MOS 管（MOS_3TEP）、N 沟道 JFET（JFET_N）、P 沟道 JFET（JFET_P）、N 沟道功率 MOSFET（POWER_MOS_N）、P 沟道功率 MOSFET（POWER_MOS_P）、单结晶体管（UJT）、MOSFET 半桥（POWER_MOS_COMP）和热效应管（THERMAL_MODELS）系列。每一系列又含有具体型号的晶体管。

5. 模拟集成电路库

模拟集成电路库（Analog）含有 6 个系列，分别是模拟虚拟器件（ANALOG_VIRTUAL）、运算放大器（OPAMP）、诺顿运算放大器（OPAMP_NORTON）、比较器（COMPARATOR）、宽带放大器（WIDEBAND_AMPS）和特殊功能运算放大器（SPECIAL_FUNCTION），每一系列又含有若干具体型号的器件。

6. TTL 元件库

TTL 元件库含有 9 个系列，分别是 74STD、74STD_IC、74S、74S_IC、74LS、74LS_IC、74F、74ALS 和 74AS 等，每一系列又含有若干具体型号的器件。

7. CMOS 元件库

CMOS 元件库含有 14 个系列，分别是 CMOS_5V、CMOS_5V_IC、CMOS_10V_IC、

CMOS_10V、CMOS_15V、74HC_2V、74HC_4V、74HC_4V_IC、74HC_6V、TinyLogic_2V、TinyLogic_3V、TinyLogic_4V、TinyLogic_5V 和 TinyLogic_6V。

8. 混杂数字元器件库

TTL 和 CMOS 元件库中的元件是按元件的序号排列的，当设计者仅知道器件的功能，而不知道具有该功能的器件的型号时，就会非常不方便。而混杂数字元器件库中的元器件则是按其功能进行分类的，包含 TIL 系列、MEMORY 系列和 LINE-TRANSCEIVER 系列。

9. 混合器件库

混合器件库含有 5 个系列，分别是虚拟混合器件库（MIXED_VIRTUAL）、模拟开关（ANALOG_SWITCH）、定时器（TIMER）、模数_数模转换器（ADC_DAC）和单稳态器件（MULTIVIBRATORS），每一系列又含有若干具体型号的器件。

10. 指示器件库

指示器件库含有 8 个系列，分别是电压表（VOLTMETER）、电流表（AMMETER）、探测器（PROBE）、蜂鸣器（BUZZER）、灯泡（LAMP）、十六进制计数器（HEX DISPLAY）、条形光柱（BARGRAPH）等。部分器件系列又含有若干具体型号的指示器。在使用过程中要注意以下几点：

（1）电压表、电流表比万用表有更多的优点，一是电压表、电流表的测量范围宽；二是电压表、电流表在不改变水平放置的情况下，可以改变输入测量端的水平、垂直位置以适应整个电路的布局。电压表的典型内阻为 1 MΩ，电流表的默认内阻为 1 mΩ，还可以通过其属性对话框设置内阻。

（2）对于电压表、电流表，要注意：所显示的测量值是有效值；在仿真过程中改变了电路的某些参数，要重新启动仿真再读数；设置电压表内阻过高或电流表内阻过低，会导致数学计算的舍入误差。

11. 电源器件库

电源器件库含有 5 个系列，分别是 BASSO_SMPS_AUXILIARY、BASSO_SMPS_CORE、FUSE、VOLTAGE _REGULATOR 和 VOLTAGE_REFFERENCE，每一系列又含有若干具体型号的器件。

12. 其他元器件库

Multisim 11 把不能划分为某一具体类型的器件另归一类，称为其他器件库。其他元器件库含有混合虚拟元器件（MISC_VIRTUAL）、转换器件（TRANSDUCERS）、光耦（OPTOCUPLER）、晶体（CRYSTAL）、真空管（VACUUM TUBE）、开关电源降压转换器（BUCK_CONVERTER）、开关电源升压转换器（BOOST_CONVERTER）、开关电源升降压转换器（BUCK_BOOST_CONVERTER）、有损耗传输线（LOSSY_TRANSMISSION_LINE）、无损耗传输线 1（LOSSLESS_LINE_TYPE1）、无损耗传输线 2（LOSSLESS_LINE_TYPE2）、滤波器模块（FILERS）、混合元件（MISC）和网络（NET）14 个系列，每一系列又含有许多具体型号的器件。在使用过程中要注意以下几点：

（1）具体晶体型号的振荡频率不可改变。

（2）保险丝是一个电阻性的器件，当流过电路的电流超过最大额定电流时，保险丝熔断。对交流电路而言，所选择保险丝的最大额定电流是电流的峰值，不是有效值。保险丝熔断后不能恢复，只能重新选取。

（3）用零损耗的有损耗传输线 1 来仿真无损耗的传输线，则仿真的结果会更加准确。

13. 高级外设元器件库

高级外设元器件库含有键盘（KEYPADS）、液晶显示器（LCDS）、模拟终端机（TERMINALS）、模拟外围设备（MISC_PERIPHERALS）4 个系列元器件。

14. 射频元器件库

射频元器件库含有射频电容（RF_CAPACITOR）、射频电感（RF_INDUCTOR）、射频 NPN 晶体管（RF_TRANSISTOR_NPN）、射频 PNP 晶体管（RF_TRANSISTOR_PNP）、射频 MOSFET（RF_MOS_3TDN）、铁氧体珠（FERRITE_BEADS）、隧道二极管（TUNNEL_DIODE）和带状传输线（STRIP_lINE）8 个系列元器件。

15. 机电器件库

机电器件库含有感测开关（SENSING_SWITCHES）、瞬时开关（MOMENTARY_SWITCHES）、附加触点开关（SUPPLEMENTARY_CONTACTS）、定时触点开关（TIMED_CONTACT）、线圈和继电器（COILS_RELAYS）、线性变压器（LINE_TRANSFORMER）、保护装置（PROTECTION_DEVICES）和输出装置（OUTPUT_DEVICES）8 个系列，每一系列又含有若干具体型号的器件。

16. NI 库

NI 库含有 NI 定制的 GENERIC_CONNECTOR（NI 定制通用连接器）、M_SERIES_DAQ（NI 定制 DAQ 板 M 系列串口）、sbRIO（NI 定制可配置输入输出的单板连接器）、CRIO（NI 定制可配置输入输出紧凑型板连接器）4 个系列元器件。

17. 微控制器库

微控制器库含有 805x 单片机（8051 及 8052）、PIC 单片机（PIC16F84 及 PIC16F84A）、随机存储器（RAM）和只读存储器（ROM）等 4 个系列元器件。

关于元器件的详细功能描述可查看 Multisim 11 仿真软件自带的 Compref.pdf 文件。也可以查看 Multisim 11 的帮助文件。

3.2.5 虚拟仪表栏

Multisim11 虚拟仪表栏如图 3.17 所示，它是进行虚拟电子实验和电子设计仿真的快捷而又形象的特殊窗口，也是 Multisim 最具特色的地方。

图 3.17 虚拟仪表栏

Multisim11 提供了 20 多种虚拟仪表，可以用来测量仿真电路的性能参数，这些仪表的设置、使用和数据读取方法大都与现实中的仪表一样，它们的外观也和实验室中的仪表相似。图 3.17 为 Multisim 11 的虚拟仪表栏，从左向右依次是万用表（Multimeter）、函数信号发生器（Function Generator）、瓦特表（Wattmeter）、双踪示波器（Oscilloscope）、四通道示波器（Four Channel Oscilloscope）、波特图示仪（Bode Plotter）、频率计数器（Frequency Counter）、字信号发生器（Word Generator）、逻辑分析仪（Loqic Analyzer）、逻辑转换仪（Loqic Converter）、IV

特性分析仪（IV-Analysis）、失真度分析仪（Distortion Analyzer）、频谱分析仪（Spectrum Analyzer）、网络分析仪（Network Analyzer）、安捷伦函数信号发生器（Agilent Function Generator）、安捷伦数字万用表（Agilent Multimeter）、安捷伦示波器（Agilent Oscilloscope）、泰克示波器（Tektronix Oscilloscope）、动态测量探针（Measurement Probe）、Lab VIEW 仪表（Lab VIEW Instrument）和电流测试探针（Current Probe）。

3.2.6　设计工作盒

设计工作盒用来管理设计项目中各种类型的文件（如原理图文件、PCB 文件、报告清单等）。

（1）在层次（Hierarchy）原理图标签中，显示已打开的原理图及其中的变量树。

（2）在可见性（Visibility）标签中，设置电路图中的字符、标号等信息的可见性。

（3）当一张电路原理图装不了所有的电路时，可以借助 Multisim 11 的项目管理功能，在同一项目目录下，开发和设计多张电路图，并添加印制电路板文件和其他技术文档等。借助项目观察（Project View）标签，可以方便地对项目中的原理图等进行管理和查看。

3.2.7　活动电路标签

Multisim 11 可以调用多个电路文件，每个电路文件在电路窗口的下方都有一个电路标签，参见图 3.1。用鼠标单击哪个标签，哪个电路文件就被激活。Multisim 11 用户界面的菜单命令和快捷键仅对被激活的文件窗口有效，也就是说要编辑、仿真的电路必须被激活。

3.2.8　电路仿真工作区

电路仿真工作区（Workspace）是用户搭建电路的区域，是创建、编辑电路图，仿真分析，波形显示的地方。

3.2.9　电子表格视窗

电子表格视窗如图 3.18 所示，主要用于快速地对组件参数进行观察和编辑，包括组件中的封装信息、参考 ID、属性和设计规则等。电子表格视窗提供一个对整体目标属性的透视功能，它由以下几部分组成。

（1）结果观察标签（Results）：显示电气规则检查（ERCs）的检查结果。此外，Edit/Find 命令的结果同样会显示在结果观察标签内。如果想要选择检查结果所在处，可右击检查结果，从弹出的快捷菜单中选择 Goto 命令。

图 3.18　电子表格视窗

（2）节点观察标签（Nets）：显示当前项目中原理图的节点信息，其中有节点名称、节点所在原理图、节点颜色等信息。

（3）元件观察标签（Components）：如图 3.19 所示。

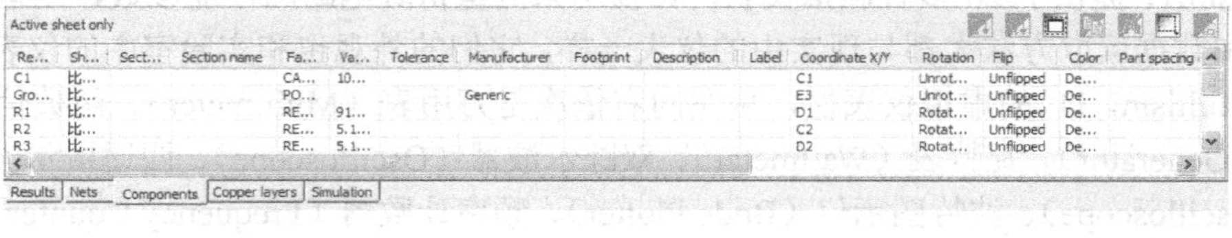

图 3.19　元件观察标签

（4）PCB 层观察标签（Copper layers）：显示印制电路板的层。

（5）模拟仿真标签（Simulation）。

3.3 Multisim 11 的基本操作

在 3.2 节全面介绍了 Multisim 11 的基本界面，下面通过仿真一个电路实例，详细介绍用 Multisim 11 进行电路仿真的基本操作过程，其中包括电路仿真工作区界面参数的设置、元件的操作、导线的连接、添加文本注释、添加虚拟仪表等内容，从而使读者掌握 Multisim 11 的基本操作。

图 3.20 所示为负反馈单级放大电路，它由 1 个 2N2222A 晶体管、3 个电容、4 个电阻和 1 个电位器、1 个 9V 的直流电源和 1 个交流信号源组成。我们知道，如果调节电路中的电位器 R1，改变其大小，用示波器观察电路波形的变化情况就能确定电路的工作状态。这个以前只有在实验室内可以完成的工作，在 Multisim 11 的环境下就能轻而易举地实现。

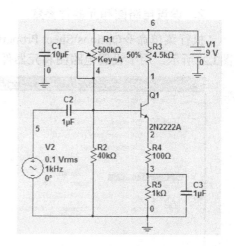

图 3.20　负反馈放大电路

3.3.1　仿真电路界面的设置

Multisim 11 的电路界面好比实际电路实验的工作台面，所以 Multisim 又形象地把电路仿真工作区界面窗口称为 Workspace。在进行某个实际电路实验之前，通常会考虑这个工作台面如何布置，如需要多大的操作空间、元件及仪器仪表放在什么位置等。初次运行 Multisim 11，软件自动打开一个空白的电路窗口，它是用户创建仿真电路的工作区域。Multisim 11 允许用户设置符合自己个性的电路窗口，其中包括界面的大小、网格、页边框、纸张边界及标题框是否可见及符号标准等。设置仿真电路界面的目的是方便电路图的创建、分析和观察。

1.　设置工作区的界面参数

执行菜单命令Options\Sheet Properties，弹出Sheet Properties 对话框，选择Workspace 标签如图3.21所示，用于设置工作区的图纸大小、显示等参数。

（1）在Multisim 11的工作区中可以显示或隐藏背景网格、页边界和边框。更改了的设置工作区的示意图在选项栏的左侧预览窗口显示。

- 选中"Show grid"选项，工作区将显示背景网格，便于用户根据背景网格对元器件定位。
- 选中"Show page bounds"选项，工作区将显示纸张边界，纸张边界决定了界面的大小，为电路图的绘制限制了一个范围。
- 选中"Show bounder"选项，工作区将显示电路图的边框，该边框为电路图提供一个标尺。

（2）从"Sheet size"下拉列表框中选择电路图的图纸大小和方向，软件提供了A、B、C、D、E、A4、A3、A2、A1和A0等10种标准规格的图纸，并可选择尺寸单位为英寸（Inches）或厘米（Centimeters）。若用户想自定义图纸大小，可在Custom size区选择所设定纸张宽度（Width）和高度（Height）的单位。在"Orientation"选项组内可设定图纸方向，Portrait（纵向）或Landscape（横向）。

2．设置电路图和元器件参数

执行菜单命令Options\Sheet Properties，弹出Sheet Properties 对话框，选择Circuit标签如图3.22所示，用于设置电路图和元器件参数的显示属性。

图 3.21　Workspace 标签　　　　图 3.22　Sheet Properties 的 Circuit 标签

（1）在 Multisim 11的电路窗口可以显示或隐藏元件的主要参数。更改了的设置电路窗口的示意图在选项栏的左侧预览窗口显示。

- 选中"Component"区的"Labels、RefDes、Values、Initial conditions、Tolerance、Attributes、Symbol pin names、Footprint pin names"，分别用来显示元器件的 Variant 标识、编号、数值、初始化条件、公差、元件属性、元件符号引脚名称，元器件封装引脚名称。
- 选中"Net names "区的"Show all、Use net-specific setting、Hide all"，分别用来设置节点全显示、部分特殊节点显示、节点全隐藏。
- 选中"Bus Entry "区的"Show labels、Show bus entry net names"选项，分别用来选择显示总线标志、显示总线的接入线名称。

（2）从"Color "区的下拉菜单中选取一种预定的配色方案或用户自定义配色方案，对电路图的背景、导线、有源器件、无源器件和虚拟器件进行颜色配置。

- Black background：软件预置的黑色背景/彩色电路图的配色方案；
- White background：软件预置的白色背景/彩色电路图的配色方案；
- White & black：软件预置的白色背景/黑色电路图的配色方案；
- Black & white：软件预置的黑色背景/白色电路图的配色方案；
- Custom：用户自定义配色方案。

3．设置电路图的连线、字体及 PCB 参数

执行菜单命令Options\Sheet Properties，弹出Sheet Properties 对话框，选择Wiring标签 、

Font标签、PCB标签及Visibility 标签，可以分别设置电路图的连线、字体及PCB的参数。

（1）选择Wiring 标签，设置电路导线的宽度和总线的宽度。

- Wire width 区：设置导线的宽度。左边是设置预览，右边是导线宽度设置，可以输入 1 到 15 之间的整数，数值越大，导线越宽。
- Bus width 区：设置总线的宽度。左边是设置预览，右边是导线宽度设置，可以输入 3 到 45 之间的整数，数值越大，导线越宽。

（2）选择Font 标签，选置元件的参考序号、数值、标识、引脚、节点、属性和电路图等所用文本的字体。其设置方法与Windows操作系统相似，在此不再赘述。

（3）选择PCB标签，主要用于PCB一些参数的设置。

- Ground option 区：对 PCB 接地方式进行选择。选择 Connect digital ground to analog 项，则在 PCB 中将数字接地和模拟接地连在一起，否则分开。
- Unit setting 区：选择图纸尺寸单位，软件提供了 mil、inch、nm 和 mm 4 种标准单位。
- Copper layer 区：对电路板的层数进行选择，右边是设置预览，左边是电路板的层数设置。其中 Layer pairs 为双层添加。添加范围为 1 到 32 之间的整数，数值越大，层数越多；Single layer stack-up 为单层添加。添加范围为 1 到 32 之间的整数，数值越大，层数越多。

（4）选择 Visibility 标签，主要用于自定义选项的设置。

- Fixed layers 区：软件已有选项，例如 Labels、RefDes、Values 等。
- Custom layers 区：用户通过 Add、Delete、Rename 按钮添加、删除、重命名用户自己希望的选项。

4. 设置放置元器件模式及符号标准

执行菜单命令Options\Global Preferences，弹出Global Preferences 对话框，选择Parts标签，可选择元器件模式及符号标准，如图3.23所示。

（1）Multisim 11允许用户在电路窗口中使用美国元器件符号标准或欧洲元器件符号标准。在"Symbol standard"选项组内选择，其中ANSI为美国标准，DIN为欧洲标准。

（2）从"Place component mode"选项组内选择元器件放置模式。

- 选中"Return to Component Browser after placement"，放置一个元器件后自动返回
- 元器件浏览窗口。
- 选中"Place single component"按钮，放置单个元器件。

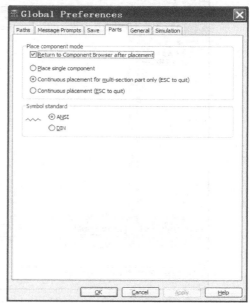

图 3.23　Global Preferences 界面

- 选中"Continuous placement for multi-section Part only[ESC to quit]"按钮，放置单个元器件，但是对集成元件内相同模块可以连续放置，按 ESC 键停止；
- 选中"Continuous placement [ESC to quit] 按钮，连续放置元器件 ，按 ESC 键停止。

5. 设置文件路径及保存

执行菜单命令Options\Global Preferences，弹出Global Preferences对话框，选择Paths标签，设置电路图的路径、数据文件存路径及用户设置文件的路径；选择Save标签，设置文件保存的方式。

6. 设置信息提示及仿真模式

（1）执行菜单命令Options\Global Preferences，弹出Global Preferences对话框，选择Message prompts标签，设置是否显示电路连接出错告警、SPICE网表文件连接出错告警等信息。

（2）执行菜单命令Options\Global Preferences，在弹出的Global Preferences 对话框中选择Simulation 标签，设置电路仿真模式。

- 从"Netlist errors "选项组内，当网络连接出错或告警时，在"告诉用户、取消仿真或继续仿真"3 个选项中任选一项。
- 从"Graphs "选项组内，在默认状态时，在曲线及仪表的颜色两个选项"黑色、白色"中任选一项。
- 从"Positive phase shift direction "选项组内，在仿真曲线移动方向"向左移动、向右移动"中任选一项。

经过上述仿真电路界面的设置，负反馈单级放大电路所需仿真界面就设置好了，如图 3.24所示。

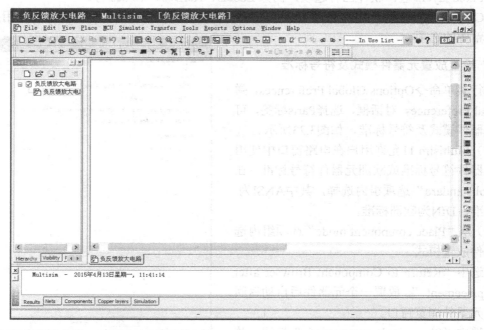

图 3.24　仿真电路界面

3.3.2　元器件的操作

1. 元器件的选用

元器件选用就是将所需要的元器件从元器件库中选择后放入电路窗口中。

（1）从元件栏选取：选用元器件时，首先在图 3.16 所示元件栏中单击包含该元器件的图标，弹出包含该元器件库浏览窗口如图 3.25 所示，选中该元器件，单击 OK 按钮即可。

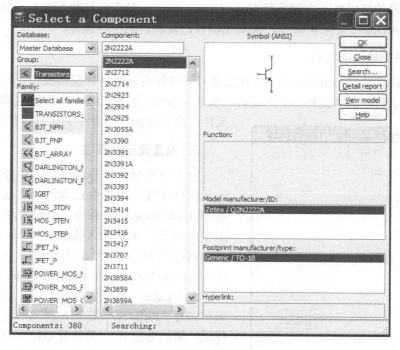

图 3.25　元器件库浏览窗口

（2）使用放置元件命令选取：执行 Multisim 11 用户界面 Place\Component...命令，弹出如图 3.25 所示的元器件库浏览窗口，按照元器件分类来查找合适的元器件。也可利用图 3.25 所示的元器件库浏览窗口中"Search..."的查找命令选取元件。

（3）从 In User List 中选取元件：在 Multisim 11 的用户界面中，在 In User List 中列出了当前电路中已经放置的元件，如果使用相同的元件，可以直接从 In User List 的下拉菜单中选取，选取元件的参考序号将自动加 1。

2．元器件的放置

选中元器件后，单击 OK 按钮，图 3.25 所示的元器件库浏览窗口消失，被选中的元器件的影子跟随光标移动，说明元器件（例如三极管）处于等待放置的状态，如图 3.26 所示。

移动光标，用鼠标拖曳该元器件到电路窗口的适当地方即可。

图 3.26　元器件的影子随鼠标移动

3．元器件的选中

在连接电路时，对元器件进行移动、旋转、删除、设置参数等操作时，就需要选中该元器件。要选中某个元器件可使用鼠标单击该元器件。若要选择多个元器件，可以先按住 Ctrl 键再依次单击需要的元器件即可，被选中的元器件以虚线框显示，便于识别。

4．元器件的复制、移动、删除

要移动一个元器件，只要拖曳该元器件即可。要移动一组元器件，必须先选中这些元器件，然后拖曳其中任意一个元器件，则所有选中的元器件就会一起移动。元器件移动后，与其连接的导线会自动重新排列。也可使用箭头键使选中的元器件做最小移动。

选中的元器件可以单击右键执行 Cut、Copy、Paste、Delete 或执行 Edit\Cut、Edit\Copy、Edit\Paste、Edit\Delete 等菜单命令，实现元器件的复制、删除等操作。

5．元器件的旋转与反转

为了使电路的连接、布局合理，常常需要对元器件进行旋转和反转操作。可先选中该元器件，然后使用工具栏的"旋转、垂直反转、水平反转等"按钮，或单击右键选择"旋转、垂直反转、水平反转"等命令完成具体操作。

图 3.27　元器件属性对话框

6．设置元器件属性

为了使元器件的参数符合电路要求，有必要修改元器件属性。在选中元器件后，双击鼠标左键或执行 Edit\Properties 命令，会弹出相关的对话框如图 3.27 所示，可供输入数据。

该属性对话框有 6 个标签，分别是 Label、Display、Value、Fault、Pins 和 User fields。

（1）Label（标识）标签：用于设置元器件的标识和编号（RefDes）。标识是指元器件在电路图中的标记，例如电阻 R1、晶体管 Q1 等。编号（RefDes）由系统自动分配，必要时可以修改，但必须保证编号的唯一性。

（2）Display（显示）标签：用于设置元器件显示方式。若选中该标签的"Use schematic global setting"选项，则元器件显示方式由 Options 菜单中的 Sheet Properties 对话框设置，反之可自行设置"Labels、RefDes、Values、Initial Conditions、Tolerance、Attributes、Symbol Pin Names、Footprint Pin Names"中的选项是否需要显示。

（3）Value（数值）标签：用于设置元器件数值参数。通过 Value 标签，可以修改元器件参数。也可以按 Replace 按钮，弹出图 3.25 所示的元器件库浏览窗口，重新选择元器件。

（4）Fault（故障）标签：用于人为设置元器件隐含故障。例如，在晶体三极管的故障设置对话框中，E、B、C 为与故障设置有关的引脚号，对话框提供 None（无故障器件正常）、Short（短路）、Open（开路）、Leakage（漏电）4 种选择。如果选择 E 和 B 引脚 Open（开路），尽管该三极管仍连接在电路图中，但实际上隐含了开路故障，这为电路的故障分析提供了方便。

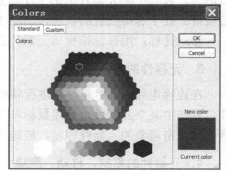

图 3.28　"Colors"对话框

7．设置元器件颜色

在复杂电路中，可以将元器件设置为不同的颜色。要改变元器件的颜色，用鼠标指向该元器件，单击鼠标右键执行 Chang Color...命令，弹出如图 3.28 所示的 Colors 对话框，从 Standard 标签中为元器件选择所需的颜色，单击 OK 按钮即可。也可从 Custom 标签中为元器件自定义颜色。

　　按照上述元器件的选取与放置方法，可将负反馈单级放大电路中所需的三极管、电阻、电容等所有元件都放到设置好的工作区界面里，如图 3.29 所示。

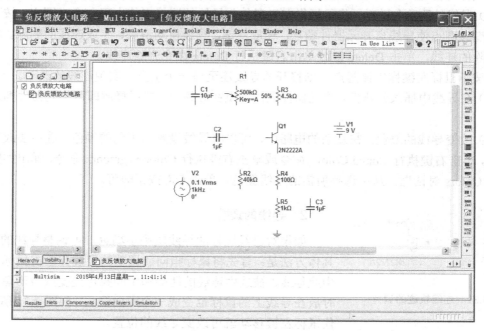

图 3.29　放置完元件后的电路

3.3.3　导线的连接

　　把元器件在电路窗口放好以后，就需要用线把它们按照一定顺序连接起来，构成完整的电路图。

1．导线的连接

　　（1）单根导线的连接。在两个元器件之间，首先将鼠标指向元器件的一个端点，鼠标指针就会变成中间有十字的小圆点，按下鼠标左键并拖曳出一根导线，拉住导线并指向另一个元器件的端点使其出现中间有十字的小圆点，释放鼠标左键，则导线连接完成，如图 3.30 所示。连接完成后，导线将自动选择合适的走向，不会与其他元器件或仪器发生交叉。

（a）鼠标指针变成中间有十字的小圆点　　　　　　（b）用鼠标拖出一条实线

图 3.30　导线的连接

（2）鼠标在电路窗口移动时，若需在某一位置人为地改变线路的走向，则单击鼠标左键，那么在此之前的其他连线就被确定下来，不再随鼠标的移动而改变位置，并且在此位置，可通过移动鼠标的位置，改变连线的走向。

（3）导线的删除与改动。将鼠标指向元器件与导线的连接点使出现一个小圆点，按下鼠标左键拖曳该圆点使导线离开元器件端点，释放左键，导线自动消失，完成连线的删除。也可选中要删除的连线，单击 Delete 键或单击右键执行 Delete 命令删除连线。

若按下鼠标左键拖曳该圆点，则移开的导线连至另一个接点，实现连线的改动。

（4）在导线中插入元器件。将元器件直接拖曳在导线上，然后释放即可将元器件插入到导线中。

（5）改变导线的颜色。在复杂的电路中，可以将导线设置为不同的颜色。选中要改变颜色的导线，单击右键执行 Chang Color...命令或单击右键执行 Color Segment...命令，弹出如图 3.28 所示的 Colors 对话框，从中选择所需的导线颜色，单击 OK 按钮即可。

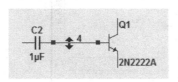

图 3.31　连线轨迹的调整

2．导线的调整

如果对已经连好的导线轨迹不满意，可调整导线的位置。具体方法是：首先将鼠标指向欲调整的导线并单击鼠标左键选中此导线，被选中连线的两端和中间拐弯处变成方形黑点，此时放在导线上的鼠标也变成一个双向箭头，如图 3.31 所示，按住鼠标左键移动就可改变导线的位置。

3．连接点的使用

（1）放置连接点。连接点是一个小圆点，执行菜单命令 Place\Junction 可以放置连接点。一个连接点最多可以连接来自 4 个方向的导线。

（2）从连接点连线。将鼠标移到连接点处，鼠标就会变成一个中间有黑点的十字标，点击鼠标左键，移动鼠标就可开始一条新连线的连接。

（3）连接点编号。在建立电路图的过程中，Multisim 11 会自动为每个连接点添加一个序号，为了使序号符合工程习惯，有时需要修改这些序号，具体方法是：双击电路图的连线，弹出如图 3.32 所示的连接点设置对话框。通过 Preferred net name 条形框，就可修改连接点序号。

按上述方法进行元器件与元器件的连接，连接完成后的负反馈放大电路如图 3.33 所示。

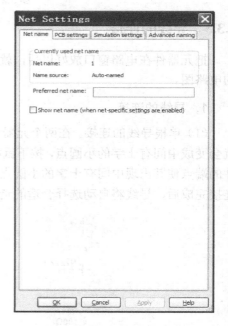

图 3.32　连接点设置对话框

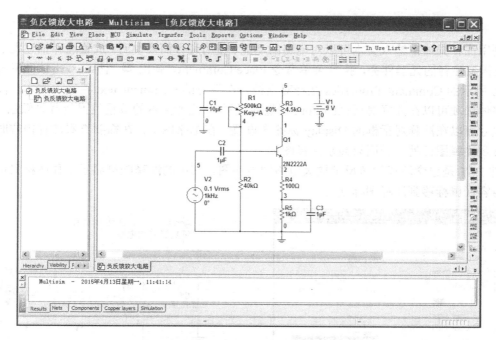

图 3.33　连接完成后的电路图

3.3.4　添加文本

电路图建立后，有时要为电路添加各种文本。例如放置文字、放置电路图的标题栏以及电路描述窗等。下面阐述各种文本的添加方法。

1．添加文字文本

为了便于对电路的理解，常常给局部电路添加适当的注释。允许在电路图中放置英文或中文，基本步骤如下：

（1）执行菜单命令 Pace\Place Text，然后单击所要放置文字文本的位置，在该处出现如图 3.34 所示的文本描述框。

（2）在文本描述框中输入要放置的文字，文字文本描述框会随着文字的多少进行缩放。

图 3.34　文字文本描述框

（3）输入完毕后，单击文本描述框以外的界面，文本描述框也相应地消失，输入文本描述框的文字就显示在电路图中。

图 3.35　电路描述窗

2．添加电路描述窗

利用电路描述窗对电路的功能和使用说明进行详细的描述。在需要查看时打开，否则关闭，不会占用电路窗口有限的空间。对文字描述框进行写入操作时，执行菜单命令 Tool\ Description Box Editor 可打开电路描述窗编辑器，弹出如图 3.35 所示的电路描述窗，在其中可输入说明文字（中、英文均可），还可插入图片、声音和视频。执行菜单命令 View\Circuit Description Box，可查看电路描述窗的内容，但不可修改。

3．添加注释

利用注释描述框输入文本可以对电路的功能、使用进行简要说明。放置注释描述框的方法是：在需要注释的元器件旁，执行菜单命令 Place\Comment，弹出 ⬛ 图标，双击该图标打开如图 3.36 所示的 Comment Properties 注释对话框，在下方的 Comment text 栏输入文本。注释文本的字体选项可以在注释对话框的 Font 标签内设置，注释文本的放置位置及背景颜色、文本框的尺寸可以在注释对话框的 Display 标签内设置。在电路图中，在需要查看注释内容时需将鼠标移到注释图标处，否则只显示注释图标。

图 3.37 是包含注释的负反馈放大电路的电路图。其中的注释既可显示注释图标又可显示注释内容（鼠标移到注释图标处）。

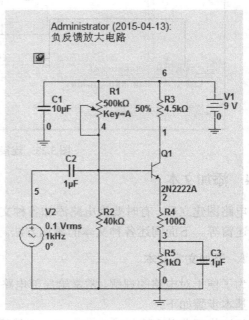

图 3.36　注释对话框　　　　　　　　图 3.37　包含注释的负反馈放大电路图

4．添加标题栏

在电路图纸的右下角常常放置一个标题栏，对电路图的创建日期、创建人、校对人、使用人、图纸编号等信息进行说明。放置标题栏的方法是：执行 Multisim11 用户界面的 Place\Title Block...命令，弹出对话框，将文件路径添加为 Multisim 11 安装路径下的 Titleblocks 子目录，在此文件夹内，存放了 Multisim 11 为用户设计的 6 个标题栏文件。

例如，选中 Multisim 11 默认标题文件（default.tb7），单击"打开"按钮，弹出如图 3.38 所示的标题栏。

标题栏主要包含以下信息：

- Title：电路图的标题，默认为电路的文件名；
- Desc.：对工程的简要描述；
- Designed by：设计者的姓名；
- Document No：文档编号，默认为 0001；
- Revision：电路的修订次数；

- **Checked by**：检查电路的人员姓名；
- **Date**：默认为电路的创建日期；
- **Size**：图纸的尺寸；
- **Approved by**：电路审批者的姓名；
- **Sheet 1 of 1**：当前图纸编号和图纸总数。

National Instruments 801-111 Peter Street Toronto, ON M5V 2H1 (416) 977-5550		**NATIONAL INSTRUMENTS** ELECTRONICS WORKBENCH GROUP	
Title: 负反馈放大电路	Desc.: 负反馈放大电路		
Designed by:	Document No: 0001	Revision: 1.0	
Checked by:	Date: 2015-04-13	Size: A4	
Approved by:	Sheet 1 of 1		

图 3.38　Multisim 11 默认的标题栏

若要修改标题栏，则用鼠标指向标题栏并双击标题栏，弹出 Title Block 对话框。通过 Title Block 对话框，就可以修改标题栏所显示的信息。

3.3.5　添加仪表

在实际实验过程中要使用到各种仪器仪表，而这些仪表大部分都比较昂贵，并且存在着损坏的可能性，这些原因都给实验带来了难度。Multisim 11 提供了 20 多种虚拟仪表，可以用它们来测量仿真电路的性能参数。这些仪表的设置、使用和数据读取方法都和现实中的仪表一样，外观也和我们在实验室见到的仪表相似。

1．仪表的添加

在 Multisim 11 用户界面中，用鼠标指向仪表工具栏中需要添加的仪表，如图 3.17 所示，单击鼠标左键，就会出现一个随鼠标移动的虚显示的仪表框，将仪表框拖放至电路合适的位置，再次单击鼠标左键，仪表的图标和标识符被放到工作区中，类似元件的拖放。

注意：仪表标识符用来识别仪表的类型和放置的次数。例如，在电路窗口内放置第一个万用表被称为"XMM1"，放置第二个万用表被称为"XMM2"等，这些编号在同一个电路中是唯一的。

2．仪表的连接

将仪表图标上的连接端（接线柱）与相应的电路连接点相连，连线过程类似元器件的连线。

3．设置仪表参数

在电路窗口中，双击仪表图标即可打开仪表面板。可以用鼠标操作仪表面板上相应按钮及参数来设置仪表的参数。

3.4　Multisim11 基本仿真分析

3.4.1　基本分析方法

Multisim 11 为电路分析提供了 19 种基本分析方法，分别是直流工作点分析、交流分析、

图 3.39　分析方法菜单

单一频率交流分析、瞬态分析、傅里叶分析、噪声分析、噪声系数分析、失真分析、直流扫描分析、灵敏度分析、参数扫描分析、温度扫描分析、零—极点分析、传递函数分析、最坏情况分析、蒙特卡罗分析、线宽分析、批处理分析、用户自定义分析等分析。

如果要在 Multisim 11 中进行分析，只需启动 Simulate 菜单下的 Analyses 命令，或单击设计工具栏中的 按钮，打开 Multisim 11 的分析方法菜单，如图 3.39 所示，单击所要选择的命令即可。

当仿真分析在运行的时候，仿真运行指示会出现在状态栏中，直至分析完成后才会停止闪烁。如需查看分析结果，则只需运行 View 菜单下的 Grapher 命令。Grapher 是一个多用途的显示工具，可以用来查看、调整、保存和导出图形和图表。它显示的内容包括：

- 所有 Multisim 11 分析的图形和图标结果；

- 一些仪器仪表的运行轨迹图形（如后处理的运行结果、示波器以及波特图仪）。

在使用仿真分析方法时应注意以下选项：

- 分析参数，包含所有的默认数值；
- 了解有多少个输出变量将要处理；
- 选择的分析主体；
- 选择的分析选项的自定义值。

分析方法的设置将保存于当前的仿真中或者保存为今后仿真均可直接调用的设置。

3.4.2　共发射极负反馈放大电路仿真与分析

编辑完图 3.40 所示共发射极负反馈放大电路原理图后，就可以对所编辑的电路进行工作原理分析及仿真分析。

1. 负反馈放大电路的基本工作原理

图 3.40 的负反馈放大电路既有电压增益，又有电流增益，是一种广泛应用的放大电路，常用作各种放大电路中的主放大级。它是一种电阻分压式单管放大电路，其偏置电路采用由 R1 和 R2 组成的分压电路，在发射极中接有电阻 R4、R5，以稳定放大电路的静态工作点。当放大电路输入信号 V_i 后，输出端便可输出一个与 V_i 相位相反、幅度增大的输出信号 V_o。从而实现放大电压的功能。用示波器可观察其输入输出波形。

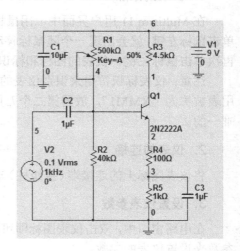

图 3.40　负反馈放大电路

首先从窗口的仪表工具栏中调出一台双通道示波器（Oscilloscope），方法同从元件工具栏中选取元件，与元件的连接方式也一样，将示波器的 A 通道接输入信号源，B 通道接输出端，如图 3.41 所示。其中，R1 为一个可变电阻，用来调节三极管的偏置电压，双踪示波器 XSC1

用来观察放大器的输入信号波形 V_i 和输出信号电压波形 V_o。

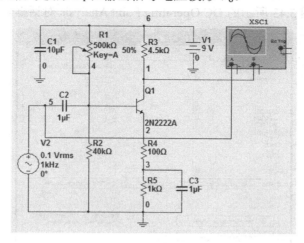

图 3.41　仿真测量

双击电路窗口中的示波器图标，即可开启示波器面板，如图 3.42 所示。

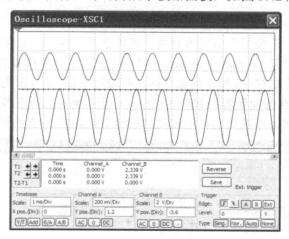

图 3.42　输入与输出波形

从图中可看出，该示波器的界面与实验室里常用的示波器面板很相似，其基本操作方法也差不多。启动电路窗口右上角的电路仿真开关，示波器窗屏幕上将产生输入和输出两个波形。为观察方便，需适当调节示波器界面上的基准时间（Timebase）和 A、B 两通道（Channel）中的 Scale 值。调整 R1 可变电阻，同时利用示波器观察使放大电路输入与输出波形不失真。

2. 负反馈放大电路的静态仿真分析

放大电路静态工作点直接影响放大电路的动态范围，进而影响放大电路的电流/电压增益和输入/输出电阻等参数指标，故设计一个放大电路首先要设计合适的工作点。

1）直流工作点分析

在 Multisim11 的环境下，可以用直流电压表和直流电流表来测定静态工作点，但利用直流工作点分析法会更简单、快捷。

在输出波形不失真的情况下，执行 Simulate 菜单中 Analysis 子菜单下的 DC Operating Point...命令，打开如图 3.43 所示的 DC Operating Point Analysis 对话框。

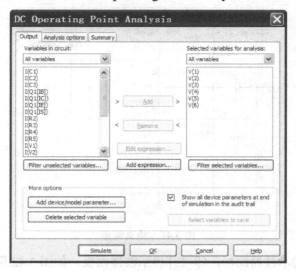

图 3.43   DC Operating Point Analysis 对话框

在 Output 标签中，选择用来仿真的变量。可供选择的变量一般包括所有节点的电压和流经电压源的电流，全部列在 Variables in circuit 栏中。先选中需要仿真的变量，单击"Add"按钮，则将这些变量移到右边栏中。如要删除已移入右边的变量，也只需先选中，再单击"Remove"按钮，即可把不需要仿真的变量返回到左边栏中。对于本例，把所有节点电压变量都选中，然后单击"Simulate"按钮，系统自动显示出运算的结果，如图 3.44 所示。

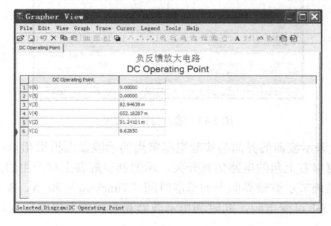

图 3.44   运算结果

2）直流扫描分析

直流扫描分析（DC Sweep Analysis）是利用一个或两个直流电源，分析电路中某一节点上的直流工作点的数值变化，它能够快速地根据直流电源的变化范围确定电路的直流工作点。

单击 Simulate 菜单中 Analysis 子菜单下的 DC Sweep 命令，打开 DC Sweep Analysis 对话框。设置该对话框内容。

（1）Analysis Parameters 参数设置：

- Source1 区：设置第一个电源参数；
- Source：选择要扫描的直流电源，V1；
- Start value：设置开始扫描的数值，0 V；
- Stop value：设置结束扫描的数值，15 V；
- Increase：设置扫描的增量值，0.5 V。

（2）Output variables 参数设置：设置输出变量为节点 1 进行仿真。

其余标签设置内容同其他分析方法一致。设置完毕后单击"Simulate"按钮，出现分析结果如图 3.45 所示。

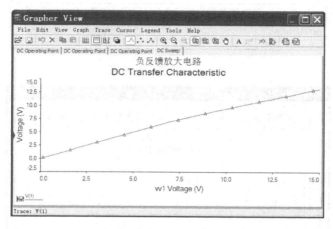

图 3.45　节点 1 随电源电压变化的曲线

3．负反馈放大电路的动态仿真分析

1）放大电路的交流分析

执行 Simulate 菜单中 Analysis 子菜单下的 AC Analysis 命令，弹出 AC Analysis 对话框，进入交流分析状态。在其 Output variables 标签中，选定节点 1 进行仿真，然后单击 Frequency Parameters 标签，弹出 Frequency Parameters 对话框，设置起点频率为 10 Hz，扫描终点频率为 10 GHz，扫描方式为 Decade（十倍乘扫描），纵坐标刻度默认设置为对数形式。单击"Simulate"按钮，仿真分析结果如图 3.46 所示。

2）放大电路的瞬态分析

瞬态分析是一种非线性时域分析，可以计算电路的时域响应。分析时，电路的初始状态可由用户自行设置，也可以将 Multisim11 软件对电路进行直流分析的结果作为电路初始状态。当瞬态分析的对象是节点的电压波形时，其结果通常与用示波器观察到的结果相同。

单击 Simulate 菜单中 Analysis 子菜单下的 Transient Analysis 命令，弹出 Transient Analysis 对话框。在其 Analysis Parameters 标签页面中，设置起始时间（Start time）为 0，终止时间（End time）为 0.01 s，在 Output 标签页面中，选择输入节点 5 和输出节点 1 为分析节点。单击"Simulate"按钮，仿真分析结果如图 3.47 所示。

若利用指针读取输入、输出信号波形峰值，代入公式：

$$A = \frac{U_o}{U_i}$$

可方便地算出放大电路的增益。

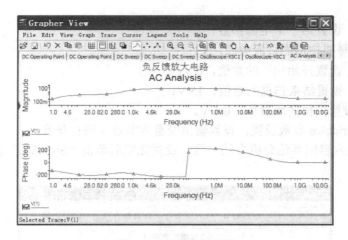

图 3.46　交流分析结果

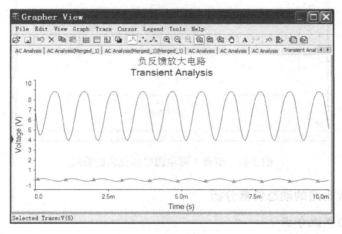

图 3.47　仿真分析结果

3）R1 对放大电路性能的影响

通常对负反馈放大电路来说，工作点偏高，输出将产生饱和失真；工作点偏低，则产生截止失真。通常静态工作点应选在交流负载线的中央，这时可获得最大的不失真输出，即可得到最大的动态工作范围。

对于图 3.40，在输入信号幅度适当情况下，可通过调节 R1 的参数来改变电路工作点。

启动仿真开关 ▭▭，反复按键盘上的 A 键，观察示波器波形变化。随着一旁显示的电阻值百分比的增加，输出波形产生饱和失真越来越严重。饱和失真波形如图 3.48 所示。

反之，反复按 Shift+A 键，观察示波器波形变化。随着电位器阻值百分比减小，输出波形的饱和失真逐步减小。当阻值百分比适当时，输出波形已不失真，电路真正处于放大状态，如图 3.49 所示。

如继续按 Shift+A 键，继续减小电位器的阻值，从示波器中可观察到输出电压产生了截止失真，随着一旁显示的电阻值百分比的减小，输出波形产生截止失真越来越严重。截止失真波形如图 3.50 所示。

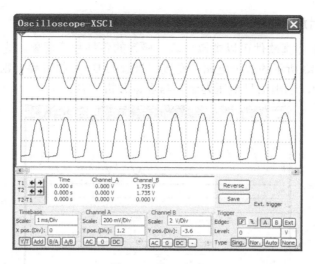

图 3.48　饱和失真

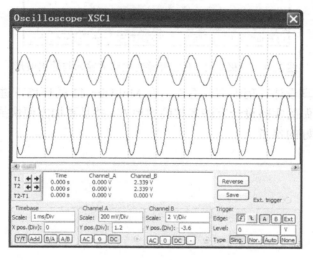

图 3.49　放大状态

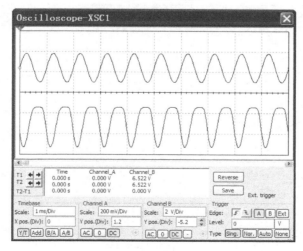

图 3.50　截止失真

4．三极管故障对放大电路的影响

利用 Multisim 11 仿真软件可以虚拟仿真三极管的各种故障现象。为观察方便并与输入波形进行对比，对图 3.40 所示的放大电路，设置三极管的 B、E 极开路，则放大电路的输入、输出波形如图 3.51 所示，输出信号电压为零，与理论分析吻合。

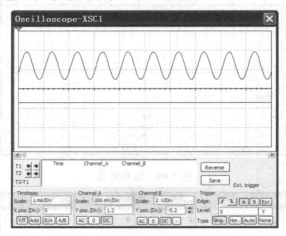

图 3.51　三极管 B、E 极开路时电路的输入与输出波形

从以上例子的仿真设计过程中可以看出，在 Multisim 11 的环境下进行电路的仿真实验，不仅与在现实环境下做的实验设计有许多相同的地方，并且更加方便快捷，其仿真结果对实际电路设计将是一种很好的参考。

第4章 电路设计与实践

随着电子科学技术的发展和广泛应用，电子系统正朝着集成度高、智能化程度高、功能强大等方向发展；但无论是何种电子系统，都可分解为各种形式和功能的基本单元电路。本章先介绍晶体管放大器、差分放大器、积分运算器、有源滤波器、直流稳压电源、信号产生器、多功能数字钟等常用基本电路的设计，逐渐过渡到多路智力竞赛抢答器、数字频率计、调幅接收机等电子产品的系统设计，从设计任务与要求、电路基本原理、设计指导、实验与调试方面，详细论述电路设计的一般流程，分析电路具体功能指标，计算相应电路的器件参数并选择合适型号，设计出完整的电路，直至电路安装与调试方法。另外，本章还详细分析了实用的功率驱动电路、传感器及其应用电路。

通常电子系统的设计方法是：

（1）设计者要对系统的设计任务及工作环境进行深入、具体的分析，充分了解系统的性能、指标、内容及要求，明确系统应完成的任务；

（2）进行系统方案的比较与选择，最终确立系统方案，设计出完整的系统框图；

（3）对方案中的各部分进行单元电路的设计、参数计算和元器件的选择，利用 EDA 技术对设计的单元电路进行仿真，最后将各单元电路进行链接；

（4）应用绘图软件，画出一个符合设计要求的完整的系统电路图，并且画出印制电路板（PCB）图。

然而，一个性能优良、可靠性高的电子系统，除了先进、合理的设计之外，高质量的组装与调试也是非常关键的环节。

4.1 单级晶体管放大电路

最基本的晶体管放大电路有共射电路、共基电路和共集电路（也称为射极输出器）等几种形式。其中共射电路因同时具有电压放大能力和电流放大能力，而成为一种被广泛应用的放大电路。

4.1.1 设计任务与要求

设计一阻容耦合单级晶体管放大电路。已知条件如下：

- 直流电源电压：V_{CC}=12 V
- 电压增益：$A_v \geqslant 40$
- 输入正弦信号电压：V_i=10 mV（有效值）
- 负载电阻：R_L=5.1 kΩ
- 通频带：$BW_{0.7}$=100 Hz～100 kHz

要求：

（1）根据设计任务和已知条件，确定电路方案，计算并选取放大电路的各元件参数；

（2）测量放大电路在线性工作状态下的静态工作点；

（3）测量该电路的主要性能指标：电压增益 A_v，输入电阻 R_i 和输出电阻 R_o；

（4）观察因工作点设置不当而引起放大器的非线性失真现象；

（5）测量放大电路的幅频响应与相频响应。

4.1.2　电路基本原理

图 4.1 是应用最广泛的阻容耦合共射放大电路，采用分压式电流负反馈偏置电路。放大器的静态工作点 Q 主要由 R_{B1}、R_{B2}、R_E、R_C 及 V_{CC} 所决定。该电路利用电阻 R_{B1}、R_{B2} 的分压固定基极电位 V_B。如果满足条件 $I_1 \gg I_B$，当温度升高时，$I_C \uparrow \to V_E \uparrow \to V_{BE} \downarrow \to I_B \downarrow \to I_C \downarrow$，结果抑制了 I_C 的变化，从而获得稳定的静态工作点。通常在满足：

$$I_1 \gg I_B（硅管：I_1 =(5\sim 10)I_B；锗管：I_1 =(5\sim 10)I_B） \tag{4.1}$$

和

$$V_B \gg V_{BE}（硅管：V_B =(3\sim 5)V；锗管：V_B =(1\sim 3)V） \tag{4.2}$$

的条件下，该电路具有很好的温度稳定性。

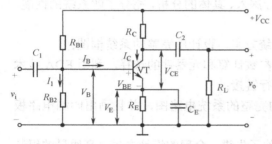

图 4.1　分压式电流负反馈偏置电路放大器

4.1.3　设计指导

在设计一个放大电路时，原则上元件参数值的确定既要考虑有合适的静态工作点，也要考虑是否能满足电路的设计性能要求。对于图 4.1 所示放大电路，首先需要选择电路形式和晶体管，其次需要计算与选取的参数有：R_{B1}、R_{B2}、R_C、R_E、C_1、C_2 及 C_E。

1. 选择电路形式和晶体管

采用如图 4.1 所示的分压式电流负反馈偏置电路，可以获得稳定的静态工作点。因放大器的上限频率要求较高，故选用高频小功率管 9014，其特性参数为：$I_{CM}=500\,\text{mA}$，$V_{(BR)CEO} \geqslant 50\,\text{V}$，$f_T > 150\,\text{MHz}$。通常要求 $\beta > A_v$，故选 $\beta = 60$。

2. 确定静态工作点（V_{CE}，I_C）

V_{CE}：考虑到电路在正常工作范围应使输出电压幅度 V_{om} 足够大，同时在满足放大倍数的前提下，输出电压不应产生饱和失真。为此参考图 4.2 所示的晶体管输出特性可知，管压降 V_{CE} 应满足下列关系：

$$V_{CE} > V_{om} + V_{CES} \tag{4.3}$$

式中，$V_{om} = A_v V_{im} \geqslant 50 \times 20\,\text{mV} = 1\,\text{V}$，$V_{CES}$（饱和压降）一般可取 1 V，故 V_{CE} 应大于 2 V。

选择 I_C（或 I_B）的原则是要考虑放大电路不致产生截止失真，对于小信号放大器，一般 $I_C=(0.5\sim 2)$ mA，本例中取 $I_C=1.5\,\text{mA}$，则 $I_B = I_C / \beta = 1.5\,\text{mA} / 60 \approx 25\,\mu\text{A}$

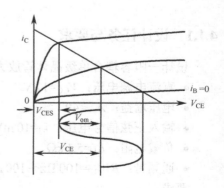

图 4.2　晶体管输出特性曲线

3. 确定 R_{B1}、R_{B2}

依据式（4.1）和式（4.2）确定偏置电阻 R_{B1}、R_{B2}：

$$R_{B2} = \frac{V_B}{I_1} \ , \qquad R_{B1} = \frac{V_{CC}}{I_1} - R_{B2} \tag{4.4}$$

式中，I_1 由式（4.1）选定。在本例中取 $V_B=5\,V$，$I_1=10\times I_B=0.25\,mA$，得 $R_{B2}\approx20\,k\Omega$，$R_{B1}\approx28\,k\Omega$。

4. 确定 R_E

$$R_E = \frac{V_E}{I_E} = \frac{V_B - V_{BE}}{I_C} \approx \frac{5\,V}{1.5\,mA} \approx 3.3\,k\Omega \tag{4.5}$$

5. 确定 R_C

选择集电极电阻 R_C 应考虑两方面的问题，一是要满足 A_v 的要求，即

$$\frac{\beta R_L'}{r_{be}} > |A_v| \tag{4.6}$$

式中，$r_{be} = r_{be}' + (1+\beta)\dfrac{26mV}{I_E}$，$R_L' = R_L // R_C$（$R_L$ 已知）。

其次要避免产生非线性失真。为此，在满足式（4.3）的条件下，先确定管压降 V_{CE}，再由电路求出：

$$R_C = \frac{V_{CC} - V_{CE} - V_E}{I_C} \approx 3.3\,k\Omega \tag{4.7}$$

由式（4.6）、式（4.7）即可算出合适的集电极电阻 R_C。

确定 R_C 后，核算 A_v 是否满足设计要求。

6. 选择元件

在图 4.1 所示的射极偏置电路中，电容 C_1、C_2、C_E 均为电解电容，一般 C_1、C_2 选用 4.7 μF～10 μF，C_E 选用 33 μF～200 μF 均可满足要求。电阻 R_C、R_E、R_{B1}、R_{B2} 选用金属膜电阻或碳膜电阻均可。

4.1.4　实验与调试

（1）实验电路采用如图 4.1 所示的射极偏置电路。根据已知条件和设计要求，计算和选取元件参数，在实验台或实验箱上组装、搭接电路，检查无误后接通电源，进行测试。

（2）测量该电路在线性工作状态下的静态工作点。输入端接入 $f = 1\,kHz$，$V_i = 10\,mV$（有效值）的正弦信号，用示波器观察输出电压 v_o 的波形，同时调节可调电阻 R_{B1}，使 v_o 波形不失真的动态范围幅度最大，然后将输入端与信号源断开并接地（$v_i=0$），测试此时的 V_B、V_E、V_{CE}、V_{BE}，算出 I_C 并与理论计算值比较。

（3）测量该电路的电压增益 A_v。输入端接入 $f = 1\,kHz$，$V_i = 10\,mV$（有效值）的正弦信号，用示波器同时观测输入 v_i 和输出 v_o 的波形，分别记录幅值与相位关系，算出电压增益 $A_v = V_o/V_i$（也可用数字表测量）。

（4）测量该电路的输入电阻 R_i 和输出电阻 R_o。放大器的输入电阻反映了它消耗输入信号源功率的大小。若 $R_i \gg R_S$（信号源内阻），则放大器从信号源获得最大功率。

通常采用"串联电阻法"测量放大器的输入电阻 R_i，即在信号源与放大器输入端之间，

串联一个已知电阻 R（一般选择 R 的值接近 R_i 为宜），如图 4.3 所示。在输出波形不失真的情况下，用晶体管毫伏表或示波器，分别测出 V_S 与 V_i 的值，则

$$R_i = \frac{V_i}{V_s - V_i} R \qquad (4.8)$$

放大器输出电阻的大小反映了它的带负载能力，R_o 越小，带负载的能力越强。当 $R_o \ll R_L$ 时，放大器可等效为一恒压源。放大器输出电阻的测量方法如图 4.4 所示。在输出波形不失真的情况下，先测量 R_L 未接入（即放大器开路）时的输出电压 V_o；然后接入 R_L，再测量放大器负载 R_L 上的电压 V_{oL} 值，则

$$R_o = (\frac{V_o}{V_{oL}} - 1) R_L \qquad (4.9)$$

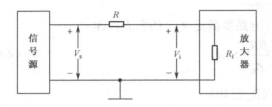 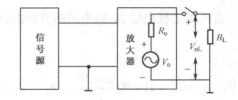

图 4.3　输入电阻测试电路　　　　　　　　　图 4.4　输出电阻测试电路

（5）测量该电路的幅频响应。放大器的幅频特性可通过测量不同频率时的电压增益 A_v 来获得。通常采用"逐点法"测量。测量时，每改变一次信号源的频率（注意维持输入信号 V_s 的幅度不变且输出波形不失真），用晶体管毫伏表或示波器测量一个输出电压值，分别计算其增益。然后作出幅频特性曲线，求出上、下限截止频率 f_H、f_L 和通频带 $BW = f_H - f_L$。

4.2　差分放大电路

差分放大电路是模拟集成电路中最基本的单元电路。这种电路不仅对差模信号具有一定的放大能力，更重要的特点是对共模信号有很强的抑制作用，能够减小放大器的零点漂移。目前，多级放大电路的输入级广泛应用差分放大电路。

4.2.1　设计任务与要求

设计一个由集成运算放大器组成的差分放大电路，要求该电路满足下列技术指标：
- 差模电压增益：$A_{vd} = 50$；
- 差模输入电阻：$R_{id} > 20\ \text{k}\Omega$；
- 共模抑制比：$K_{CMR} > 200$；
- 通频带：$BW > 30\ \text{kHz}$。

已知条件如下：
- 信号源内阻：$R_S = 10\ \text{k}\Omega$；
- 负载电阻：$R_L = \infty$；
- 共模电压输入范围：$V_{icm} \leq \pm 9\ \text{V}$；
- 电源电压：$V_{CC} = +15\ \text{V}$（或 +12 V），$V_{EE} = -15\ \text{V}$（或 −12 V）。

要求：

（1）根据设计要求和已知条件确定电路方案，计算并选取放大电路的各元件参数；

（2）静态测试：调零和消除自激振荡；

（3）测量放大电路的主要性能指标：差模电压增益 A_{vd}，共模电压增益 A_{vc}，差模输入电阻 R_{id} 与通频带 BW，并与理论计算值进行比较。

4.2.2 电路基本原理与设计指导

1. 单运放差分放大电路

1）电路工作原理

单运放差分放大电路如图 4.5 所示。根据运放原理，在理想条件下输出电压与输入电压的关系式为

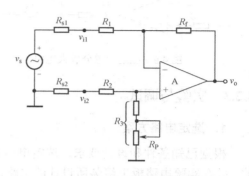

$$v_o = (1 + \frac{R_f}{R_1})(\frac{R_3}{R_2 + R_3})v_{i2} - \frac{R_f}{R_1}v_{i1} \quad (4.10)$$

当 $\dfrac{R_f}{R_1} = \dfrac{R_3}{R_2}$ 时，

$$v_o = \frac{R_f}{R_1}(v_{i2} - v_{i1}) \quad (4.11)$$

图 4.5 单运方差分放大电路

理想运算放大器，共模输出电压等于零。但在实际应用中，由于电阻存在误差，特别是很难控制两个输入端的信号源内阻 R_{s1} 和 R_{s2}，使共模抑制作用受到损害。因此实际应用中，通常可根据需要在 R_3 回路中增加用于失配调节的可变电阻 R_P。其次，这种电路的输入电阻 R_{id} 不够高。而要提高 R_{id}，则必须加大 R_1；R_1 增大，则会使失调误差和漂移误差增大。另外，这种电路的电压增益也不很高，因为较高的闭环增益，需要减小 R_1 和 R_2，但这样将会降低输入电阻；或者增大 R_f，但 R_f 若过大（如大于 1 MΩ），选配精度和稳定性又难以保证，而且寄生电容影响大，频带变窄。

2）参数确定与元件选择

设计差分放大电路时，应根据设计要求和已知条件选择集成运算放大器及确定外电路的元件参数。

（1）确定电阻 R_1、R_2、R_3、R_f。选取 R_1，由式（4.11）求出反馈电阻 R_f，即 $R_f = A_{vd}R_1$。电阻 R_2、R_3 可由平衡条件 $R_3/R_2 = R_f/R_1$ 确定。

（2）选择集成运算放大器。选用集成运算放大器时，首先要查阅产品手册，分析所选用的集成运放的性能指标能否满足设计要求。对一般性的设计，可以选用 LM741 型通用运放，但若用于弱信号的测量电路，最好选用低漂移型运算放大器。值得注意的是，这种差分放大电路的共模电压范围只能限在 ±10 V 以内，否则电路不能正常工作。

（3）选择电阻元件。电阻的选配原则应注意电阻的精度，要求 R_1 与 R_2、R_3 与 R_f 的选配精度应尽可能高，最好选用高精度电阻，但这种电阻价格较贵，也可选用误差 1% 的金属膜电阻。

2. 三运放差分放大电路

此设计也可采用如图 4.6 所示的三运放差分放大电路，该电路的第一级是具有深度电压串

联负反馈的电路，具有很高的输入电阻。若 A_1、A_2 选用相同特性的运放，则它们的共模输出电压和漂移电路也都相等，再通过 A_3 组成的差分式电路，可以互相抵消，因此该电路又具有很强的共模抑制能力和较小的输出漂移电压，同时该电路有较高的差模电压增益。取 $R_4 = R_5$，$R_6 = R_7$，该电路输出电压为：

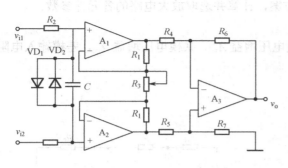

图 4.6   三运放差分放大电路

$$v_o = -\frac{R_6}{R_4}\left(1 + \frac{2R_1}{R_3}\right)(v_{i1} - v_{i2}) \qquad (4.12)$$

则

$$A_{vd} = -\frac{R_6}{R_4}\left(1 + \frac{2R_1}{R_3}\right) \qquad (4.13)$$

4.2.3   实验与调试

1. 选定电路方案

根据已知条件和设计要求，选定电路方案（如选图 4.6 为参考电路），计算和选取元件参数，并在实验电路板上组装所设计的电路，检查无误后接通电源，进行静态调试。将输入信号接地，测量输出电压，若不为零，调节 R_P 使其为零。调零电位器的接法如图 4.7 所示。

2. 测量放大电路的主要性能指标

（1）测量差模电压增益 A_{vd}。在两输入端加差模输入电压 V_{id}，输入 500 Hz、200 mV（有效值）的正弦信号，测量输出电压 V_{od}，观测与记录输出电压与输入电压的波形（幅值与相位关系），算出差模电压增益，并与理论值比较。

（2）测量共模电压增益 A_{vc}。将两输入端并接，加共模输入电压 V_{ic}，输入 500 Hz、有效值为 1 V 的正弦信号。测量输出电压 V_{oc}，算出 A_{vc}。

（3）算出共模抑制比 K_{cmr}，分析是否满足设计要求。

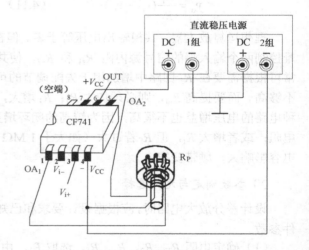

图 4.7   调零电位器的接法

（4）测量幅频响应，用逐点法测量。在保持输入信号电压 V_{id} 一定的条件下（如令 $V_{id} = 20$ mV 不变），改变输入信号的频率，先测出中频区的输出电压 V_o，然后升高或降低信号频率，直至输出电压下降到中频区输出电压 V_o 的 0.707 倍为止，该频率即为上限（f_H）或下限（f_L）截止频率。用描点法作出幅频响应曲线，从曲线上求出上限截止频率 f_H，下限截止频率 f_L；而通频带 $BW = f_H - f_L$。

（5）测量差模输入电阻 R_{id}。图 4.6 所示的由集成运放组成的放大电路，其输入电阻往往比测量仪器的输入电阻高。输入电阻为高阻时的测量电路如图 4.8 所示。由于毫伏表的内阻与放大器的输入电阻 R_{id} 大致处于同一个数量级，不能直接在输入端测量，因而在放大器输入回路串一已知电阻 R，其大小与 R_{id} 数量级相当。显然，R 的接入将引起放大器输出电压 V_o 的变化。设用毫伏表在放大器输出端测出 S_1 闭合、S_2 断开时为 V_{o1}，而 S_1、S_2 断开时为 V_{o2}，则

$$R_i = \frac{V_{o2}}{V_{o1} - V_{o2}} R \qquad (4.14)$$

（6）测量输出电阻 R_o，仍可采用如图 4.8 所示的电路（图中 S_1 闭合，短接 R）。分别测出负载 R_L 断开时放大器输出电压 V_{o1} 和负载电阻 R_L 接入时的输出电压 V_{o2}，则输出电阻为

$$R_o = \left(\frac{V_{o1}}{V_{o2}} - 1\right) R_L \qquad (4.15)$$

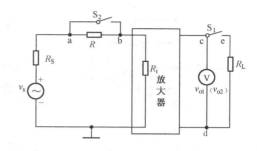

图 4.8　输入电阻为高阻时的测量电路

4.3　积分运算电路

积分电路是一种常用的基本单元电路，多由集成运算放大器和 R、C 等元器件构成；其主要用途是实现信号变换，例如将方波信号转换为锯齿波、三角波信号等。

4.3.1　设计任务与要求

设计一个将方波转换为三角波的积分电路，已知输入方波电压的幅值为 4 V，周期为 1 ms。要求：

（1）积分器输入电阻 $R_{id} \geq 10\,k\Omega$；

（2）集成运算放大器采用 CF741；

（3）组装调整所设计的积分电路，观察积分电路的积分漂移，对该电路调零或将积分漂移调至最小。

4.3.2　电路基本原理

基本积分电路如图 4.9 所示。若所用集成运算放大器是理想放大器，则输出电压与输入电压的积分成比例关系：

$$v_o = -\frac{1}{RC} \int v_i(t)\mathrm{d}t \qquad (4.16)$$

若 v_i 选用幅度为 E 的阶跃信号，则在 $t \geq 0$ 时，输出电压 v_o 的表达式为：

$$v_o = -\frac{E}{RC} t \qquad (4.17)$$

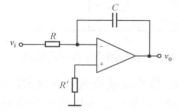

图 4.9　反相积分器

式中，RC 为积分时间常数；输出电压 v_o 的最大值受集成运算放大器的最大输出电压和输出电流限制。

4.3.3　设计过程指导

1. 选择电路形式

积分器的电路形式可根据设计要求来确定。例如，要进行两个信号的求和积分运算，应选用求和积分电路。如果用于一般的波形变换和产生斜波电压，则可选择反相积分电路。本设计

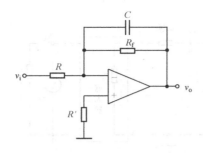

图 4.10 积分电路

可选择如图 4.10 所示电路。

2. 电路参数的选择

在反相积分放大器中，R 和 C 的数值决定积分电路的时间常数，由于集成运算放大器最大输出电压 V_{omax} 的限制，选择 R、C 参数时，其值必须满足：

$$RC \geq \frac{1}{V_{omax}} \int_0^t v_i \mathrm{d}t \tag{4.18}$$

对于阶跃信号，R、C 的值则要满足下式：

$$RC \geq \frac{E}{V_{omax}} t \tag{4.19}$$

这样可以避免 RC 值过大或过小给积分器输出电压造成的影响。积分器的输出响应如图 4.11 所示。RC 值过大，在一定的积分时间内，输出电压将很低；RC 值太小，积分器在达不到积分时间要求时就饱和。这种现象如图 4.12 所示。

对于正弦波信号 $V_i = E\sin\omega t$，则积分器输出电压的表达式为：

$$v_o = -\frac{1}{RC} \int_0^t E\sin\omega t \mathrm{d}t = \frac{E}{RC\omega} \cos\omega t$$

因为 $\cos\omega t$ 的最大值为 1，所以要求

$$V_{omax} \geq \frac{E}{RC\omega}$$

即

$$RC \geq \frac{E}{V_{omax}\omega} \tag{4.20}$$

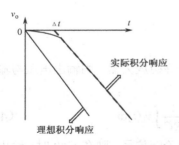

图 4.11 积分器的输出响应

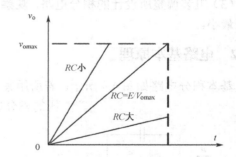

图 4.12 RC 积分常数对积分器输出波形的影响

由式（4.20）得出结论：当输入电压为正弦波信号时，R、C 值不仅受集成运算放大器最大输出电压 V_{omax} 的限制，而且与信号的频率有关。当 V_{omax} 一定时，对于一定幅值的正弦信号，频率越低，RC 值就应越大。

1）确定积分器时间常数

用积分电路将方波转换成三角波，就是对方波的每半个周期分别进行不同方向的积分运算。在正半周，积分器的输入相当于正极性的阶跃信号；反之，则为负极性的阶跃信号。积分时间均为 $T/2$。如果所用运放的 $V_{omax} = \pm 10\,\mathrm{V}$，按照式（4.20）积分时间常数 RC 为：

$$RC \geq \frac{E}{V_{omax}\omega} = \frac{4\,\mathrm{V}}{10\,\mathrm{V}} \times \frac{1}{2}\,\mathrm{ms} = 0.2\,\mathrm{ms}$$

取 $RC = 0.5$ ms。

2） 确定积分电容 C 值

因为反相积分器的输入电阻 $R_i = R$，所以往往希望 R 取值大一些。但是加大 R 后，势必要减小 C 值，加剧积分漂移。因此，一般选 R 满足输入电阻要求的条件下，尽量加大 C 值。但是一般情况下积分电容的值均不宜超过 1 μF。

为满足输入电阻 $R_i \geqslant 10$ kΩ，取电阻 $R = 10$ kΩ，则积分电容为

$$C = \frac{0.5 \text{ ms}}{R} = \frac{0.5 \times 10^{-3} \text{s}}{10 \times 10^3 \Omega} = 0.05 \text{ μF}$$

3） R' 和 R_f 电阻值的确定

在积分电路中，R' 为静态平衡电阻，用以补偿偏置电流所产生的失调，一般情况下选 $R' = R$。实际电路中，通常在积分电容 C 的两端并联一个电阻 R_f。R_f 是积分漂移泄放电阻，用以防止积分漂移所造成的饱和或截止现象。但也要注意引入 R_f 后，由于它对积分电容的分流作用，将产生新的积分误差。

为了尽量减小 R_f 所引入的误差，取 $R_f > 10R$，则 $R_f = 100$ kΩ。因此补偿运算放大器偏置电流失调的平衡电阻 R' 应为

$$R' = \frac{R \times R_f}{R + R_f} = \frac{10 \text{ kΩ} \times 100 \text{ kΩ}}{10 \text{ kΩ} + 100 \text{ kΩ}} = 9.1 \text{ kΩ}$$

3. 集成运算放大器的选择

在误差分析中可以得出选择集成运算放大器的结论，即尽量选择增益带宽积比较高的运算放大器。本设计中采用 CF741 集成运算放大器。

4.3.4 实验与调试

在实验台或面包板上搭接电路，搭接完成后进行调试。调试内容主要是调整积分漂移。

具体的调整方法是将电路的输入端接地，然后在积分电容两端接入开关或短路线，将其短路，使积分器迅速复零。此时，若输出电压不为零，可调整 CF741 的 1、5 脚所接的调零电位器，使输出电压为零。然后，断开开关或去掉短路线，用电压表监测积分器的输出电压，再次调整调零电位器使输出电压为零。但应注意，此时由于积分漂移的影响，很难调整使 $v_o = 0$。但是，若注意观察积分器输出端积分漂移的变化情况，则可发现：当电位器滑向一方向时，输出漂移加快，而反向调节时则减慢。反复仔细调整调零电位器（有时也配合调整 R'）可使积分器漂移值最小。

4.4 有源滤波器设计

滤波器是一种能使有用频率信号通过，同时抑制（或大为衰减）无用频率信号的电子装置。工程上常将其用于信号处理、数据传输和抑制干扰等。随着集成运放的迅速发展，目前广泛采用由集成运放和 R、C 组成的有源滤波电路，这类电路具有不用电感、体积小、重量轻等优点。此外，集成运放具有开环增益和输入阻抗都很高，而输出阻抗很低的特点，使有源滤波器具有一定的电压放大和缓冲作用。目前，有源滤波器的频率范围约为 10^3Hz～10^6Hz，频率稳定度

可达到（$10^{-3} \sim 10^{-5}$）（℃）$^{-1}$，频率精度为 ±（3%～5%）。在实际应用中，利用一阶和二阶滤波器简单级联即可得到高阶滤波器，调谐还很方便。因此，一阶和二阶滤波器的设计是滤波器的设计基础。

4.4.1 设计任务与要求

（1）设计一个有源二阶低通滤波器，已知条件和设计要求如下：
- 截止频率 f_H = 5 kHz；
- 通带增益 A_{vp} = 1；
- 品质因数 Q = 0.707。

（2）设计一个有源二阶高通滤波器，已知条件和设计要求如下：
- 截止频率 f_L = 100 Hz；
- 通带增益 A_{vp} = 1；
- 品质因数 Q = 0.707。

4.4.2 电路原理与设计指导

滤波器的设计任务，就是根据所要求的指标确定电路形式，列出电路传递函数，计算电路中各元件参数；分析和检查元件参数的误差项，进行复算，看是否满足设计指标的要求。若满足，可以进行实验方案确定；若不满足，要重新设计，直至达到设计指标为止。实际设计常常是计算和实验交叉进行，也可以利用计算机完成。

1. 二阶压控电压源低通滤波器的设计

1）电路分析

二阶压控电压源低通滤波器电路如图 4.13 所示。该电路具有元件少，增益稳定，频率范围宽等优点。电路中 C_1、C_2、R_1、R_2 构成反馈网络，运算放大器接成电压跟随器，在通频带内增益等于 1。

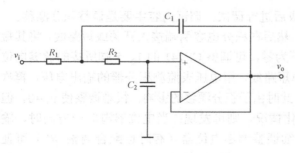

2）电路传递函数和特性分析

可以证明，二阶低通滤波器的传递函数由下式决定：

$$A_V(s) = \frac{A_{vp}}{1 + \frac{1}{Q}\frac{s}{\omega_0} + \left(\frac{s}{\omega_0}\right)^2} \qquad (4.21)$$

图 4.13　二阶压控电压源低通滤波器电路

式中，A_{vp} 为通带增益，表示滤波器在通带内的放大能力，如图 4.13 所示的滤波器 A_{vp}=1；ω_0 为截止角频率，表示滤波器的通带与阻带的分界频率；Q 为品质因数，是一个选择性因子，其值的大小决定了幅频特性曲线的形状。

将 $s = j\omega$，A_{vp} =1 代入式（4.21）中，整理后得

$$A_V(j\omega) = \frac{1}{\left(1 - \frac{\omega^2}{\omega_0^2}\right)} + j\frac{\omega}{Q\omega_0} \qquad (4.22)$$

由式（4.22）可写出滤波器幅频特性和相频特性表达式

$$A_V(j\omega) = \cfrac{1}{\sqrt{(1-\cfrac{\omega^2}{\omega_0^2})^2 + (\cfrac{\omega}{Q\omega_0})^2}} \qquad (4.23)$$

$$\varphi(\omega) = -\arctan\cfrac{\omega}{Q\omega_0} \bigg/ (1-\cfrac{\omega^2}{\omega_0^2}) \qquad (4.24)$$

由式（4.23）可知，在阻带内幅频特性曲线以–40 dB/10 倍频程的斜率衰减，且当 $\omega = \omega_0$ 时

$$A_V(\omega_0) = Q \qquad (4.25)$$

由此可见，保持 ω_0 不变，改变 Q 值将影响滤波器在截止频率附近幅频特性的形状，如图 4.14 所示，$Q = 1/\sqrt{2}$ 时，特性曲线最平坦，此时 $|A_v(\omega_0)| = 0.707A_{vp}$。如果 $Q > 1/\sqrt{2}$，则频率特性曲线在截止频率 $f_0[\omega_0/(2\pi)]$ 处产生凸峰，此时幅频特性下降到 $0.707A_{vp}$ 处的频率就大于 f_0，如果 $Q < 1/\sqrt{2}$，则幅频特性下降到 $0.707A_{vp}$ 处的频率就小于 f_0。上述分析说明，二阶低通滤波器的各项性能指标主要由 Q 和 ω_0 决定。

可以证明，图 4.13 所示电路的 ω_0 和 Q 值分别由式（4.26）、式（4.27）决定：

$$\omega_0 = \frac{1}{\sqrt{R_1 R_2 C_1 C_2}} \qquad (4.26)$$

$$\frac{1}{Q} = \sqrt{\frac{R_1 C_1}{R_2 C_2}} + \sqrt{\frac{R_1 C_2}{R_2 C_1}} \qquad (4.27)$$

若取 $R_1 = R_2 = R$，则式（4-26）和式（4-27）分别为

$$\omega_0 = \frac{1}{R\sqrt{C_1 C_2}} \qquad (4.28)$$

$$\frac{1}{Q} = 2\sqrt{\frac{C_1}{C_2}} \qquad (4.29)$$

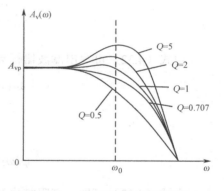

图 4.14　二阶低通滤波器幅频响应

3）设计方法

（1）选择电路。选择电路的原则应该力求结构简单，调整方便，容易满足指标要求。例如，选择如图 4.13 所示的二阶压控电源低通滤波器。

（2）根据已知条件确定电路元件参数。例如，已知 $Q = 1/\sqrt{2}$，截止频率为 $f_0[= \omega_0/(2\pi)]$。先确定 R 的值，然后根据已知条件由式（4.28）和式（4.29）求出 C_1 和 C_2：

$$C_1 = \frac{2Q}{\omega_0 R} \qquad (4.30a)$$

$$C_2 = \frac{1}{2Q\omega_0 R} \qquad (4.30b)$$

（3）选择集成运算放大器的原则。如图 4.13 所示，滤波信号是从运算放大器的同相端输入的。所以，应该选用共模输入范围较大的运算放大器。运算放大器的增益带宽积应满足 $A_{od}f_{BW} \geqslant A_{vf}f_0$。在实际设计时，一般取 $A_{od}f_{BW} \geqslant 100A_{vf}f_0$。

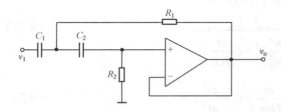

图 4.15　二阶压控电压源高通滤波器电原理图

2．二阶压控电压源高通滤波器的设计

1）电路分析

二阶压控电压源高通滤波器电路如图 4.15 所示。

从电路图看，高通滤波器与低通滤波器电路形式变化不大，只是把后者电阻与电容元件的位置调换了一下，因此该电路的分析方法和设计步骤与前述低通滤波器电路基本相同。电路中 C_1、C_2、R_1、R_2 构成反馈网络，运算放大器接成跟随器形式，其闭环增益等于 1。

2）电路传递函数和特性分析

二阶高通滤波器的传递函数由式（4.31）决定：

$$A_V(s) = \frac{A_{vp}}{1 + \frac{1}{Q}\frac{\omega_0}{s} + (\frac{\omega_0}{s})^2} \qquad (4.31)$$

将 $s = j\omega$，$A_{vp}=1$ 代入式（4.31）中，整理后得：

$$A_V(j\omega) = \frac{1}{(1 - \frac{\omega_0^2}{\omega^2}) - j\frac{\omega_0}{Q\omega}} \qquad (4.32)$$

由式（4.32）可写出滤波器幅频特性和相频特性表达式：

$$|A_V(j\omega)| = \frac{1}{\sqrt{(1 - \frac{\omega_0^2}{\omega^2})^2 + (\frac{\omega_0}{Q\omega})^2}} \qquad (4.33)$$

$$\varphi(\omega) = -\arctan\frac{\omega_0}{Q\omega}\Big/(1 - \frac{\omega_0}{\omega^2}) \qquad (4.34)$$

由式（4.33）可知，在阻带内幅频特性曲线以–40 dB/10 倍频程的斜率衰减，如图 4.16 所示。

图 4.15 所示电路中的 ω_0 和 Q 分别由式（4.35）、式（4.36）给出：

$$\omega_0 = \frac{1}{\sqrt{R_1 R_2 C_1 C_2}} \qquad (4.35)$$

$$\frac{1}{Q} = \sqrt{\frac{R_1 C_1}{R_2 C_2}} + \sqrt{\frac{R_1 C_2}{R_2 C_1}} \qquad (4.36)$$

当 $C_1 = C_2 = C$ 时，式（4.35）、式（4.36）分别表示如下：

$$\omega_0 = \frac{1}{C\sqrt{R_1 R_2}} \qquad (4.37)$$

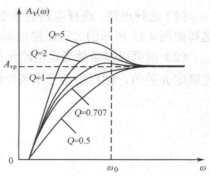

图 4.16　二阶高通滤波器幅频响应

$$\frac{1}{Q} = 2\sqrt{\frac{R_1}{R_2}} \qquad (4.38)$$

3）设计方法

（1）选择电路如图 4.15 所示。

（2）确定电容 C 的值。选择 $Q = 1/\sqrt{2}$，再根据所要求的特征角频率 $\omega_0 = 2\pi f_0$，由式（4.37）和式（4.38）得：

$$R_1 = \frac{1}{2Q\omega_0 C} \qquad (4.39)$$

$$R_2 = \frac{2Q}{\omega_0 C} \qquad (4.40)$$

注意，如果求得的 R_1、R_2 值太大或太小，说明 C 的值确定得不合适，可重新选择 C 的值计算 R_1 和 R_2。

（3）运算放大器的选择。除了满足低通滤波器的几点要求外，还应注意由于集成运算放大器频带宽度的限制。高通滤波器的通带截止频率 f_L 不可能是无穷大，而是一个有限值。它取决于运算放大器的增益带宽积 $A_{od} f_{BW} \geqslant A_{vp} f_L$。因此，要得到通带范围很宽的高通滤波器，必须选用宽带运算放大器。

4.4.3 实验与调试

1．二阶压控电压源低通滤波器的组装与调试

（1）定性检查电路是否具备低通特性。组装电路，接通电源。输入端接地，调零，消振。在输入端加入固定幅值的正弦电压信号，改变信号的频率，用示波器或毫伏表粗略观察 V_0 的变化，检验电路是否具备低通特性，若不具备，应排除电路存在的故障。若已具备低通特性，可继续调试其他指标。

（2）调整特征频率。在特征频率附近调信号频率，使输出电压 $V_o = 0.707 V_i$。当 $V_o = 0.707 V_i$ 时，频率低于 f_0，应适当减小 R_1 和 R_2；反之，则可在 C_1、C_2 上并以小容量电容，或在 R_1、R_2 上串低值电阻。注意，若保证 Q 值不变，C_1 和 C_2 必须同步调整，直至达到设计指标为止。

（3）测绘幅频特性曲线。在输入端加入正弦电压信号 V_i，信号的幅值应保证输出电压在整个频带内不失真。信号的幅值确定后，应先用示波器在整个频带内粗略地检测一下。然后再调节信号发生器，改变输入信号的频率。测得相应频率时的输出电压值，即改变一次信号频率，测记一次 V_o 值，根据实验值作出幅频特性曲线。

2．二阶压控电压源高通滤波器的组装与调试

（1）组装调试方法同低通滤波器，若保证 Q 值不变，应注意 R_1 和 R_2 同步调节，保证比值不变。

（2）测绘幅频特性曲线，可采用扫频测试法测量。

4.5　直流稳压电源

直流电源是为电子系统提供稳定电压和电流的设备。电子系统为了获得良好的性能，必须有稳定、可靠的直流电源。

4.5.1 设计任务和要求

本节的设计任务是采用分立元器件设计一台串联型稳压电源，其功能和技术指标如下：

（1）输出电压 V_o 可调：6 V～12 V；

（2）输出额定电流：$I_o=500$ mA；

（3）电压调整率：$K_u \leqslant 0.5$；

（4）电源内阻：$R_s \leqslant 0.1$ Ω；

（5）纹波电压：$S \leqslant 5$ mV；

（6）过载电流保护：输出电流为 600 mA 时，限流保护电路工作。

4.5.2 工作原理及技术指标要求

直流稳压电源一般由电源变压器、整流电路、滤波电路及稳压电路所组成，如图 4.17 所示。

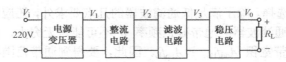

图 4.17 直流稳压电路基本组成

电源变压器的作用是将电网 220 V 的交流电 V_i 转换成整流电路所需要的电压 V_1。整流电路的作用是将交流电压 V_1 转换成脉动的直流电压 V_2。滤波电路的作用是将脉动直流电压滤除纹波，变成纹波小的直流电压 V_3。稳压电路的作用是将不稳定的直流电压转换成稳定的直流电压 V_o。

4.5.3 设计过程指导

1. 电路选用

分立元器件串联型稳压电源选用如图 4.18 所示的电路。

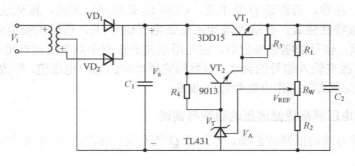

图 4.18 串联型稳压电源电路

如图 4.18 所示，220 V 交流电经双 18 V 变压器产生两组 18 V 的低压交流电；VD₁，VD₂ 和 C_1 构成整流滤波电路，产生 20 V 的直流电压，VT₁ 和 VT₂ 为电压调整器，TL431 是并联可调稳压器，TL431、R_1、R_W 和 R_2 构成输出电压取样比较电路，R_W 调整输出电压大小。当输出电压 V_o 因某种原因上升时的稳压过程：

$$V_o^\uparrow \to V_{REF}^\uparrow \to V_A^\uparrow \to V_T^\downarrow \to V_o^\downarrow \qquad (4.41)$$

式中，V_{REF} 为输出电压的采样电压，V_A 为 TL431 内部误差放大器的输出，V_T 为 TL431 的阴极输出。这样，输出电压因某种原因变化时，VT_1 和 VT_2 构成的电压调整器就能够调整输出电压，使其保持恒定。

2. 电路元器件参数确定

1）变压器选择

当电网电压最低即 $V_i=220\,V\times(1-20\%)=176\,V$ 时，必须保证 $V_o=12\,V$；又为保证调整管 VT_1 工作在放大区，取 $V_{ce}=4\,V$，则 $V_a=16\,V$（即整流滤波后输出电压），变压器次级电压有效值：

$$V_2 = \sqrt{2}\,V_a\left(1-\frac{T}{4R_D C}\right) \qquad (4.42a)$$

式中，T 为电网交流周期，R_D 为二极管内阻，C 为滤波电容，V_2 为变压器次级电压有效值，V_a 为整流滤波输出电压。

由于一般整流二极管内阻不太大，从而 $R_D C$ 较大；工程估算 $V_a=(1.4\sim0.9)V_2$ 之间，通常取 $V_a=1.2\,V_2$，所以

$$V_2 = \frac{V_a}{1.2}=13.3\,V \qquad (4.42b)$$

变压器匝数比 $\dfrac{n_1}{n_2}=\dfrac{V_i}{V_2}=\dfrac{176}{13.3}=13.2$。取变压器匝比为 12:1，则当 $V_i=220\,V$ 时，$V_2=18\,V$。

在工程估算中，常取 $I_2=(1.1\sim3)I_o$，且要求 $I_o=1.5\,A$，则取 $I_2=1.5\,I_o$ 时，有 $I_o=1.5\times1.5\,A=2.25\,A$。故变压器输出功率：

$$P = V_2 I_2 = 18\,V\times2.25\,A = 40.5\,W \qquad (4.43)$$

所以，取变压器功率为 50 W，匝数比 $n=12$。

2）二极管选择

对于全波整流电路和电容滤波，二极管平均正向电流为

$$I_D = I_o/2 \qquad (4.44)$$

故二极管最大整流 I_F 应大于输出电流的一半，设过流临界电流为 2A（因为要输出 1.5A，留有余量）所以流过整流二极管的电流：

$$I_D = I_{o\,max}/2 = 1\,A \qquad (4.45)$$

每个二极管所承受反向电压：

$$V_{Rmax} \geqslant 2\sqrt{2}\,V_2, \quad 即 \quad V \geqslant 2\sqrt{2}\,V_2(1+15\%) = 58.4\,V \qquad (4.46)$$

所以选取 $I_D=1\,A$，$V_R=58.4\,V$ 的整流二极管，查晶体管手册，结合实际可选整流二极管 1N4007。

3）滤波电容的选择

为了使电源的纹波足够小，应使充电电路的时常数 τ 为电网电压半波周期的 5 倍以上，这里取 5 倍，即 $\tau=5\times T/2=0.05\,s$，电源等效输入阻抗 R_L：

$$R_L = \frac{1.2V_2}{I_{o\,max}} = \frac{1.2\times18\,V}{2\,A} = 11\,\Omega \qquad (4.47)$$

则滤波电容 C：

$$C = \frac{\tau}{R_{\mathrm{L}}} = \frac{0.05\,\mathrm{s}}{11\,\Omega} = 4\,500\,\mu\mathrm{F} \tag{4.48}$$

空载时滤波电容上最大电压

$$V = \sqrt{2}\,V_2(1+15\%) = 29.2\,\mathrm{V} \tag{4.49}$$

选取 4 700 μF、50 V 的电容即可满足要求。

4）调整管参数的计算

根据题目要求 $I_{o\,\mathrm{max}} = 500\,\mathrm{mA}$，结合电路的拓扑形式可知，调整管的电流 I_{cm} 应该不小于 2A，其反向耐压：

$$V \geqslant 2\sqrt{2}V_2(1+15\%) = 58.4\,\mathrm{V} \tag{4.50}$$

功耗：

$$P_{\mathrm{cm}} > I_{\mathrm{cm}} \times \sqrt{2}u_2 = 50\,\mathrm{W} \tag{4.51}$$

查手册可知，3DD15 的最大电流为 3 A，反相耐压为 200 V，功耗为 50 W，因此选 3DD15。

5）推动管 VT$_2$ 参数的计算

根据局部电路图 [见图 4.19（a）] 可知，设晶体管 VT$_1$ 的放大倍数 $\beta = 100$，则其基极电流 $I_{\mathrm{B1}} = \dfrac{I_o}{\beta} = 20\,\mathrm{mA}$，所以 $I_{\mathrm{E2}} = I_{\mathrm{B1}} = 20\,\mathrm{mA}$。VT$_2$ 上最大压降为

$$V_{\mathrm{ce2}} = V_{\mathrm{A}} - V_{\mathrm{be}} = \sqrt{2}\,V_2 - 0.6\,\mathrm{V} = \sqrt{2} \times 18\,\mathrm{V} - 0.6\,\mathrm{V} = 24.6\,\mathrm{V} \tag{4.52}$$

查手册，可选 9013（其基本参数是 $I_{\mathrm{C}} = 100\,\mathrm{mA}$，耐压 30 V）。

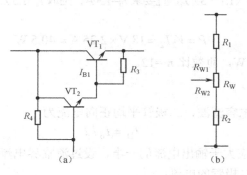

图 4.19　稳压电路的局部电路

6）采样电阻的计算

假定将采样电路中的电位器 R_{W} 分成 R_{W1} 和 R_{W2}[见图 4.19（b）]，则

$$\frac{R_1 + R_{\mathrm{W1}}}{R_1 + R_{\mathrm{W}} + R_2}V_o = 2.5\,\mathrm{V} \quad (\text{TL431 的基准电压为 2.5 V}) \tag{4.53}$$

$$\begin{cases} \dfrac{R_1 + R_{\mathrm{W}}}{R_1 + R_{\mathrm{W}} + R_2}V_{o\,\mathrm{min}} = 2.5\,\mathrm{V} \\[3mm] \dfrac{R_1}{R_1 + R_{\mathrm{W}} + R_2}V_{o\,\mathrm{max}} = 2.5\,\mathrm{V} \end{cases} \tag{4.54}$$

取 $R_{\mathrm{W}} = 1.5\,\mathrm{k\Omega}$，则 $R_1 = 8.2\,\mathrm{k\Omega}$，$R_2 = 2\,\mathrm{k\Omega}$。

7）电阻 R_4 的计算

$$R_4 < \frac{V_{\text{Amin}} - V_{\text{omax}} - 2 \times 0.6\,\text{V}}{I_{\text{max}}} = \frac{\dfrac{176}{12} \times 1.2\,\text{V} - 12\,\text{V} - 1.2\,\text{V}}{15\,\text{mA}} \approx 294\,\Omega \qquad (4.55)$$

取 $R_4=220\,\Omega$。

4.5.4 实验与调试

按前面设计好的电路在实验台或面包板进行搭接。安装完毕并检查无误后，方可开始通电调试。调试所需要的仪器设备：自耦变压器、稳压电源、电子毫伏表、滑动变阻器、万用表、电流表和毫伏表。

1. 空载测试

在不加负载的条件下，使用万用表测量稳压电源的最大与最小输出电压，即可测出输出电压的可调范围，其值应满足技术指标的要求。

2. 带载测试（输出电流 I_o=500 mA）

（1）输出电压的可调范围 $V_{\text{omax}} - V_{\text{omin}}$。

（2）在输出端接上滑动变阻器，使其输出电流为 500 mA，在此条件下测量输出电压的可调范围。

（3）电压调整率 K_u 的测试。使用自耦变压器模拟电网电压的变化，以标准电源作为基准电源，来测试稳压电源输出电压的稳定度。

按图 4.20 连接好测试电路。调整自耦变压器，输出 220 V 电压，并使被测电路输出 9V/500mA 电压，标准电源 E 也输出 9 V 电压，这时 V_2 表应为 0 V。然后调整自耦变压器。使其输出电压上升 10%，读出 V_2 表的电压即为当输入电网变化+10%时输出电压的变化量 ΔV_o，这样就可以算出电压调整率 $K_u = \Delta V_o / V_o$。

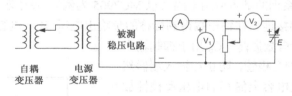

图 4.20 电压调整率测量图

（4）电源内阻 R_s 的测试。同样按上图连接好测试电路，使被测电路输出 9V/500mA 电压，标准电源 E 也输出 9 V 电压，这时 V_2 表应为 0 V。调整负载使输出电流为 0 mA，这时读出 V_2 表的值，即为负载电流变化量 ΔI_o=500 mA 时所引起的输出电压的变化量 ΔV_o，这样就可以算出：$R_s = \Delta V_o / \Delta I_o$。

（5）纹波电压的测试。按图 4.21 所示连接好测试电路（其中 G 为电子毫伏表），使被测电路输出 9 V/500 mA，这时读出电子毫伏表的值就是纹波电压。

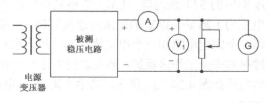

图 4.21 纹波电压测试图

（6）过流保护电流的测试。调节电位器，使输出电压为 9 V，调节负载电阻 R_1 的值从最大逐渐减小，直到输出电压 V_o 减小 0.5 V 时输出电流的值，这就是限流保护电路的动作电流值。

4.5.5　任务知识拓展

随着集成技术的发展，稳压电路也迅速实现集成化。特别是三端集成稳压器，芯片只引出三个端子，分别接输入端、输出端和公共端，基本上不需要外接元件，而且内部有限流保护、过热保护和过压保护电路，使用十分安全、方便。

三端集成稳压器分为固定式、可调式两大类，每一大类中又分别有正、负输出电压。国内外各厂家生产的三端固定式正压稳压器均命名为 78 系列。78 后面的数字代表稳压器输出的正电压数值（一般有 05 V、06 V、08 V、09 V、10 V、12 V、15 V、18 V、24 V 共 9 种输出电压），各厂家在 78 前面冠以不同的英文字母代号。78 系列稳压器最大输出电流分 100 mA、50 mA、1.5 A 三种，以插入 78 和电压数字之间的字母来表示。插入 L 表示 100 mA、M 表示 500 mA。

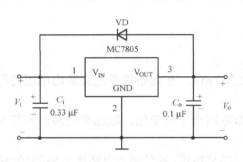

图 4.22　78 系列三端稳压器基本应用电路

如不插入字母则表示 1.5 A。三端固定式稳压器的基本应用电路如图 4.22 所示，只要把正输入电压 V_i 加到 MC7805 的输入端，MC7805 的公共端接地，其输出端便能输出芯片标称正电压 V_o。应用电路中，芯片输入端和输出端与地之间除分别接大容量滤波电容外，通常还需在芯片引出脚根部接小容量电容 C_i、C_o 到地。C_i 用于抑制芯片自激振荡，C_o 用于压窄芯片的高频带宽，减小高频噪声。C_i 和 C_o 的具体取值应随芯片输出电压高低及应用电路的方式不同而异。

三端固定式负压稳压器命名为 79 系列，"79" 前、后的字母、数字意义与 78 系列完全相同。图 4.23 所示为 79 系列的基本应用电路（以 MC7905 为例）。图中芯片的输入端加上负输入电压 V_i，芯片的公共端接地。在输出端得到标称的负输出电压 V_o，电容 C_i 用来抑制输入电压 V_i 中的纹波和防止芯片自激振荡，C_o 用于抑制输出噪声。VD 为大电流保护二极管，防止在输入端偶然短路到地时，输出端大电容上储存的电压反极性加到输出、输入端之间而损坏芯片。

三端（输入端、辅出端、电压调节端）可调式稳压器品种繁多，如正压输出的 317（217/117）系列、123 系列、138 系列、140 系列、150 系列；负压输出的 337 系列等。LM317 系列稳压器能在输出电压为 1.25 V～37 V 的范围内连续可调，外接元件只需一个固定电阻和一个电位器，其芯片内也有过流、过热和安全工作区保护，最大输出电流为 1.5A，其典

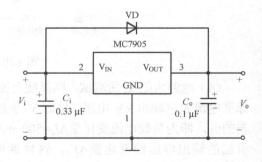

图 4.23　79 系列三端稳压器基本应用电路

型电路如图 4.24（a）所示。其中电阻 R_1 与电位器 R_P 组成电压输出调节电位器，输出电压 V_o 的表达式为：

$$V_o = 1.25 \ (1+R_P/R_1) \tag{4.56}$$

式中，R_1 一般取值为 120 Ω～240 Ω，输出端与调整压差为稳压器的基准电压（典型值为 1.25 V），所以流经电阻 R_1 的泄放电流为 5 mA～10 mA，R_P 为电位器接入电路的阻值。

与 LM317 系列相比，负压输出的 LM337 系列除了输出电压极性、引脚定义不同外，其他特点都相同，典型电路如图 4.24（b）所示。

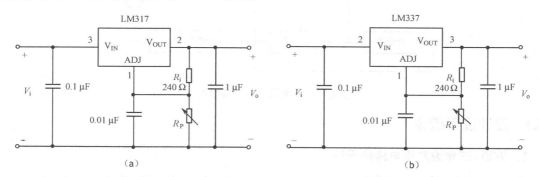

图 4.24　LM317、LM337 应用电路

4.6　信号产生电路

在各种电子设计制作过程中，总是需要用信号发生器产生各种不同波形的信号，如矩形波、正弦波、三角波、单脉冲波等。简单的信号发生器通常是利用运算放大器或专用模拟集成电路，配以少量的外接元件构成的。信号发生器可分为正弦波发生器和非正弦波发生器两大类。由模拟集成电路构成的正弦波发生器通常由工作于线性状态的运算放大器和外接移相选频网络构成，其工作频率多在 1 MHz 以下。选用不同的移相选频网络便可构成不同类型的正弦波发生器。非正弦波发生器通常由运算放大器构成的滞回比较器（又称施密特触发器）和有源（或无源）积分电路构成。采用不同形式的积分电路可构成各种不同类型的非正弦波发生器，如方波发生器、三角波发生器、锯齿波发生器、单稳态及双稳态触发脉冲发生器、阶梯波发生器等。此外，用模拟集成电路构成的信号发生器均需附设非线性稳幅或限幅电路，以确保信号发生器产生的信号具有高稳定的频率及幅度。

4.6.1　设计任务和要求

设计一个方波-三角波-正弦波函数发生器，要求如下：

（1）频率范围：1 Hz～10 Hz，10 Hz～100 Hz。

（2）输出电压：方波 $V_{P-P} \leqslant 24$ V；三角波 $V_{P-P} = 8$ V；正弦波 $V_{P-P} > 1$ V。

（3）波形特性：方波 $t_r < 100$ μs；三角波非线性失真系数 $\gamma_\triangle < 26\%$；正弦波非线性失真系数 $\gamma_\sim < 5\%$。

4.6.2　电路基本原理

产生正弦波、三角波、方波的电路方案有多种，这里介绍一种能够先产生方波-三角波，再将三角波变换成正弦波的电路设计方法，其电路框图如图 4.25 所示。比较器与积分电路和反馈网络（含有电容元器件）组成振荡器，其中比较器产生的方波通过积分电路变换成了三角波，电容的充、放电时间决定了三角波的频率。最后利用差分放大器传输特性曲线的非线性特点将三角波转换为正弦波。

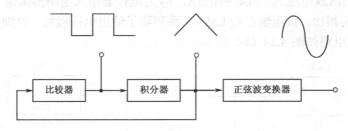

图 4.25　函数发生器组成框图

4.6.3　设计过程指导

1. 方波–三角波产生电路的设计

图 4.26 所示电路能自动产生方波–三角波信号。其中运算放大器 IC_1 与 R_1、R_2 及 R_3、R_{P1} 组成一个迟滞比较器，C_1 为翻转加速电容。迟滞比较器的 V_i（被比信号）取自积分器的输出，通过 R_2 接运放的同相输入端；迟滞比较器的 V_R（参考信号）接地，通过 R_1 接运放的反相输入端，R_1 称为平衡电阻。迟滞比较器输出的 V_{o1} 高电平等于正电源电压 $+V_{CC}$，低电平等于负电源电压 $-V_{EE}$（$|+V_{CC}|=|-V_{EE}|$）。当 $V+\leqslant V-$，时，输出 V_{o1} 从高电平 $+V_{CC}$ 翻转到低电平 $-V_{EE}$；当 $V+\geqslant V-$时，输出 V_{o1} 从低电平 $-V_{EE}$ 跳到高电平 $+V_{CC}$。

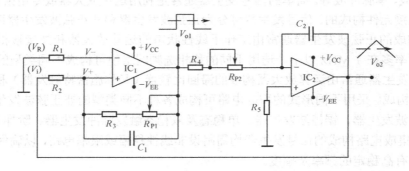

图 4.26　方波–三角波信号产生电路

若 $V_{o1}=+V_{CC}$，根据电路叠加原理可得

$$V_+ = \frac{R_2}{R_2+R_3+R_{P1}}(+V_{CC}) + \frac{R_3+R_{P1}}{R_2+R_3+R_{P1}}(V_i) \tag{4.57}$$

将式（4.57）整理，因 $V_R=0$，则比较器翻转的下门限电压 V_{TH2} 为

$$V_{TH2} = \frac{-R_2}{R_3+R_{P1}}V_{CC} \tag{4.58}$$

若 $V_{o1}=-V_{EE}$，根据电路叠加原理可得

$$V_- = \frac{R_2}{R_2+R_3+R_{P1}}(-V_{EE}) + \frac{R_3+R_{P1}}{R_2+R_3+R_{P1}}(V_i) \tag{4.59}$$

将式（4.59）整理，得比较器翻转的上门限电位

$$V_{\mathrm{TH1}} = \frac{-R_2}{R_3 + R_{\mathrm{P1}}}(-V_{\mathrm{EE}}) = \frac{R_2}{R_3 + R_{\mathrm{P1}}}V_{\mathrm{CC}} \tag{4.60}$$

比较器的门限宽度

$$\Delta V_{\mathrm{TH}} = V_{\mathrm{TH1}} - V_{\mathrm{TH2}} = \frac{2R_2}{R_3 + R_{\mathrm{P1}}}V_{\mathrm{CC}} \tag{4.61}$$

由式（4.61）可得迟滞比较器的电压传输特性如图 4.27 所示。

运放 IC_2 与 R_4、R_{P2}、C_2 及 R_5 组成反相积分器，输入为前级输出的方波信号 V_{o1}，积分器的输出

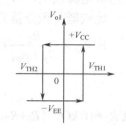

$$V_{\mathrm{o2}} = \frac{-1}{(R_4 + R_{\mathrm{P2}})C_2}\int V_{\mathrm{o1}}\mathrm{d}t \tag{4.62}$$

当 $V_{\mathrm{o1}} = +V_{\mathrm{CC}}$ 时，电容 C_2 被充电，电容电压 V_{C2} 上升，则

$$V_{\mathrm{o2}} = \frac{-V_{\mathrm{CC}}}{(R_4 + R_{\mathrm{P2}})C_2}t \tag{4.63a}$$

图 4.27　比较器传输特性

即 V_{o2} 线性下降。当 V_{o2}（即 V_{i}）下降到 $V_{\mathrm{o2}} = V_{\mathrm{TH2}}$ 时，比较器 IC_1 的输出 V_{o1} 状态发生翻转，即 V_{o1} 由高电平 $+V_{\mathrm{CC}}$ 变为低电平 $-V_{\mathrm{EE}}$，于是电容 C_2 放电，电容电压 V_{C2} 下降，而

$$V_{\mathrm{o2}} = \frac{-(-V_{\mathrm{EE}})}{(R_4 + R_{\mathrm{P2}})C_2}t = \frac{V_{\mathrm{CC}}}{(R_4 + R_{\mathrm{P2}})C_2}t \tag{4.63b}$$

即 V_{o2} 线性上升。当 V_{o2}（即 V_{i}）上升到 $V_{\mathrm{o2}} = V_{\mathrm{TH1}}$ 时，比较器 IC_1 的输出 V_{o1} 状态又发生翻转，即 V_{o2} 由低电平 $-V_{\mathrm{EE}}$ 变为高电平 $+V_{\mathrm{CC}}$，电容 C_2 又被充电。周而复始，振荡不停。

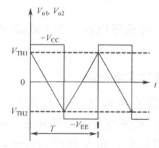

图 4.28　三角波与方波的关系

V_{o1} 输出是方波，V_{o2} 输出是一个上升速率与下降速率相等的三角波，其波形关系如图 4.28 所示。

由图 4.28 可知，三角波的幅值

$$V_{\mathrm{o2m}} = V_{\mathrm{TH1}} = \frac{R_2}{R_3 + R_{\mathrm{P1}}}V_{\mathrm{CC}} \tag{4.64}$$

V_{o2} 的下降时间 $t_1 = (V_{\mathrm{TH2}} - V_{\mathrm{TH1}})\Big/\dfrac{\mathrm{d}V_{\mathrm{o2}}}{\mathrm{d}t}$，而

$$\frac{\mathrm{d}V_{\mathrm{o2}}}{\mathrm{d}t} = -\frac{R_2}{(R_4 + R_{\mathrm{P2}})C_2}V_{\mathrm{CC}}$$

V_{o2} 的上升时间为 $t_2 = (V_{\mathrm{TH1}} - V_{\mathrm{TH2}})\Big/\dfrac{\mathrm{d}V_{\mathrm{o2}}}{\mathrm{d}t}$，而

$$\frac{\mathrm{d}V_{\mathrm{o2}}}{\mathrm{d}t} = -\frac{R_2}{(R_4 + R_{\mathrm{P2}})C_2}V_{\mathrm{CC}}$$

把 V_{TH1} 和 V_{TH2} 的值代入，得三角波的周期（方波的周期与其相同）

$$T = t_1 + t_2 = \frac{4(R_4 + R_{\mathrm{P2}})R_2C_2}{R_3 + R_{\mathrm{P1}}} \tag{4.65}$$

从而可知方波–三角波的频率

$$f = \frac{R_3 + R_{\mathrm{P1}}}{4(R_4 + R_{\mathrm{P2}})R_2C_2} \tag{4.66}$$

由 f 和 V_{o2m} 的表达式可以得出以下结论：

（1）使用电位器 R_{P2} 调整方波–三角波的输出频率时，不会影响输出波形的幅度。若要求输出信号频率范围较宽，可用 C_2 改变频率的范围，用 R_{P2} 实现频率微调。

（2）方波的输出幅度应等于电源电压 V_{CC}，三角波的输出幅度不超过电源电压 V_{CC}。电位器 R_{P1} 可实现幅度微调，但会影响方波–三角波的频率。

在实际设计中，IC_1 和 IC_2 可选择双运算放大集成电路 LM741（也可以选其他合适的运放）采用双电源供电，$+V_{CC}=12\,V$，$-V_{EE}=-12\,V$。

比较器与积分器的元器件参数计算如下：

由 $V_{o2}=\dfrac{R_2}{R_3+R_{P1}}V_{CC}$，得

$$\frac{R_2}{R_3+R_{P1}}=\frac{V_{o2}}{V_{CC}}=\frac{4V}{12V}=\frac{1}{3} \tag{4.67}$$

取 $R_2=10\,k\Omega$，$(R_3+R_{P1})=30\,k\Omega$。选择 $R_3=20\,k\Omega$，R_{P1} 为 27 kΩ 的电位器，则平衡电阻

$$R_1=\frac{R_2(R_3+R_{P1})}{R_2+R_3+R_{P1}}\approx10\,k\Omega \tag{4.68}$$

由 $f=\dfrac{R_3+R_{P1}}{4(R_4+R_{P2})R_2C_2}$ 得

$$R_4+R_{P2}=\frac{R_3+R_{P1}}{4fR_2C_2} \tag{4.69}$$

当 $1\,Hz\leqslant f<10\,Hz$ 时，取 $C_2=10\,\mu F$，则 $R_4+R_{P2}=7.5\sim75\,k\Omega$，选择 $R_4=4.7\,k\Omega$，R_{P2} 为 100 kΩ 的电位器。当 $10\,Hz<f<100\,Hz$ 时，取 $C_2=1\,\mu F$ 以实现频率波段的转换（实际电路当中需要用波段开关进行转换），R_4 及 R_{P2} 的取值不变。平衡电阻 $R_5=10\,k\Omega$。

C_1 为加速电容，可选择电容值为 100 pF 的瓷片电容。

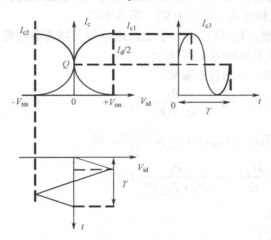

图 4.29　利用差分传输特性实现波形变换

2．三角波–正弦波变换电路的设计

利用差分放大器的传输特性曲线的非线性，可以实现三角波–正弦波变换。差分放大器工作点稳定，输入阻抗高，抗干扰能力较强，能够有效地抑制零点漂移。波形变换过程如图 4.29 所示。由图可见，传输特性曲线越对称、线性区越窄越好；三角波的幅度 V_{im} 应正好使晶体管接近饱和区或截止区。这里选择的差分放大电路形式如图 4.30 所示。

差分放大电路传输特性曲线的表达式为

$$I_{C1}=\alpha I_{E1}=\frac{\alpha I_o}{1+e^{-v_{id}/V_T}} \tag{4.70}$$

$$I_{C2}=\alpha I_{E2}=\frac{\alpha I_o}{1+e^{v_{id}/V_T}} \tag{4.71}$$

式中，$\alpha=I_C/I_E\approx1$；I_o 为差分放大器的恒定电流；V_T 为温度的电压当量，当室温为 25℃时，$V_T=26\,mV$。

根据理论分析，如果差分电路的差模输入 v_{id} 为三角波，则 I_{C1} 与 I_{C2} 的波形近似为正弦波。因此，单端输出电压 v_{o3} 也近似于正弦波，从而实现了三角波–正弦波的变换。在图 4.30 所示

的电路中，电位器 R_{P3} 用于调节输入三角波的幅度，R_{P4} 用于调节电路的对称性，R_{E1} 可以减小差动放大器传输特性的线性区。电容 C_3、C_4、C_5 为隔直电容，C_6 为滤波电容，以滤除谐波分量，改善输出波形。

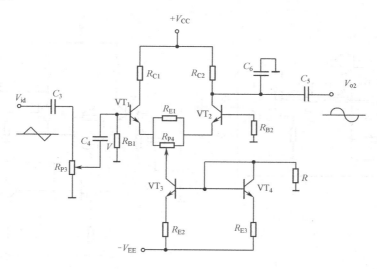

图 4.30   利用差分电路实现三角波–正弦波变换

差分放大电路采用单端输入，单端输出的电路形式，4 只晶体管选用集成电路差分对管 BG319 或双三极管 S3DG6 等。电路中晶体管 $\beta_1=\beta_2=\beta_3=\beta_4=60$。电源电压取 $+V_{CC}=12\,\mathrm{V}$，$-V_{EE}=-12\,\mathrm{V}$。

三角波–正弦波变换电路的参数如下：

三角波经电容 C_3 和 R_{P3} 给差分电路输入差模电压 v_{id}。一般情况下。差模电压 $v_{id}<26\,\mathrm{mV}$，因三角波幅值为 8 V，故取 $R_{P3}=470\,\mathrm{k\Omega}$。因三角波频率不太高，所以隔直电容 C_3、C_4、C_5 取 470 μF。滤波电容 C_6 视输出的波形而定，若含高次谐波成分较多，C_6 可取得较小，一般为几十皮法至几百皮法。$R_{E1}=100\,\Omega$ 与 $R_{P4}=100\,\Omega$ 相并联，以减小差分放大器的线性区。差分放大电路的静态工作点主要由恒流源 I_o 决定，故一般先设定 I_o，虽然 I_o 越小，恒流源越恒定，温漂越小，放大器的输入阻抗越高。但 I_o 也不能太小，一般为几毫安左右。这里取差动放大的恒流源电流 $I_o=1\,\mathrm{mA}$，则 $I_{C1}=I_{C2}=0.5\,\mathrm{mA}$。从而可求得晶体管的输入电阻：

$$r_{be} = 300\,\Omega + (1+\beta)\frac{26\,\mathrm{mV}}{I_o/2} = 3.4\,\mathrm{k\Omega} \tag{4.72}$$

为保证差分放大电路有足够大的输入电阻 r_i，取 $r_i>20\,\mathrm{k\Omega}$，根据 $r_i=2(r_{be}+R_{B1})$ 得 $R_{B1}>6.6\,\mathrm{k\Omega}$，故取 $R_{B1}=R_{B2}=6.8\,\mathrm{k\Omega}$。因为要求输出的正弦波峰–峰值大于 1 V，所以应使差动放大电路的电压放大倍数 $A_v\geq40$。根据 A_v 的表达式

$$A_v = \left|\frac{-\beta R_L'}{2(R_{B1}+r_{be})}\right| \tag{4.73}$$

可求得电阻 R_L'，选取 $R_{C1}=R_{C2}=15\,\mathrm{k\Omega}$。

对于恒流源电路，其静态工作点及元器件参数计算如下：

$$I_R = I_o = -\frac{-V_{EE}+0.7\,\mathrm{V}}{R+R_{E3}} \Rightarrow R+R_{E3} = 11.3\,\mathrm{k\Omega} \tag{4.74}$$

发射极电阻一般取几千欧，这里选择 $R_{E2}=R_{E3}=2\,\text{k}\Omega$，所以 $R=9.3\,\text{k}\Omega$。R 在实际当中可以用一个 $10\,\text{k}\Omega$ 的电位器和一个 $6.8\,\text{k}\Omega$ 的电阻来代替。

函数发生器电路如 4.31 所示。

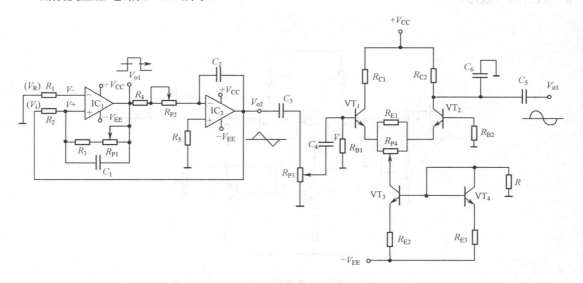

图 4.31　函数发生器电路

4.6.4　实验与调试

1．方波–三角波发生器的装调

由于比较器 IC_1 与积分器 IC_2 组成正反馈闭环电路，同时输出方波与三角波，所以这两个单元电路可以同时安装。安装完毕后，只要接线正确，就可以通电观测与调试。通电后用示波器观察 V_{o1} 与 V_{o2}，如果电路没有产生相应的波形，说明电路没有起振。可以调节 R_{P1} 的大小使电路振荡（也可在安装时按照设计参考值事先把 R_{P1} 与 R_{P2} 设定合适的阻值）。电路振荡后，用示波器测试波形的幅值，会发现方波的幅值很容易达到设计要求。微调 R_{P1} 使三角波的输出幅度也能满足设计要求。调节 R_{P2}，观察波形输出频率在对应波段内连续可变的情况。

2．三角波–正弦波变换电路的调试

（1）经电容 C_4 输入差模信号电压 $V_{id}=30\,\text{mV}$、$f=100\,\text{Hz}$ 的正弦波（此信号由低频信号发生器提供）。用示波器观察差分电路集电极输出电压的波形，调节 R_{P4} 及电阻 R_{E1}，使传输特性曲线对称。再逐渐增大 V_{id}，直到传输特性曲线形状如图 4.29 所示，记下此时对应的 V_{id}（即调整到最大的无失真 V_{id} 值）。移去信号源，再将 C_4 左端接地，测量差分放大器的静态工作点 I_o、V_{c1}、V_{c2}、V_{c3}、V_{c4}。

（2）将 R_{P3} 与 C_4 连接，调节 R_{P3} 使三角波的输出幅度经 R_{P3} 后输出电压等于 V_{id} 值，这时 V_{o3} 的输出波形应接近正弦波，调整 C_6 大小可改善输出波形。如果 V_{o3} 的波形出现较严重的失真，则应调整和修改电路参数。如果产生钟形失真，是由于传输特性曲线的线性区太宽所致，应减小 R_{E1}；如果产生半波圆顶或平顶失真，是由于工作点 Q 偏上或偏下所致，这时传输特性曲线对称性差，应调整电阻 R_{P4}；如果产生非线性失真，是因为三角波的线性受运放性能的影响而变差，可在输出端加滤波网络改善输出波形。

4.7 多功能数字钟

钟表一类的计时工具是人们生活、工作所必需的，而数字钟是由数字集成电路构成、用数码显示的一种现代计时工具。钟表的数字化不仅给人们生产、生活带来了极大的方便，还有利于扩展其功能，能够方便地应用于定时自动报警、按时自动打铃、时间程序自动控制、定时广播、定时启闭路灯、定时开关烘箱等设备中，甚至能够用于各种定时电器的自动启用等。因此，研究数字钟并扩大其应用，有着非常现实的意义。在这里将设计一个多功能数字钟。

4.7.1 设计任务与要求

设计并实现一个多功能数字钟，要求：

（1）有"时"、"分"、"秒"（23 小时 59 分 59 秒）的十进制数字显示；

（2）有手动校时、校分功能；

（3）用中小规模集成电路组成；

（4）画出框图和逻辑电路图，写出设计、实验总结报告。

选做：

- 闹钟系统。
- 整点报时。从 59 分 54 秒开始输出 500 Hz 音频信号，在 59 分 59 秒时输出 1 000 Hz 音频信号，音响持续 1 秒。在 1 000 Hz 音响结束时刻为整点。
- 日历系统。

4.7.2 电路原理

数字电子钟的设计原理框图如 4.32 所示。它由石英晶体振荡器、分频器、计数器、译码器、显示器和校时电路组成，石英晶体振荡器产生的信号经过分频器作为秒脉冲，秒脉冲送入计数器计数，结果通过"时"、"分"、"秒"译码器显示时间。"时"显示由二十四进制计数器、译码器、显示器构成，"分"、"秒"显示则分别由六十进制计数器、译码器、显示器构成。

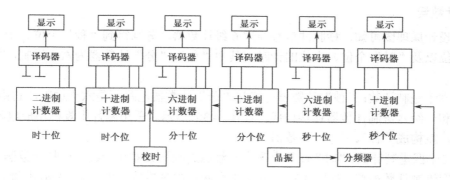

图 4.32 数字钟设计原理框图

1. 石英晶体振荡器

振荡器是数字钟的核心，其作用是产生一个频率标准，然后再由分频器分成时间脉冲，即秒时间脉冲。因此，振荡器的频率精确度和稳定度决定了数字钟的准确度。由于石英晶体振荡器具有：振荡频率准确、电路结构简单、频率易调整等特点，所以通常选用石英晶体振荡器。

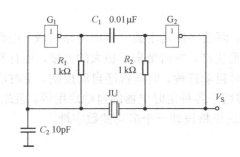

图 4.33 石英晶体振荡器

一般来说，振荡器的频率越高数字钟的计时精度就越高，但耗电量也将增大。

图 4.33 所示为反相器与石英晶体构成的振荡电路。利用两个非门 G_1 和 G_2 自我反馈，使它们工作在线性状态，然后利用石英晶体 JU 来控制振荡频率，同时用电容 C_1 来作为两个非门之间的耦合，两个非门输入和输出之间并接的电阻 R_1 和 R_2 作为负反馈元件用，由于反馈电阻很小，可以近似认为非门的输入输出压降相等。电容 C_2 是为了防止寄生振荡。例如，电路中的石英晶振频率是 100 kHz 时，则电路的输出频率为 100 kHz。

2．分频器

由于石英晶体振荡器产生的频率很高，要得到秒脉冲还需要用分频电路。在本设计中，振荡器输出信号频率为 100 kHz，如果选用 10 分频计数器 74LS90，则将 5 片 74LS90 级联使用，经 10^5 次分频，即可获得 1 Hz 方波信号作为秒脉冲信号，电路如图 4.34 所示。该 74LS90 计数器可以用 8421 码制，也可以用 5421 码制。

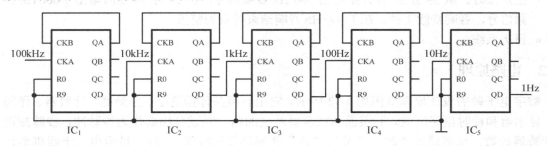

图 4.34　用 74LS90 构成分频器电路

3．计数器

根据设计原理图可知，秒脉冲信号经过 6 级计数器，分别得到"秒"个位、十位，"分"个位、十位以及"时"个位、十位的计时。其中"秒"、"分"计数器为六十进制，"时"为二十四进制。

（1）六十进制计数："秒"计数器电路与"分"计数器电路都是六十进制，它由一级十进制计数器和一级六进制计数器连接构成，如图 4.35 所示。采用两片中规模集成电路 74LS90 串接起来，就构成"秒"、"分"计数器。

（2）二十四进制计数："时"计数电路由一级四进制计数器和一级二进制计数器连接构成，组成二十四进制计数电路，如图 4.36 所示。采用两片中规模集成电路 74LS90 串接起来，就构成"时"计数器。

4．译码器

译码是将给定的代码进行翻译。计数器采用的码制不同，译码电路也不同。

74LS48 驱动器是与 8421BCD 编码计数器配合用的七段译码驱动器。74LS48 配有灯测试

LT、动态灭灯输入 RBI、灭灯输入/动态灭灯输出 BI/RBO。当 LT="0" 时，74LS48 输出全"1"。74LS48 的使用方法参照该器件功能的介绍（参看 TTL 手册）。

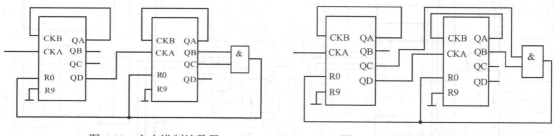

图 4.35　六十进制计数器　　　　　　图 4.36　二十四进制计数电路

74LS48 的输入端和计数器对应的输出端、74LS48 的输出端和七段显示器的对应段相连。

5. 显示器

本系统用七段发光二极管来显示译码器输出的数字，显示器有两种：共阳极或共阴极显示器。74LS48 译码器对应的显示器是共阴（接地）显示器。

6 校时电路

当数字钟刚接通电源或计时出现误差时，都需要对时间进行校正。校时是数字钟应具备的基本功能。为使电路简单，本设计中校时电路只实现对"时"、"分"的校准。电路如图 4.37 所示。图中，校时电路是由与非门构成的逻辑电路，开关 S_1 或 S_2 为"0"或"1"时，可能会产生抖动，接电容 C_1、C_2 可以缓解抖动。

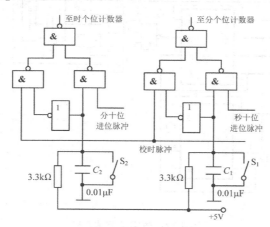

图 4.37　校时电路

7. 整点报时电路

整点报时电路包括控制门电路和音响电路。控制门电路在时间为 59 分 50 秒到 59 分 59 秒期间，通过控制 500 Hz 或 1 kHz 脉冲送入音响电路，产生高低不同的整点报时声音。音响电路采用射极跟随器推动喇叭发声。

数字钟整体电路如图 4.38 所示。

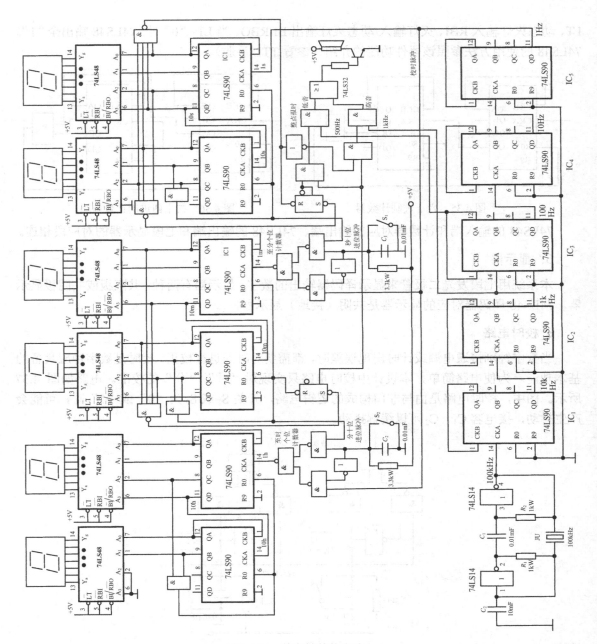

图 4.38　数字钟整体电路

4.7.3　调试要点

在组装数字钟时，首先要用逻辑电路测试仪检查器件的好坏。搭接电路时，器件引脚的连接一定要准确，"悬空端"、"清零端"、"置 1 端"要正确处理。参考调试步骤和方法如下：

（1）用示波器测石英晶体振荡器的输出信号波形和频率，晶振输出频率应为 100 kHz；

（2）将频率为 100 kHz 的信号送入分频器，并用示波器检查各级分频器的输出频率是否符合设计要求；

（3）将 1 s 信号分别送入"时"、"分"、"秒"计数器，检查各级计数器的工作情况；

（4）观察校时电路的功能是否满足校时要求；

（5）当分频器和计数器调试正常后，观察数字钟是否正常、准确地工作。

4.8 多路智力竞赛抢答器

有许多比赛活动中，为了准确、公正、直观地判断出第一抢答者，通常设置一台定时抢答器，通过数显、灯光及音响等多种手段指示出第一抢答者。同时，还可以设置记分、犯规及奖惩记录等多种功能。在竞赛时，需要抢答器反应及时准确、显示清楚方便。由于通常都有多组参加竞赛，所以抢答器应该包括一个总控制和多个具有显示及抢答设置的终端。

4.8.1 设计任务与要求

设计并实现一个智力竞赛抢答器，要求：

（1）可同时提供 8 名选手参加比赛，按钮的编号为 1、2、3、4、5、6、7、8。

（2）给主持人设置一个控制开关，用来控制系统的清零。

（3）抢答器具有数据锁存和显示的功能。抢答开始后，若有选手按动抢答按钮，编号立即锁存，并在 LED 数码管上显示选手编号，同时扬声器给出音响提示。此外，要封锁输入电路，禁止其他选手抢答。优先抢答选手的编号一直保持到主持人将系统清零为止。

（4）设置记分电路。每组在开始时预置 100 分，抢答后由主持人控制，答对加 10 分，答错减 10 分。

（5）选做：

- 抢答器具有定时抢答的功能，且一次抢答的时间可以由主持人设定（如 30 s）。当节目主持人启动"开始"键后，要求定时器立即减计时，并用显示器显示，同时扬声器发出短暂的声响，声响持续时间 0.5 s 左右。
- 参赛选手在设定的时间内抢答，抢答有效，定时器停止工作，显示器上显示选手的编号和抢答时刻的时间，并保持到主持人将系统清零为止。
- 如果定时抢答的时间已到，却没有选手抢答时，本次抢答无效，系统短暂报警、并封锁输入电路，禁止选手超时抢答，时间显示器上显 "00"。

4.8.2 电路原理与设计指导

1．总体方案设计

1）设计思路

（1）准确判断出第一抢答者的信号并将其锁存。实现这一功能可用触发器或锁存器。在得到第一信号之后应立即将电路的输入封锁，即使其他组的抢答信号无效。

（2）当电路形成第一抢答信号之后，用编码、译码及数码显示电路显示出抢答者的组别，也可以用发光二极管直接指示出组别。还可用鉴别出的第一抢答信号控制一个具有两种工作频率交替变化的音频振荡器工作，使其启动扬声器发出两状态笛音音响，表示该题抢答有效。

（3）记分电路可采用 2 位七段数码管显示，由于每次都是加或减 10 分，故个位总保持为零，只要十位和百位做加/减计数即可，可采用两级十进制加/减计数器完成。

2）设计原理及总体框图

多路抢答器主要由抢答电路和控制电路组成，如图 4.39 所示。其工作过程为：接通电源后，主持人按下复位键，使抢答器处于禁止工作状态，按下开始键后，抢答器处于工作状态，当参赛选手按下抢答键，优先编码电路对抢答者的序号进行编码，由锁存器进行锁存，译码显示电路显示序号，控制电路使报警电路发出短暂声响，同时对输入编码电路进行封锁，禁止其他选手再进行抢答。主持人可以对选手得分进行加/减控制。以上过程结束后，主持人可通过控制开关，使系统复位，以便进行下一轮抢答。

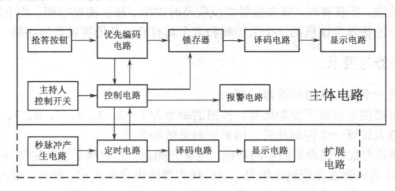

图 4.39 多路定时抢答器参考方案框图

2. 单元电路设计

1）抢答电路设计

抢答电路的功能有两个：一是能分辨出选手按键的先后，并锁存优先抢答者的编号，供译码显示电路用；二是要使其他选手的按键操作无效。选用优先编码器 74LS148 和 RS 锁存器 74LS279 可以完成上述功能，其电路组成如图 4.40 所示。其工作原理是：当主持人控制开关处于"清除"位置时，RS 触发器的 $\overline{R}$ 端为低电平，输出端（$4Q\sim1Q$）全部为低电平，锁存电路不工作，同时 74LS48 的 $\overline{BI}=0$，显示器灭灯；74LS148 的选通输入端 $\overline{ST}=0$，处于工作状态。当主持人开关拨到"开始"位置时，优先编码电路和锁存电路同时工作状态，即抢答器处于等待工作状态，等待输入端 $\overline{I}_7\dots\overline{I}_0$ 输入信号。当有选手将键按下时（如按下 S_6），74LS 148 的输出 $\overline{Y}_2\overline{Y}_1\overline{Y}_0=101$，$\overline{Y}_{EX}=0$，经 RS 锁存器后，CTR $=0$，$\overline{BI}=0$，74LS279 处于工作状态，$4Q3Q2Q1Q=101$，该输出送入全加器 74LS283 与 0001 相加后的结果为 $S_4S_3S_2S_1=0110$，经 74LS48 译码后，显示器显示出"6"。与此同时，CTR $=1$，使 74LS148 的 $\overline{ST}$ 端为高电平，74LS148 处于禁止工作状态，封锁了其他按键的输入。当按下的键松开后，74LS148 的 $\overline{Y}_{EX}$ 为高电平，但由于 CTR 维持高电平不变，所以 74L5148 仍处于禁止工作状态，其他按键的输入信号不会被接收。这就保证了抢答者的优先性以及抢答电路的准确性。当优先抢答者回答完问题后，由主持人操作控制开关 S，使抢答电路复位，以便进行下一轮抢答。

2）定时电路设计

节目主持人根据抢答题的难易程度，设定一次抢答的时间，通过预置时间电路对计数器进行预置，选用十进制同步加/减 1 计数器 74LS192 进行设计，计数器的时钟脉冲由秒脉冲电路提供。具体电路如图 4.41 所示，电路的工作原理请读者自行分析。

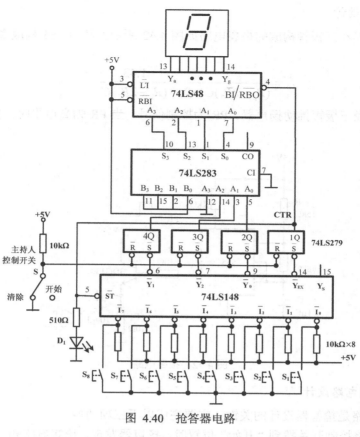

图 4.40 抢答器电路

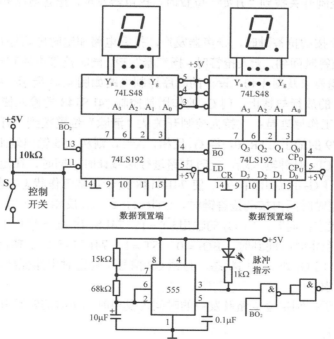

图 4.41 定时电路

3）报警电路设计

由 555 定时器和三极管构成的报警电路如图 4.42 所示。其中 555 构成多谐振荡器，振荡频率为

$$f_0 = \frac{1}{(R_1 + 2R_2)C\ln 2} \approx \frac{1.43}{(R_1 + 2R_2)C} \tag{4.75}$$

其输出信号经三极管推动扬声器。PR 为控制信号，当 PR 为高电平时，多谐振荡器工作，反之，电路停振。

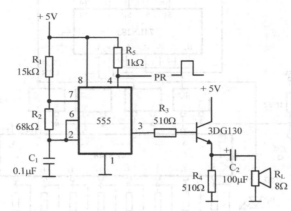

图 4.42　报警电路

4）时序控制电路设计

时序控制电路是抢答器设计的关键，它要完成以下三项功能：

（1）主持人将控制开关拨到"开始"位置时，扬声器发声，抢答电路和定时电路进入正常抢答工作状态；

（2）当参赛选手按动抢答键时，扬声器发声，抢答电路和定时电路停止工作；

（3）当设定的抢答时间到，无人抢答时，扬声器发声，同时抢答电路和定时电路停止工作。

根据上面的功能要求及图 4.40，设计的时序控制电路如图 4.43 所示。图中，门 G_1 的作用是控制时钟信号 CP 的放行与禁止，门 G_2 的作用是控制 74LS148 的输入使能端 $\overline{ST}$。

图 4.43（a）的工作原理是：主持人控制开关从"清除"位置拨到"开始"位置时，来自于图 4.40 中 74LS279 的输出 CTR=0，经 G_3 反相，A=1，则从 S55 输出端来的时钟信号 CP 能够加到 74LS192 的 CP_D 时钟输入端，定时电路进行递减计时。同时，在定时时间末到时，定时到信号 $\overline{BO_2}$ =1，门 G_2 的输出 $\overline{ST}$ =0，使 74LS148 处于正常工作状态，从而实现功能（1）的要求。当选手在定时时间内按动抢答键时，CTR=1，经 G_3 反相，A=0，封锁 CP 信号，定时器处于保持工作状态；同时，门 G_2 的输出 $\overline{ST}$ =1，74LS148 处于禁止工作状态，从而实现功能（2）的要求。当定时时间到时，$\overline{BO_2}$ =0，$\overline{ST}$ =1，74LS148 处于禁止工作状态，禁止选手进行抢答。同时，门 G_1 处于关门状态，封锁 CP 信号，使定时电路保持 00 状态不变，从而实现功能（3）的要求。

图 4.43（b）用于控制报警电路及发声的时间，发声时间由时间常数 RC 决定。

5）整机电路设计

经过以上各单元电路的设计，可以得到定时抢答器的整机电路，如图 4.44 所示。

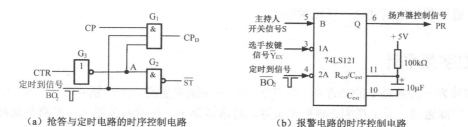

（a）抢答与定时电路的时序控制电路　　　　（b）报警电路的时序控制电路

图 4.43　时序控制电路

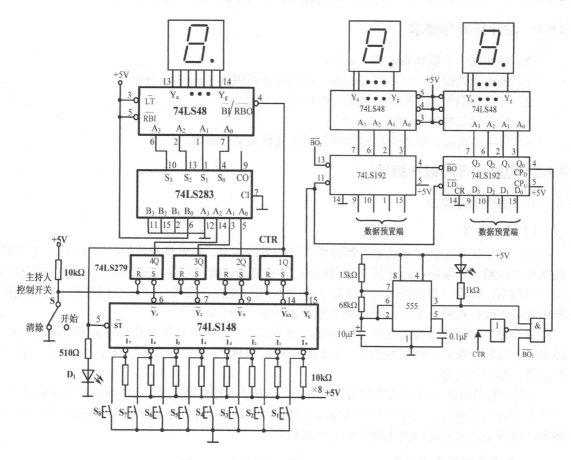

图 4.44　定时抢答器的主体逻辑电路图

4.8.3　调试要点

（1）器件检测：用数字集成电路检测仪对所需的 IC 和 LED 进行检测，以确保每个器件完好；

（2）按照设计好的原理图组装电路；

（3）按单元电路分块调试，换接每一个单元电路时，先断电接线，检查线路无误后，再接通电源；

（4）调试振荡器电路；

（5）调试译码电路；

（6）进行整体电路调试，并记录结果。

4.9 数字频率计

频率作为一种最基本的物理量，对其进行测量在诸多生活、生产领域都必不可少，如：交通运输、广播通信、天文观测、导航定位等。通常情况下，利用示波器可以粗略测量被测信号的频率，但精确测量则要用到数字频率计，其基本功能是测量正弦信号、方波信号、尖脉冲信号的频率及其他各种单位时间内变化的物理量，并用十进制数字进行显示。

4.9.1 设计任务与要求

设计和实现一个数字频率计，要求：
（1）能对正弦信号的频率进行测量，可测频率范围为 1 Hz～1 kHz；
（2）可根据信号频率的大小设置门控时间；
（3）信号电压峰值为 300 mV～3 V；
（4）将电路功能扩展为可以对信号的周期进行测量（选做）。

4.9.2 电路原理与设计指导

1. 总体方案设计

1）设计思路

（1）数字频率计的主要功能是测量周期性信号的频率。频率是指单位时间 1 s 内信号周期性变化的次数，如果能在给定的 1 s 时间内对信号波形计数，并将其显示出来，就能得到被测信号的频率。即用一个定时时间 T（如 1 s）控制主门电路，在时间 T 内主门打开，让被测信号通过进入计数电路，就可得到被测信号的频率 f，即 $f=N/T$。

（2）定时时间信号是准确测量的基础，这个信号可由多谐振荡器或石英晶体振荡器产生，经多级十进制分频后，分别得到 1 s、0.1 s、0.01 s、0.001 s 等多种时基信号作为开启主门的定时信号，即门控信号。

（3）计数器的输出信号在送到显示器之前，还应送入数据锁存器。为使显示数据清晰稳定，仅当定时时间结束时，才将计数的结果送入锁存器，并通过显示器显示出来。同时，将计数器清零，以备下次定时时间到来时再锁存采样信号。

2）基本原理及原理框图

数字频率计的原理框图如图 4.45 所示。

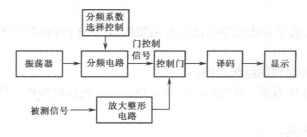

图 4.45　数字频率计原理框图

2．单元电路设计

1）控制门电路

控制主门电路用于控制输入脉冲是否送至计数器计数。它的一个输入端接门控制信号（如标准秒信号），一个输入端接被测脉冲。主门控制电路可以用"与门"或"或门"来实现，当采用"与门"时，门控制信号为正时计数；反之，采用"或门"时，门控制信号为负时进行计数。本设计中采用 3 输入三与门 74HC11 实现，如图 4.46 所示。经施密特触发器整形后的被测信号通过由 74HC11 组成的控制门后，送入计数器计数。

2）门控制信号产生电路

门控制信号决定了控制门的"开通"和"关闭"。在本设计中门控制信号由标准振荡电路产生的标准秒信号。为了保证测量的准确度，标准振荡电路一般采用石英晶体振荡器级联分频器的形式。由反相器与石英晶体构成的振荡电路如图 4.47 所示。石英晶体来控制振荡频率，两个非门使其工作在线性状态，电容 C_1 为两个非门之间的耦合，两个非门之间并接的电阻 R_1 和 R_2 作为负反馈元件，由于反馈电阻很小，可近似认为非门的输出输入压降相等。电容 C_2 是为了避免寄生振荡。

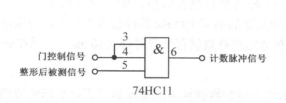

图 4.46　控制门电路

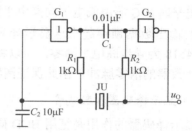

图 4.47　石英晶体构成的振荡电路

用频率计数器测量频率时，根据测量误差分析，门控时间相对于被测信号的周期越大，误差越小，所以晶体振荡器产生的信号需要通过多级分频系统产生具有固定宽度的方波脉冲作为门控制信号，控制主门开通和关闭；在本设计中，选择 100 kHz 的石英晶体，由五级 74HC90 构成 10^5 分频器，从而获得 1 s（1 Hz）的标准秒信号。

3）被测信号整形电路

被测信号在送入主门的另一端之前需要进行放大和整形形成脉冲，在主门开通时间内，十进制计数器对通过主门的脉冲信号进行计数，在主门关闭后，经过译码显示被测信号的频率。被测信号整形电路可以采用施密特触发器，还可同时用于电压幅度鉴别，其电路如图 4.48 所示。

被测信号通过 741 组成的运算放大器放大后，送施密特触发器整形，得到能被计数器识别的矩形脉冲输出。为防止输入信号太强损坏集成运放，可在运放的输入端并接两个保护二极管。

4）计数器与锁存器

计数器的作用是对输入脉冲计数。根据设计要求，最高测量频率为 1 kHz，应采用 4 位十进制计数器。可选 74LS161、74LS92、74LS192 等。在本设计中，采用双十进制计数器 74HC4518。

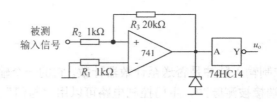

图 4.48　放大整形电路

在确定的时间（如 1 s）内，计数器的计数结果（被测信号的频率）必须经锁定后才能获得稳定的显示值。锁存器通过触发脉冲的控制，将测得的数据寄存起来，送至显示译码器。锁存器可以采用一般的 8 位并行输入寄存器。为使数据稳定最好采用边沿触发方式的器件。在本设计中，采用 74HC374。

电路中采用双 JK 触发器 74HC109 中的一个触发器组成 T 触发器。它将门控信号整形为脉宽为 1 s，周期为 2 s 的方波，从触发器 Q 端输出的信号加至控制门，确保计数器只在 1 s 的时间内计数。从触发器端输出的信号作为数据寄存器的锁存信号。

频率计数器由两块双十进制计数器 74HC4518 组成，最大计数值为 9 999 Hz。由于计数器受主门控制电路控制，每次计数只在 JK 触发器 Q 端为高电平时进行。当 JK 触发器 Q 端跳变至低电平时，$\overline{Q}$ 端由低电平向高电平跳变，此时，八 D 锁存器 74HC374（上升沿有效）将计数器的输出数据锁存起来送显示译码器。计数结果被锁存以后，即可对计数器清零。由于 74HC4518 为异步高电平清零，所以将 JK 触发器的端同 100 Hz 脉冲信号"与"后的输出信号作为计数器的清零脉冲。由此保证清零是在数据被有效锁存一段时间（10 ms）以后在进行。

5）显示译码器和数码管

显示译码器的作用是把用 BCD 码表示的十进制数转换成能驱动数码正常显示的段信号，以获得数字显示。显示译码器的输出方式必须与数码管匹配。

在本设计中，显示译码器采用与共阴数码管匹配的 74HC4511。4 个数码管采用共阴方式显示 4 位频率数字，满足测量要求。

数字频率计的逻辑电路图如图 4.49 所示。

4.9.3　调试要点

（1）器件检测：用数字集成电路检测仪对所需的 IC 和 LED 进行检测，以确保每个器件完好；

（2）按照设计好的原理图组装电路；

（3）按单元电路分块调试，换接每一个单元电路时应先断电接线，检查线路无误后，再接通电源；

（4）进行整体电路调试，并记录结果。

4.9.4　专用八位通用频率计数器 ICM7216

ICM7216 是用 CMOS 工艺制造的专用数字集成电路，专用于频率、周期、时间等测量。ICM7216 为 28 引脚，其电源电压为 5V。针对不同的使用条件和用途，ICM7216 有四种类型产品，其中显示方式为共阴 LED 的是 ICM7216B 和 ICM7216D，显示方式为共阳 LED 的是 ICM7216A 和 ICM7216C。图 4.50 所示为 ICM7216B 引脚排列图。

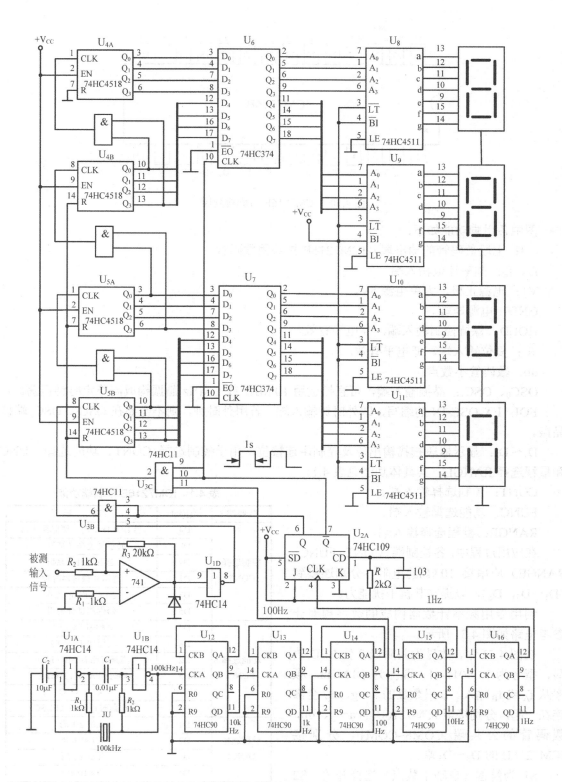

图 4.49　数字频率计的逻辑电路图

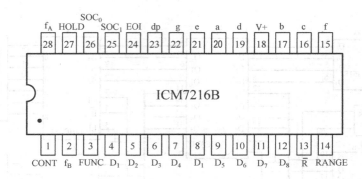

图 4.50　ICM7216B 引脚排列图

图中各引脚功能如下：

a~f：七段数码管的输出端，ICM7216B 接共阴数码管。

f_A、f_B：频率计数输入端。

V+：电源正极，为单电源 5V。

GND：电源地端。

HOLD：保持控制输入端，高电平有效。

$\overline{R}$：复位输入端，低电平有效。

dp：数码管小数点。

OSC_0、OSC_1：晶振输入端，可直接选用 10 MHz 或 1 MHz 晶振构成高稳定时钟振荡。

EOI：EX-OSC-IN 的缩写，即外时钟输入端。若用外时钟，则不需要在 OSC_0、OSC_1 端接晶振。

D_1~D_8：显示器段扫描输出位及控制用连接位，用于控制选择 CONT、功能选择 FUNC 和量程选择 RANGE，其具体功能见表 4.1。

CONT：控制选择输入端。

FUNC：功能选择输入端。

RANGE：量程选择输入端。

在应用过程中，各控制端（CONT、FUNC、RANGE）应串接 10 kΩ 的电阻，分别连接到（D_1~D_5，D_8），以提高其抗干扰能力。

利用专用频率计数器构成的数字频率计参考电路如图 4.51 所示。

在图 4.51 中，数显为共阴极 8 位 LED 数显，型号为 LC5011-11，晶振为 10 MHz。频率从 f_A 或 f_B 输入。8 只数显的 a~g、dp 全部连在一起，分别接至 ICM7216B 的 a~g、dp，数码管的公共端 COM8~COM1，分别接 ICM7216B 的 D_8~D_1 端。

S1 为量程（自动小数点）选择开关，S2 为测量功能选择开关，工作模式选控开关为 S3~S7 为工作模式选控开关，HOLD 为保持按钮，RESET 为复位开关。

表 4.1　ICM7216B 控制端功能

控制端	连接位	功　能
控制选择 CONT	D4	当 HOLD=0 时，消隐显示器
	D8	显示器全亮（被测）
	D2	选用 1MHz 晶振
	D1	选用外振荡器时钟
	D3	选用外控 dp 工作
	D5	器件测试分析用
功能选择 FUNC	D4	测频率 fA（F）
	D8	测周期 TA（T）
	D2	测频率比 fA/fB（FR）
	D5	测时间 A-B（TIME）
	D1	计数 A（UC）
	D3	测振荡时钟频率（FOSC）
量程选择 RANGE	D1	0.01 s/1 周
	D2	0.1 s/10 周
	D3	1 s/100 周
	D4	10 s/1000 周

如果外接 1MHz 晶体工作，就应把开关 S7 连通（ON）。其余模式选择方法类推，可参考表 4.1，在 S3～S7 上串接隔离二极管，可防止有两只以上开关连通时输出互为负载而损坏器件。

送入 f_A、f_B 的信号，可以是 TTL 电平，也可以是 HCMOS 电平，如果是 CC4000 系列器件送来的信号，则应当把连到 V^+ 的 3 kΩ 电阻增大到 10 kΩ 以上或者去掉电阻。

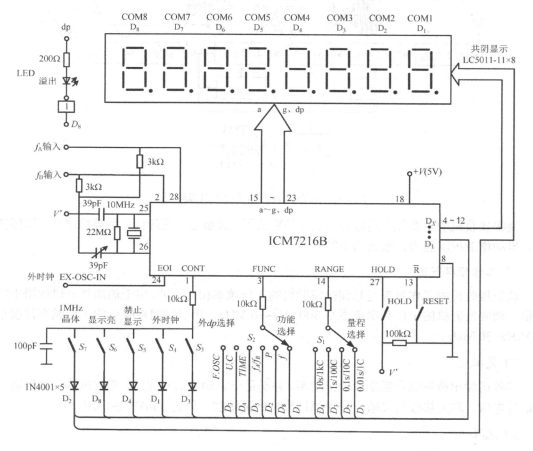

图 4.51　利用 ICM7216B 构成数字频率计的逻辑电路

4.10　调幅接收机

调幅接收机的应用非常广泛，最常见的是超外差 AM 广播收音机。本节将在介绍超外差调幅接收机及其组成的基础上，首先分析一种基于 MC1496 的点频工作调幅接收机的设计与实现，然后讨论一种六管收音机的装配与调试方法。

超外差式调幅接收机的组成框图如图 4.52 所示。

其工作原理是：天线接收到的高频信号经输入回路选出接收机工作频率范围内的信号（其载波频率为 f_S）送入高频放大器，经高频放大电路放大后送至混频。混频电路的另一个输入信号为来自本振电路的本振信号，其频率为 f_L。混频输出频率固定为 f_I 的中频信号。当 $f_I = f_L - f_S$（即本振信号的频率 f_L 大于接收信号的频率 f_S）时，构成外差式接收机；当 $f_I = f_S - f_L$（即本振信号的频率 f_L 小于接收信号的频率 f_S）时，构成内差式接收机。混频电路输出经中频放大器放大后送至解调电路。解调器输出为低频信号，低频功放电路将解调后的低频信号进行功率放大，推动扬声器工作或推动控制器工作。自动增益控制电路 AGC1，AGC2，产生控制信号，控制高频放大级及中频放大级的增益。

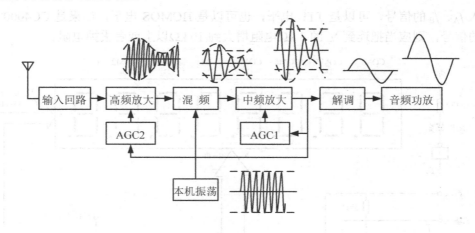

图 4.52　超外差式调幅接收机组成框图

调幅接收机的主要技术指标有：工作频率范围、灵敏度、选择性、中频抑制比、镜频抑制比、自动增益控制能力、输出功率等。

1）工作频率范围

调幅接收机的工作频率是与调幅发射机的工作频率相对应的。由于调幅制一般适用于广播通信，调幅发射机的工作频率范围是 300 kHz~30 MHz，所以调幅接收机的工作频率范围也是300 kHz~30 MHz。

2）灵敏度

接收机输出端在满足额定的输出功率、并满足一定输出信噪比时，接收机输入端所需的最小信号电压，称为接收的灵敏度。调幅接收机的灵敏度一般为 5 mV～50 mV。

3）选择性

接收机从作用在接收天线上的许多不同频率的信号（包括干扰信号）中选择有用信号，同时抑制邻近频率信号干扰的能力，称为选择性。通常以接收机接收信号的 3 dB 带宽和接收机对邻近频率的衰减能力来表示。通常要求 3 dB 带宽不小于 6 kHz～9 kHz，40 dB 带宽不大于20 kHz～30 kHz。

4）中频抑制比

接收机抑制中频干扰的能力称为中频抑制比。通常以输入信号频率为本机中频时的灵敏度 S_{IF} 与接收灵敏度 S 之比表示中频抑制比，一般以 dB 为单位：

$$\text{中频抑制比} = 20 \lg(S_{\text{IF}}/S) \tag{4.76}$$

中频抑制比越大，说明抗中频干扰能力越强。中频抑制比一般应大于 60 dB。

5）镜频抑制比

接收机对于镜频(镜像频率)干扰的抑制能力称为镜频抑制比。对于本振频率高于接收信号频率的接收机，其镜频为 $f_{\text{S}}+2f_{\text{I}}$；对于本振频率低于接收信号频率的接收机，其镜频为 $f_{\text{S}}-2f_{\text{I}}$。

通常以输入信号频率为镜频时的灵敏度 S_{IM} 与接收灵敏度 S 之比表示镜频抑制比，一般以 dB 为单位，dB 数越大，抗镜频干扰能力越强。镜频抑制比=20lg(S_{IM}/S)dB。通常镜频抑制比应大于 60 dB。对于有 2 个中频的接收机，其中频抑制比和镜频抑制比分为第一中频抑制比、第二中频抑制比和第一镜频抑制比、第二镜频抑制比。

6）自动增益控制能力

接收机利用接收信号中的载波控制其增益以保证输出信号电平恒定的能力，称为自动增益控制能力。测量时，通常使接收机输入信号从某规定值开始逐步增加，直至接收机输出变化到某规定数值（如 3 dB），此时输入信号电平所增加的 dB 数，即为接收机的自动增益控制能力。

7）输出功率

接收机在输出负载上的最大不失真功率称为输出功率。

4.10.1 设计任务与要求

设计一点频调幅接收机，主要技术指标要求：

（1）工作频率为 3.579 MHz，输出功率 Po= 100 mW，灵敏度为 100 mV。

（2）给定条件：$+V_{CC}$= +12V，$-V_{EE}$= −12 V。

（3）主要器件：MC1496，3.579 MHz 晶振，LM386，NXO-100 磁环，8Ω/0.25W 扬声器。

4.10.2 电路原理与设计指导

1．总体方案设计

1）设计思路

根据调幅接收机工作原理和本设计要求，可省去图 4.52 中的可变频本振信号。给定的解调器件为模拟乘法器，模拟乘法器用于检波时必须有一与接收信号同频的本振信号。因此，拟定点频调幅接收机框图如图 4.53 所示。

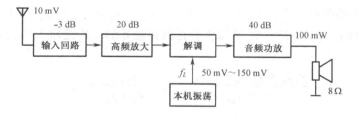

图 4.53　点频调幅接收机组成框图

各单元电路的作用为：输入回路用于选择接收信号，应将输入回路调谐于接收机的工作频率；高频放大电路用于将输入信号进行选频放大，其选频回路应调谐于接收机工作频率；解调电路用于将已调信号还原成低频信号；本机振荡在本设计中为解调器提供与输入信号载波同频的信号。

2）各级增益分配

根据题目给定的器件及技术指标要求，设各级增益如图 4.53 所示。

2. 单元电路的设计

1）输入回路

输入回路应使在天线上感应到的有用信号在接收机输入端呈最大值。设输入回路初级电感为 L_1，次级回路电感为 L_2，选择 C_1 和 C_2 使初级回路和次级回路均调谐于接收机工作频率。

在设定回路的 LC 参数时，应使 L 值较大。因为 $Q=\omega_0 L/R$（R 为回路电阻，由回路中电感绕线电阻和电容引线电阻形成），Q 值越大，回路的选择性就越好。但电感值也不能太大，电感值大则电容值就应小，电容值太小则分布电容就会影响回路的稳定性，一般取 $C \gg C_{ie}$，C_{ie} 为高频放大电路中的晶体管的输入电容。

2）高频放大电路

小信号放大器的工作稳定性是一项重要的质量指标。单管共发射极放大电路用作高频放大器时，由于晶体管反向传输导纳 y_{re} 对放大器输入导纳 Y 的作用，会引起放大器工作不稳定。

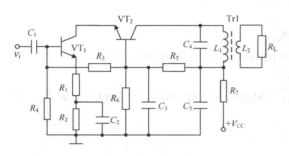

图 4.54　共射-共基级联放大器

当放大器采用如图 4.54 所示的共射-共基级联放大器时，由于共基电路的特点是输入阻抗很低和输出阻抗很高，当它和共射电路连接时相当于放大器的负载导纳 Y_L 很大，此时放大器的输入导纳

$$Y_i = y_{ie} - y_{fe}y_{re}/(y_{oe} + Y'_L) \approx y_{ie} \quad (4.77)$$

晶体管内部的反馈影响相应地减弱，甚至可以不考虑内部反馈的影响。

在对电路进行定量分析时，可把两个级联晶体管看成一个复合管，这个复合管的导纳参数（Y 参数）由两个晶体管的电压、电流和导纳参数决定。一般选用同型号的晶体管作为复合管，那么它们的导纳参数可认为是相同的，只要知道这个复合管的等效导纳参数，就可以把这类放大器看成一般的共射放大器。

用 y'_i、y'_r、y'_f、y'_o 分别代表复合管的输入导纳、反向传输导纳、正向传输导纳和输出导纳，在一般的工作频率范围内，$y_{ie} \gg y_{re}$，$y_{fe} \gg y_{ie}$，$y_{fe} \gg y_{oe}$，$y_{fe} \gg y_{re}$，y_{ie} 是晶体管输入导纳，y_{oe} 是晶体管输出导纳，y_{fe} 是晶体管正向传输导纳，Y'_L 是放大器负载导纳，则复合管的等效 Y 参数为

$$y'_i = \frac{y_{ie}y_{fe} + y_{ie}y_{oe} - y_{re}y_{fe}}{y_{fe} + y_{oe}} \approx y_{ie} - \frac{y_{re}y_{fe}}{y_{fe} + y_{oe}} \approx y_{ie}$$

$$y'_r \approx \frac{y_{re}(y_{re} + y_{oe})}{y_{fe} + y_{oe}} \approx \frac{y_{re}}{y_{fe}}(y_{re} + y_{oe})$$

$$y'_o = \frac{y_{ie}y_{oe} - y_{re}y_{fe} + y_{oe}^2}{y_{fe} + y_{oe}} \approx \frac{y_{fe}\left[\frac{y_{ie}y_{oe}}{y_{fe}} - y_{re} + \frac{y_{oe}^2}{y_{fe}}\right]}{y_{fe}} \approx -y_{re}$$

$$y'_f \approx \frac{y_{fe}(y_{fe} + y_{oe})}{y_{fe} + y_{oe}} \approx y_{fe}$$

$$(4.78)$$

由式（4.78）可见：y'_i 和 y'_f 与单管情况大致相等，这说明级联放大器增益的算法和单管共射电路的增益计算方法相同；y'_r 远小于单管情况的 y_{re}（$|y'_r|$ 约为 $|y_{re}|$ 的 1/30），这说明级联放

大器工作稳定性大大提高。

在图 4.54 中，R_5、R_6、R_3、R_4 为 VT$_1$ 和 VT$_2$ 的偏置电阻，R_7、C_5 为去耦电路，用于防止高频信号电流通过公共电源引起不必要的反馈。变压器 Tr$_1$ 和电容 C_4 组成单调谐回路。在设置该电路的静态工作点时，应使两个管子的集射电压 V_{CEQ} 大致相等，这样能充分发挥两个管子的作用，使放大器达到最佳直流工作状态。

设 I_{C1Q}=1 mA，V_{EIQ}=1 V，R_7=1 kΩ，则 $V_{C2Q}=V_{CC}-I_{C2Q}R_7 \approx V_{CC}-I_{C1Q}R_7 \approx 11$ V。

设 $V_{CE1Q}=V_{CE2Q}=(V_{CEQ}-V_{E1Q})/2=5$ V，则 $V_{B2Q}=V_{CE1Q}+0.7$ V =5.7 V；取 R_5=22 kΩ，R_4= 20 kΩ，则 R_6=24 kΩ，R_3=68 kΩ。

设回路电感量 $L=20$ μH，则 $C_4=1/(\omega_o^2 L)$=100 pF。

根据整机增益分配，高频放大器的电压增益应为 10。图 4.54 所示电路的高频等效电路如图 4.55 所示，其增益为

$$\dot{A}_V = \frac{\dot{V}_o}{\dot{V}_i} = \frac{p\dot{V}_c}{\dot{V}_i}, \qquad\qquad \dot{V}_i' = \frac{\dot{V}_i}{1+y_f'R_1}$$

当耦合系数 p =1/2 时，

$$\dot{A}_V = \frac{y_f'}{2(y_o'+y_L')(1+y_f'R_1)} \tag{4.79}$$

式中，y_o' 是复合管的输出导纳。从式（4.78）可知，共射–共基复合管的输出导纳 $y_o' = -y_{re}$；$\dot{Y}_L$ 为集电极负载导纳，$\dot{Y}_L = G_o + j\omega C + \dfrac{1}{j\omega L} + p^2 y_{i2}'$，$y_{i2}'$ 是下一级放大器的输入导纳，$y_{i2}' \approx y_{ie}$。

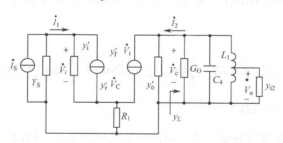

图 4.55　共射–共基级联放大器高频等效图

在 $f=30$ MHz，$I_E=2$ mA，$V_{CE}=8$ V 的条件下，测得 3DG100 的 y 参数为 g_{ie}=2 mS，C_{ie}=12 pF，$|y_{fe}|=40$ mS，$|y_{re}|=350$μS，则 $y_{ie}=g_{ie}+j\omega C_{ie}$。

当回路谐振时，$Y_L=G_O+y_{i2}'$，$G_O=\dfrac{1}{R_P}=\dfrac{1}{Q_O\omega_O L}$，式中 Q_O 是回路空载品质因数。Tr$_1$ 用 NXO-100 磁环绕制，其 $Q_O \geqslant 200$；L 是回路电感。

$$\dot{A}_V = \frac{-y_f'}{2(y_O'+y_L')(1+y_f'R_1)} = \frac{-y_f'}{2(|y_{re}|+G_O+p^2 y_{ie})(1+y_f'R_1)} \approx -10$$

注意：

（1）以上放大器的增益计算是以管子工作在 30 MHz 频率时的参数计算的，这是晶体管手册中给出的 3DG100 的分布参数。当工作条件变化时，给出的参数只能作为参考。在工程估算时，当工作频率低于测试条件的频率，而其他条件接近时，一般则认为给出的参数是近似相等的。

（2）高放级采用单调谐回路的优点是电路简单，调试容易，其缺点是选择性差。在选择性要求比较高的电路中，一般采用双调谐回路或集中滤波器。

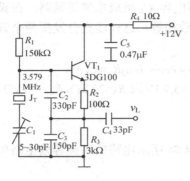

图 4.56　晶体振荡器电路

3）本机振荡电路设计

本机振荡电路的输出是接收机混频级的本振信号，要求其振荡频率应十分稳定。一般的 LC 振荡电路，其日频率稳定度约为 $10^{-3} \sim 10^{-5}$，晶体振荡电路的 Q 值可达数万，其日频率稳定度可达 $10^{-5} \sim 10^{-6}$。因此，本机振荡电路采用晶体振荡器。

晶体振荡器的电路如图 4.56 所示。晶振、C_1、C_2、C_3 与 VT_1 构成改进型电容三点式振荡电路(克拉波电路)，振荡频率由晶振的等效电容和等效电感决定。电路中 VT_1 的静态工作点由 R_1、R_2、R_3 决定。在设置静态工作点时，应首先设定晶体管的集电极电流 I_{CQ}，一般取 0.5 mA～4 mA，I_{CQ} 太大会引起输出波形失真，产生高次谐波。设晶体管 $\beta = 60$，$I_{CQ} = 2$ mA，$V_{EQ} = (1/2 \sim 2/3)V_{cc}$，则可算出 R_1、R_2、R_3。按图 4.56 所示电路安装调试后测得 $V_{BQ} = 6.9$ V，$V_{EQ} = 6.2$ V。

4）解调电路

调幅信号常用的解调方法有两种，即包络检波法和同步检波法。根据本例给定的器件，拟定用同步检波法，其原理电路如图 4.57 所示。当从模拟乘法器 MC1496 的一个输入端输入调幅信号 $v_s(t) = V_{sm}(1 + m\cos\Omega t)\cos\omega_s t$，从另一个输入端输入本振信号 $v_L(t) = V_{Lm}\cos\omega_L t$ 时（其中 $\omega_s = \omega_L = \omega$），则输出为

$$v_o(t) = kv_s(t)v_L(t)$$

$$= \frac{1}{2}kV_{sm}V_{Lm} + \frac{1}{2}kmV_{sm}V_{Lm}\cos\Omega t + \frac{1}{2}kV_{sm}V_{Lm}\cos(2\omega t) + \frac{1}{4}kmV_{sm}V_{Lm}\cos[(2\omega + \Omega)t] +$$

$$\frac{1}{4}kmV_{sm}V_{Lm}\cos[(2\omega - \Omega)t] \tag{4.80}$$

式中，等号右边第一项是直流分量，第二项是所需的解调信号，后面三项是高频分量。在输出端加低通滤波器，可滤除高频分量。

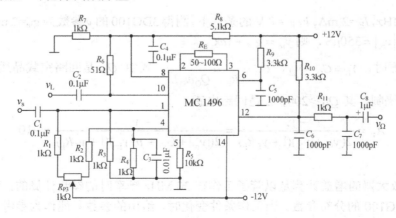

图 4.57　基于模拟乘法器 MC1496 的同步检波原理电路

根据给定的工作电压及模拟乘法器的工作特性设置静态工作点。乘法器的静态偏置电流主要由内部恒流源 I_0 的值来确定，I_0 是第 5 脚上的电流 I_5 的镜像电流，改变电阻 R_5 可调节 I_0 的大小。

在设置乘法器各点的静态偏置电压时，应使乘法器内部的三极管均工作在放大状态，并尽量使静态工作点处于直流负载线的中点。对于图 4.57 所示电路，应使内部电路中三极管的 V_{CE}=4 V～6 V，即

$$V_6 - V_8 = V_{12} - V_{10} = 4\,\text{V} \sim 6\,\text{V}$$
$$V_8 - V_4 = V_{10} - V_1 = 4\,\text{V} \sim 6\,\text{V}$$
$$V_2 - (-V_{EE}) = V_3 - (-V_{EE}) = 4\,\text{V} \sim 6\text{V}$$

为了使输出上、下对称，在设计外部电路时，还应使 $V_{12}=V_6$，$V_8=V_{10}$，而且 12 脚及 6 脚所接的负载电阻应相等，即 $R_9=R_{10}$。

按图 4.57 所示电路装调后，测各引脚的静态偏置电压为如表 4.2 所示。

表 4.2　MC1496 静态引脚电压

V_1	V_2	V_3	V_4	V_5	V_6	V_8	V_{10}	V_{12}
−6V	−6.5V	−6.5V	−6V	−10.4V	−6.9V	+0.5V	+0.5V	−6.9V

5）低通滤波器

图 4.57 中 C_8 是隔直电容，C_6、C_7、R_{11} 组成低通滤波器，其作用是从 MC1496 的 12 脚输出中滤出低频解调信号。根据指标要求（$f_{\Omega H} \geqslant 3.3\,\text{kHz}$）和 RC 低通滤波器的频率响应特性，

$$f_{\Omega H} = \frac{1}{2\pi R_{11} C_6}，取 R_{11}=1\,\text{k}\Omega，则 C_7=0.047\,\mu\text{F}。$$

6）低频功率放大

低频功率放大部分采用集成功放 LM386 实现，如图 4.58 所示。LM386 的外部连接元器件较少，被广泛用于 AM-FM 收音机、视频系统、功率变换等电路中。

集成功放 LM386 是一个单电源供电的音频功放，外部封装为 8 个引脚。通过在功放内部引入深度电压串联负反馈，使整个电路具有稳定的电压增益。改变引脚 1 和 8 之间的外部连接电阻 R 和电容 C（其容量通常为 10 μF~100 μF，作用是改变电路的交流反馈通路），就可以改变放大器的增益。整个电路的电压增益为

$$A_V = \frac{2R_6}{R_4 + R_5 /\!/ R_{P1}} \tag{4.81}$$

R_6、R_5 和 R_4 是 LM386 内部电阻，其中 R_6=15 kΩ，R_5=1.35 kΩ，R_4=150 Ω。R_{P1} 是 1 脚、8 脚的外接反馈电阻，调整 R_{P1} 可调节 LM386 的电压放大倍数，取 R_{P1}=4.7 kΩ。7 脚旁路电容和输入、输出耦合电容的取值为 10 μF。为有效地抑制高频信号输出，在输出端 5 脚接高频旁路电路，电容取值 0.047 μF，电阻取值 10 Ω。

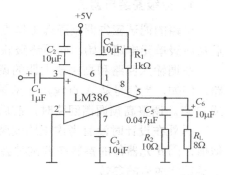

图 4.58　低频功率放大电路

表 4.3 LM386 各引脚静态工作电压

引脚	1	2	3	4	5	6	7	8
电压/V	1.2	0	0	0	2.5	5	2.5	1.2

基于 MC1496 的点频调幅接收机完整电路如图 4.59 所示。

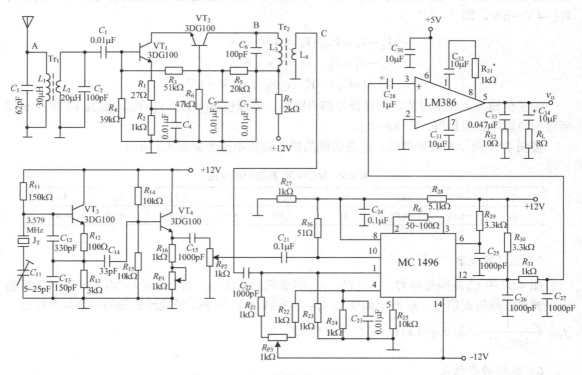

图 4.59 由模拟乘法器构成的解调电路

4.10.3 调试要点

1. 分级安装与调试

电路的调试应先调整静态工作点,然后进行性能指标的调整。调试顺序是先分级调试,然后从前级单元电路开始,向后逐级联调。

在调输入回路和高频放大器的调谐回路时,要注意测试仪表不能接入被调试级的调谐回路。例如,当信号从 A 点输入(见图 4.59)调整输入回路的 L_1、L_2 时,测量仪表应接在 B 点或 C 点。调整高频调谐回路时,前后级会相互影响,因此应前后级反复调整。

另外在设计时没有考虑电路安装引起的分布参数,晶体管的分布参数也是工程估算的近似值,因此元器件的参数在调试时会有较大的调整。图 4.59 中标出的元器件参数是在面包板上调试完成后的参数。

2. 整机联调时常见故障分析

调试合格的单元电路在整机连调时往往会出现达不到指标的现象,产生的原因可能是单级调试时没有接负载,或是所接负载与实际电路中的负载不相等,或是整机的联调又引入了新的分布参数。因此整机调试时需仔细分析故障原因,切不可盲目更改参数。

整机联调常见故障有：

（1）高频放大级与解调级相连时增益不够。产生的原因可能是解调器输入阻抗引起高频放大电路的调谐回路失谐。可重新调整高频放大电路调谐回路，使回路调谐。

（2）当接收机接收发射机发出的信号时，可能会出现无音频输出的现象。产生的原因可能是本振信号与接收信号之间的频率误差较大。可校准接收机和发射机的本振频率，使两者之间的频差小于30 Hz。

4.10.4　六管中波调幅收音机的装配与调试

1. 电路组成

六管超外差式调幅收音机的整机电路如图4.60所示。

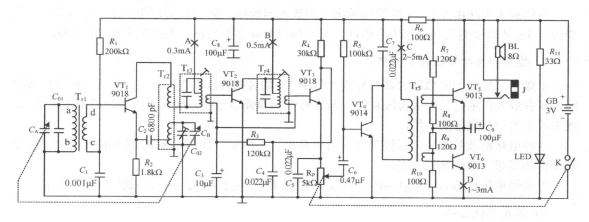

图4.60　六管超外差式调幅收音机的整机电路

1）输入调谐电路

输入调谐电路由双联可变电容器的 C_A 和 Tr_1 的初级线圈 L_{ab} 组成，是一并联谐振电路。Tr_1 是磁性天线，实际上是一个高频变压器，用来接收无线电波信号。C_A 为双联电容中的信号联，C_B 为双联电容中的振荡联，在调台时，它们容量同时变化，这样可以保证输入调谐回路在选取不同电台时，本振信号频率始终比接收电台信号频率高465 kHz。C_{01}、C_{02} 都是微调电容，它做在双联电容中。从天线耦合进来的高频信号，通过输入调谐电路的谐振选出需要的电台信号，电台信号频率是：

$$f_s = \frac{1}{2\pi\sqrt{L_{ab}(C_A + C_{01})}} \tag{4.82}$$

通过改变 C_A 就能收到不同频率的电台信号。

2）变频电路

本机振荡和混频合起来称为变频电路。本机振荡电路由 VT_1、Tr_2、C_B 等元件组成，其任务是产生一个比输入信号频率高465 kHz的等幅高频振荡信号。由于 C_1 对高频信号相当短路，Tr_1 次级线圈 L_{cd} 的电感量很小，为高频信号提供了通路，所以本机振荡电路是共基极电路。振荡频率由 Tr_2、C_B 控制，C_B 是双联电容器的振荡联，调节它以改变本机振荡频率。Tr_2 是振荡线圈，其初、次绕在同一磁芯上，它们把 VT_1 集电极输出经放大了的振荡信号以正反馈的形式耦合到振荡回路，本机振荡的电压由 Tr_2 的次级的抽头引出，通过 C_2 耦合到 VT_1 的发射极上。

混频电路由 VT_1、Tr_3 的初级线圈等组成，是共发射极电路。其工作过程是：(磁性天线接收的电台信号)输入调谐电路接收到的电台信号，通过 Tr_1 的次级线圈 L_{cd} 送到 VT_1 的基极，本机振荡信号通过 C_2 送到 VT_1 的发射极，两种频率的信号在 VT_1 中进行混频，由于晶体三极管的非线性作用，在其集电极电流中将包含各种频率，其中等于本机振荡频率和电台频率的差（即 465 kHz）的就是中频信号。混频电路的负载是中频变压器 Tr_3 的初级线圈及其内部电容组成的并联谐振电路，谐振频率为 465 kHz，可以把 VT_1 集电极电流中 465 kHz 的中频信号选择出来，并通过 Tr_3 的次级线圈耦合到下一级去，而其他频率的信号几乎都被滤掉。

3）中频放大电路

中频放大电路由 VT_2、VT_3 组成两级中频放大器构成。第一中放电路中的 VT_2 负载有中频变压器 Tr_4 初级线圈及其内部电容组成，它们构成并联谐振电路，谐振频率是 465 kHz。

4）检波和自动增益控制电路

中频信号经第一中频放大器充分放大后由 Tr_4 耦合到检波管 VT_3，VT_3 构成三极管检波电路，既有放大作用，又完成检波功能。本级将中频调幅信号还原成音频信号，其中 C_4、C_5 起滤去残余的中频成分的作用。

这种电路检波效率高，有较强的自动增益控制（AGC）作用。AGC 控制电压通过 $R3$ 加到 VT_2 的基极，其控制过程是：

外信号电压↑→V_{b3}↑—I_{b3}↑→I_{c3}↑→V_{c3}↓，通过 R_3，V_{B2}↓→I_{B2}↓→I_{C2}↓→输出信号电压↓

5）前置低放电路

检波滤波后的音频信号由电位器 R_P 送到前置低放管 VT_4，经过低放可将音频信号电压放大几十到几百倍，但是音频信号经过放大后带负载能力还很差，不能直接推动扬声器工作，还需进行功率放大。旋转电位器 R_P 可以改变 VT_4 的基极对地的信号电压的大小，可达到控制音量的目的。

6）功率放大器（OTL 电路）

功率放大器的任务是不仅要输出较大的电压，而且能够输出较大的电流。本电路采用无输出变压器功率放大器（OTL 电路），可以消除输出变压器引起的失真和损耗，频率特性好，还可以减小放大器的体积和重量。VT_5、VT_6 组成同类型晶体管的推挽电路，R_7、R_8 和 R_9、R_{10} 分别是 VT_5、VT_6 的偏置电阻。变压器 Tr_5 做倒相耦合，C_9 是隔直电容，也是耦合电容。为了减少低频失真，电容 C_9 选得越大越好。无输出变压器的功率放大器的输出阻抗低，可以直接推动扬声器工作。

2．收音机装配

1）元器件分类、标号和检测

收音机由很多电子元器件组成，为了避免安装时出错，在安装前应将套件中的各种元器件按种类进行分类，再识别各元器件的参数和型号，如有必要可用万用表将元器件检测一遍，这样做可排除可能损坏的元器件，提高收音机安装的成功率。然后依据电路原理图对各元器件进行标号。各类元器件检查要点如下：

（1）三极管。三极管包括变频管、中放管、前放管和功放管 4 种。若使用 9013、9014 和 9018 三极管，引脚的判别为：将引脚朝下、矩形面朝自己，则矩形面下方的三个引脚从左至右依次为 e、b、c。

（2）磁棒及线圈。线圈套在磁棒的外面，分为初级和次级。线圈初级的阻抗要大于次级的阻抗。由于线圈的线头只有前 3 mm 有镀锡，所以在焊接时不要将线头拉离焊锡面太长，否则容易因没有焊接上，造成虚焊。安装时要注意线圈要与 PCB 上的 a、b、c、d 位置对应。

（3）振荡线圈和中频变压器。振荡线圈和中频变压器分为 3 种颜色，分为初级和次级，外壳接地。检查时用万用表测量初级、次级与外壳之间的通断关系。

（4）输入变压器。输入变压器也分初级和次级，检测时也是测量初级、次级之间的通断关系，但安装时需要注意初、次级之间的标记，在线圈骨架上有凸点标记的是初级，PCB 的元件面输入变压器初级位置也有标记。

（5）电阻。这里使用的电阻全部是色环电阻。当色环颜色辨别不清楚、两边色环离边的距离差不多时，应使用万用表进行测量。

（6）电解电容。要注意电解电容的极性，一般新电容引脚长的是正极，短的是负极，同时在电容上有负极的标识，通常是"-"号，也可以用模拟万用表进行测量判断。

2）元器件的安装和焊接

印刷电路板上有元件面和焊接面之分。一般将元件安装面称为正面，覆铜焊接面称为反面。正面上的各个孔位都标明了应安装元件的图形符号和文字符号，制作者只需按照印刷电路板上标明的符号，再通过原理电路图查找其规格，将相应元件对号入座即可。

在安装时，将元器件引脚从印刷电路板正面相应位置的圆孔插入，在印刷电路板背面将元器件引脚与铜箔焊接起来，焊好后将多出的引脚剪掉。安装顺序是：电阻、无极型电容、三极管、电解电容、中周、变压器、双联电容器，最后安装线圈、开关、刻度盘等，即先装低矮的耐热的元器件，然后装体积大些的元器件，最后装怕热的元件。

各种元器件安装焊接注意事项如下：

（1）电阻在安装时可以采用卧式紧贴印刷板安装，也可以采用立式安装，高度要统一；

（2）电容和三极管均采用立式安装，但不要安装过高，不能超过中周的高度，电解电容和三极管在安装时要注意各引脚的极性对号入座；

（3）磁性天线由于采用了漆包线（在细铜线上涂有很薄的一层绝缘漆），在焊接时可用小刀或砂纸将四个引线头上的绝缘漆刮掉，再焊在印刷板铜箔上；

（4）在焊接时要注意避免假焊（表面上好像焊好，但实际元器件引脚未与铜箔焊牢）、烫坏元器件（焊接元器件时间过长，特别是对三极管、二极管等不耐热的元器件易被烫坏）、焊错元器件（常见的是不同参数或不同型号元器件焊错，如不同阻值的电阻、不同型号的三极管）和接线错误（如天线四个接线头焊错位置、电源开关和扬声器引线焊错）。

（5）印刷板上 A、B、C、D 四个缺口是用来测量收音机各放大电路工作电流的，在调试完成后再焊上。

在安装收音机时注意了以上事项，就会大大提高安装收音机的成功率。如果收音机安装完成后不能正常工作，那就需要对收音机进行调试。

3．收音机调试

1）调测集电极电流

为测量的需要，收音机印刷电路板上有专为检测集电极电流而断开的检测点，调测时，将音量电位器关掉，装上电池，用三用表的电流挡测试电位器两端的电流是应小于 10 mA；然后打开电位器开关（音量旋至最小），依次测试静态电流（即 D、C、B、A 四个缺口的电流），若测量的数值在规定的参考值左右，便可用焊锡将这四个缺口依次连通，再把音量开到最大，调双联拨盘即可收到电台。

2）中频放大级的调整

中频放大级是决定晶体管超外差收音机灵敏度和选择性的关键。中频频率在出厂时都已调好，且中频变压器一般不易失谐，故一般不去调整它。只有在非调不可时，如修理中更换了中频变压器、中放管等时才去调整它。中频频率的调整方法：

（1）借助仪器进行调整，如用中频图示仪和高频信号发生器调整中频。采用高频信号发生器调整方法是：把高频信号发生器调到 465 kHz，采用低频 1 000 Hz 或 400 Hz 调制，调幅度取 30%。然后选一个容量为几百或几千微微法的电容器把信号耦合到变频管上（信号强弱以能听清为度）。然后调整中频变压器，直到放声最大为止。同时还可用万用表直流电压挡配合监测检波负载电阻两端的直流电压（负载电阻一般就是音量控制器），调到电压指示最大为止。

（2）利用广播电台进行调整，这样虽然较难知道具体的中频频率指标，但是如果调整得好，也能获得较好的收听效果。具体方法是：打开收音机，随便收听一个电台，如以某台 810 kHz 为例，收到该台以后，用起子将本机振荡部分的双联可变电容器短路一下，如果扬声器中声音立刻消失，说明变频级和本机振荡部分工作正常，收到的电台信号是经过变频送到后面的，此时调中周才有意义；如果把双联可变电容器短路了，扬声器中声音仍未变化，则说明通过中频放大器的不是经过变频产生的中频信号，而是串过去的高频信号，这时若调整中频变压器反而会越调越乱。注意调中周时要一边听声音大小，一边调中频变压器的磁帽，从后级向前级调，反复调几次，直到声音最大，中频就调整好了。

3）频率覆盖调整

收音机的中波段规定在 535 kHz～1 605 kHz 的范围内，利用接收外来广播电台进行校准频率刻度方法如下：

首先在频率低端选择一个 535 kHz～700 kHz 的某一电台，例如中央台的第一套节目（640 kHz），作为低频端调试信号。把双联电容器旋出 10°～20° 左右，使指针在 640 kHz 的刻度上，调整本机振荡线圈 T_{r2} 的磁帽，使收到这个电台声音最响为止。

然后在频率高端 1 400 kHz～1 600 kHz 间寻找一个电台节目，例如选 1 500 kHz，随后把指针调到 1 500 kHz 的刻度上，调整本机振荡回路的微调电容（如 C_B），使收到这个台的播音节目。

最后再转动双联可变电容器的微调旋钮，使指针仍指在刻度 640 kHz 处，看是否能收听到原来电台的节目。这时很可能发现有偏移，所以要依照以上步骤反复调整几遍，就能调准。

4）统调

统调就是通过调整使本机振荡回路的频率与输入回路的频率始终相差一个中频 465 kHz。利用接收外来广播电台信号进行统调（调补偿）的方法：

首先收音机调到 600 kHz 附近（如 640 kHz），收听一个电台的广播，转动磁性天线方向，使输入的高频信号较小，接着移动 Tr_1 天线线圈在磁棒上的位置，使声音达到最响，或检波负载上直流电压降最大，这样低端就算初步调到同步了。

再把指针旋到高端 1500 kHz 附近，收听一电台广播，调整输入回路中的微调电容（例如 C_A），使声音最响，或检波负载上直流电压降最大，这样高端也就初步调到同步了。同振荡回路一样，由于低端和高端也要互相牵制，因此要反复调整多次。当高低端都调好了，中间频率也自然跟踪了。

统调完毕后，输入回路线圈在磁棒上的位置要用蜡封上，以固定位置。

4．收音机故障检测

1）用直观法检查

检修一台电子设备一般首先用直观法检查，对于收音机可检查内容有：

（1）检查电池是否良好：如电池是否变软，有无黏液流出，电池是否硬化；

（2）检查电池夹：电池夹是否生锈，是否接触不良等；

（3）检查元器件是否相碰；

（4）检查各连接线有无断落；

（5）检查印刷板铜箔有无断裂、焊点是否松动虚焊、各焊点之间是否短路等；

（6）检查元器件有无装错，特别是元器件引脚极性装错。

2）用电压法检查

电压法在检修电子设备中应用比较广泛，但由于收音机中的电压比较低，主要是用电压法测量电池电压是否正常，正常电池电压为 3V。

3）用电流法检查

用电流法可以容易判断出电路的直流工作情况是否正常，用电流法检查时，使收音机不要收到电台（静态），再进行以下检查：

（1）断开电源开关 K，在开关两端测量收音机的整机工作电流，正常应为 5 mA 左右。如果电流过大，说明某电路存在短路；如果电流很小，某电路可能开路。当整机电流不正常时，为了进一步确定是哪部分电路引起的，可接着测量收音机各级电路的工作电流。

（2）在 D 点将电路断开，测量功放电路的工作电流，正常应为 1.5 mA 左右。如果电流偏大，可能是 R_8、R_{10} 阻值变大，R_7、R_9 阻值变小，VT_5、VT_6 的 c、e 极之间漏电或短路，C_9 漏电或短路；如果电流偏小，可能是 R_8、R_{10} 阻值变小，R_7、R_9 阻值变大。

（3）在 C 点将电路断开，测量前置放大电路的工作电流，正常应为 2 mA 左右。如果电流偏大，可能是 R_5 阻值变小，VT_4 的 c、e 极之间漏电或短路；如果电流偏小，可能是 R_5 阻值变大。

（4）在 B 点将电路断开，测量中放电路的工作电流，正常应为 0.5 mA 左右。如果电流偏大，可能是 R_4、R_3 阻值变小，VT_2 的 c、e 极之间漏电或短路；如果电流偏小，可能是 R_4、R_3 阻值变大，C_3、C_4 漏电。

（5）在 A 点将电路断开，测量变频电路的工作电流，正常应为 0.3 mA。如果电流偏大，可能是 R_1、R_2 阻值变小，VT_1 的 c、e 极之间漏电或短路，C_2 漏电或短路；如果电流偏小，可

能是 R_1、R_2 阻值变大，C_1 漏电。

另外，电源去耦电容 C_8 漏电或短路，R_{11} 阻值变小也会导致收音机整机电流偏大。

在用电流法确定某级电路工作电流不正常后，就可以确定该电路为故障电路，接着用电阻法检测该级电路中可能损坏的元器件。

4）用干扰法检查

在用上述方法检查出各级电路的直流工作条件都正常后，如果收音机还是无声，这时就要用干扰法来检查收音机中与交流信号处理有关的电路。这里采用万用表产生的干扰信号作为注入信号。干扰法的检查可按下面的方法和步骤来进行：

（1）用万用表 R×10 Ω 挡干扰功放电路的中心点（即电容 C_9 的左端），听扬声器中有无干扰反应（有无"喀喀"声发出）。如无干扰反应，可能是 C_9 开路、耳机插孔接触不良、扬声器开路；

（2）用万用表 R×100 Ω 挡干扰音量电位器的中心滑动端，如果扬声器中无干扰反应，说明干扰信号不能通过前置放大电路和功放电路，又因为它们都能正常放大信号（用电流法检查它们的直流工作电流正常），所以无干扰反应可能是交流耦合电容 C_6 开路、变压器毛线圈短路，无法传送交流信号；

（3）用这种方法从后往前依次干扰 VT_3、VT_2、VT_1 的基极，若干扰哪级电路无反应，该级电路就存在故障，主要检查电路之间的耦合元器件，如中周 Tr_4、Tr_3 线圈短路。

5）用电阻法检查

用干扰法干扰 VT_1 的基极，扬声器中有反应，说明交流信号可以从 VT_1 基极一直到达扬声器，如果收音机还是无正常的声音，这就要用电阻法直接检查本振电路和输入调谐回路各个元器件是否正常。

检查时主要用电阻法测量磁性天线 Tr_1，振荡线圈 Tr_2 有无开路，耦合电容 C_2 和交流旁路电容 C_1 是否开路。

6）用代替法检查

由于输入调谐回路和本振电路中的双联可变电容和微调电容用万用表难于检测出好坏，故可用同样的双联电容代换它，如果故障排除，说明原双联电容损坏。

4.11 传感器及其应用电路

传感器是能感受规定的被测物理量，并按照一定规律将其转换成可用输出信号的器件或装置。传感器通常由敏感元件和转换元件组成。其中，敏感元件是指传感器中能直接感受或响应被测量的部分；转换元件是指传感器中能将敏感元件感受或响应的被测量转换成适于传输或测量的电信号的部分。由于传感器输出的信号一般都很弱，需要有信号调理和转换电路，进行放大、运算、调制等，此外信号调理和转换电路以及传感器工作都还必须有辅助的电源。

传感器的工作原理各不相同，分类标准和形式也多种多样，如：

- 按测量原理不同可分为电容式传感器、电阻式传感器、电磁式传感器、电感式传感器、热电式传感器、压电式传感器、霍尔式传感器、激光传感器、辐射传感器、超声传感器等；
- 按被测参数不同可分为温度传感器、压力传感器、位移传感器、速度传感器等；

- 按输出形式不同可分为数字传感器和模拟传感器；
- 按电源形式不同可分为无源传感器和有源传感器；
- 按制造工艺不同可分为集成传感器、薄膜传感器、厚膜传感器和陶瓷传感器；
- 按所用材料不同可分为金属传感器、聚合物传感器、陶瓷传感器和混合物传感器。

考虑到在任何测量系统中传感器都必须能够方便地与其他装置进行信号传输，因此要求传感器的输出信号必须符合国际标准：过程控制系统的模拟直流电流信号为：4 mA～20 mA；模拟直流电压信号为：1 V～5 V。

下面根据温度、速度等测量需求，介绍相关传感器及其应用电路。

4.11.1　温度传感器及其应用

温度测量是使用最广泛的测量任务，相应的测量方法和传感器类型也最丰富。常用的温度传感器有：热电偶、金属热电阻、半导体热电阻、模拟集成传感器、智能化温度传感器、红外辐射式温度计等。

1. 热电偶传感器

两种不同材料的导体（或半导体）组成的一个闭合回路（如图 4.61 所示），当两接点温度 T、T_0 不同时，回路中就会产生电动势，这一物理现象称为热电效应，该电动势称为热电势。这两种不同材料的导体或半导体的组合成为热电偶，导体 A、B 称为热电极。两个接点，一个称为热端（工作端或测量端），测温时将它置于被测介质中；另一个称为冷端（自由端或参考端），通过导线与显示仪表相连。图 4.62 为简单的热电偶测温线路。

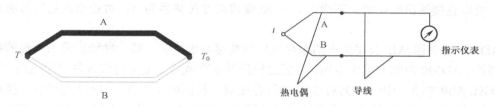

图 4.61　热电偶原理　　　　　　　　　图 4.62　热电偶测温线路

热电偶是工业上最常用的温度检测元件之一。其优点是：测量精度高，热电偶直接与被测对象接触，不受中间介质的影响；测量范围广，常用的热电偶可实现–50 ℃～+1 600 ℃的连续测量；构造简单，使用方便，热电偶通常是由两种不同的金属丝组成的，而且不受大小和开头的限制，外有保护套管，用起来非常方便。

2. 热电阻传感器

热电阻传感器是利用导体或半导体的阻值随温度变化而变化的原理实现温度测量的。热电阻传感器分为金属热电阻和半导体热电阻两大类，一般把金属热电阻称为热电阻，而把半导体热电阻称为热敏电阻。

大多数金属导体的电阻都具有随温度变化的特性，其特性方程满足

$$R_t = R_0[1+\alpha(t-t_0)] \tag{4.83}$$

式中，R_t、R_0 分别为热电阻在温度 t 和 0℃时的电阻；α 为热电阻的温度系数（1/℃）。对于绝大多数金属导体，α 值并不是一个常数，而是随温度而变化的；但在一定温度范围内，α 可近似视为一个常数，不同的金属导体，α 保持常数所对应的温度范围也不同。

目前，在工业中应用最广的是铂热电阻和铜热电阻，并已制作成标准测温热电阻。铂热电阻具有测温范围广、精度高、复现性好等特点，被广泛用作基准温度仪器。铜热电阻具有灵敏度高的特点，但易于氧化，一般只用于150℃以下的低温测量和没有水及无侵蚀性的介质中的温度测量。

热电阻传感器的测量电路最常用的是电桥电路，精度要求高的采用自动电桥。为了消除由于连接导线电阻随环境温度变化而造成的测量误差，常采用三线和四线制连接方法，如图4.63和图4.64所示。测量时调整 R_P 阻值使电桥平衡，此时可由 R_P 换算出对应的温度。

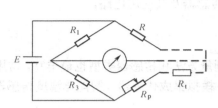 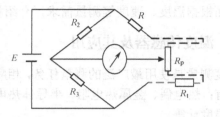

图 4.63　三线连接法热电阻测温电桥　　　　图 4.64　四线连接法热电阻测温电桥

3. 集成温度传感器

集成温度传感器是把感温晶体管和外围电路集成到一个半导体芯片上而得到的温度传感器组件，具有线性度好、精度适中、灵敏度高、体积小、使用方便等优点，得到了广泛的应用。合理地选择传感器，配上合适的外围电路，可以达到较好的测量效果。

集成温度传感器的输出形式分为电压输出和电流输出，此外还有一类内部集成了模/数转换器，可以直接输出数字量。下面以 AD590 集成温度传感器为例，讨论集成温度传感器的应用。

AD590 是美国 AD 公司生产的单片集成双端感温电流源，即一种输出量为电流的集成温度传感器。AD590 内部有放大电路，再配上相应外电路就可方便地构成各种应用电路。图 4.65 为 AD590 测温电路。图中 AD581 为高精度稳压器，输出电压 10 V，OP07 为运放，接成电流放大的形式，对 AD590 的输出电流进行放大输出。调整 R_{P1} 可微调 AD590 的输出零点，调整 R_{P2} 可改变运放增益。

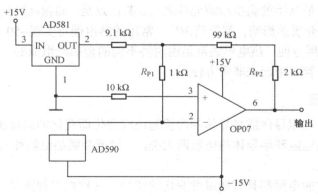

图 4.65　AD590 测温电路

4.11.2　速度传感器及其应用

速度传感器是速度的测量器件，它输出的电信号与被测物体的运动速度成正比。当然，通过对被测物体的运动速度的测量，还可以得到其在一定时间内的位移。常用的速度传感器有霍尔传感器、光电传感器等。

1. 霍尔传感器与应用电路

1）基本原理

霍尔传感器是利用半导体磁电效应中的霍尔效应，将被测物理量转换成霍尔电势的。将一载流体置于磁场中静止不动，若此载流体中的电流方向与磁场方向不相同，则在此载流体中平行于由电流方向和磁场方向所组成的平面上将产生电势，此电势称为霍尔电势，此现象称为霍尔效应。霍尔电势可以用 U_H 表示，即

$$U_H = \frac{R_H I B}{d} \tag{4.84}$$

式中，B 为外磁场的磁感应强度；I 为通过基片的电流；d 为基片厚度；R_H 为霍尔系数，$R_H = \rho\mu$，其中 ρ 为载流体的电阻率，μ 为载流子的迁移率。

由于半导体材料的电阻率 ρ 和迁移率 μ 均很高，可以获得很大的霍尔系数，适合于制造霍尔元件。砷化铟和锑化铟是制作霍尔元件的常用材料。通常，霍尔元件被制作成长方形薄片。

2）集成霍尔传感器

集成霍尔传感器利用硅集成电路工艺将霍尔元件与测量电路集成在一起，实现了材料、元件、电路三位一体，可构成线性型霍尔传感器和开关型霍尔传感器。前者由霍尔元件、线性放大器和射极跟随器组成，输出模拟量；后者由稳压器、霍尔元件、差分放大器、施密特触发器和输出级组成，输出数字量。开关型霍尔传感器应用时，在外部磁场的作用下，霍尔元件产生霍尔电压，经放大整形后输出随磁场变化的方波信号，因此传感器的输出实际上是高低电平，对应磁场的有无，使用方便简单，可用来进行转速的测量和位置的检测。

还有一类霍尔传感器是霍尔电流传感器，主要应用霍尔原理来测量电流参量，在电力电子、交流变频调速、逆变装置及开关电源等领域有着广泛的应用。

3）典型应用——转速测量

利用开关型集成霍尔传感器可以实现转速的测量。测量中磁场由磁钢提供，磁钢的磁感应强度要满足霍尔传感器的最高和最低动作点。图 4.66 所示为应用开关型霍尔传感器检测转速的示意图。将磁钢固定在转动的圆盘边缘上，霍尔传感器固定在离圆盘适当距离的位置上，圆盘转动时，磁钢每接近传感器一次，传感器便输出一个脉冲，用频率计测量这些脉冲便可获得转速。若将传感器输出的脉冲数记下，经过换算，还可得到距离。

设频率计的计数频率为 f，粘贴的磁钢数为 Z，则转轴转速为

$$n = 60f/Z \text{（r/min）} \tag{4.85}$$

例如，粘贴 60 块磁钢，$Z=60$，则 $n=f$ 即转速为

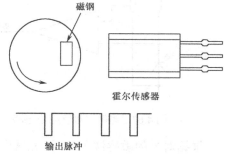

图 4.66　霍尔传感器在转速检测中的应用

频率计的示值。另外还要注意，由于霍尔传感器是对磁场敏感的，检测中应避免磁场的干扰。例如，不要将磁钢固定在铁磁件的材料上，两块磁钢之间应有适当的距离，以免相互干扰，等等。

2．光电传感器

光电传感器也是一种用途非常广泛的传感器，不仅可以进行速度测量，还能够完成障碍物探测等功能。光电传感器是将光信号转换为电信号的一种器件，简称光电器件。它的物理基础是光电效应，光电器件具有响应快，结构简单，可靠性高等优点。光电器件主要包括光电管、光电倍增管、光敏电阻、光敏二极管、光敏晶体管和光电池等。

1）光敏电阻

光敏电阻是用光电导体制成的光电器件，它相当于一个电阻，没有极性，电阻值随光强变化而变化。在使用时，光敏电阻的两端可以施加交流电压，也可以施加直流电压。光敏电阻在全暗条件下呈现的电阻值称为暗电阻，暗电阻通常很大，阻值往往在兆欧级；某一光照条件下光敏电阻呈现的阻值，称为该光照条件下的亮电阻。亮电阻与暗电阻相比要小得多，在普通白天室内的亮度下，亮电阻往往可以降到 1 kΩ以下。可见光敏电阻的灵敏度相当高。光敏电阻的光谱特性很好，光谱响应从紫外区一直到红外区。

2）光敏二极管

光敏二极管的结构与一般二极管相似，只是它的 PN 结可直接接收光照射。光敏二极管在使用时接成反向偏置状态，在没有光照时只有很小的反向漏电流通过二极管，表现出的电阻很大；当有光照射 PN 结时，PN 结附近载流子浓度增加，反向电流增大，电阻减小。图 4.67 所示为光敏二极管的典型应用电路，其中，比较器可选用 LM311 等器件。R_1 可根据具体情况适当取值，一般为 1 kΩ～20 kΩ。该电路在强光下输出高电平，弱光下输出低电平，强弱光的临界值可通过 R_{P1} 调节。

3）光敏三极管

光敏三极管也和一般晶体管很相似，但其基极一般不引出。与光敏二极管相比，光敏三极管不仅能将光信号转化为电信号，还能将信号电流放大，具有更高的灵敏度。光敏三极管的应用电路与光敏二极管类似，但要注意光敏三极管有 NPN 型和 PNP 型之分。图 4.68 所示为 NPN型光敏三极管的应用电路。

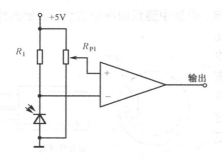

图 4.67　光敏二极管应用电路

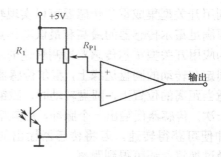

图 4.68　光敏三极管应用电路

根据对光的敏感波段不同，光敏电阻、光敏二极管、光敏三极管既有对可见光敏感的型号，也有对红外光敏感的型号，但它们在使用上都是类似的。在检测中选用对红外光敏感的光电器件，可以很好地排除可见光的干扰。

光电传感器根据检测模式的不同有以下几种使用形式：

（1）反射式。光电传感器将发光器与光敏器件置于一体内，发光器发出相应的光线，靠物体的反射进行检测。

（2）透射式。光电传感器将发光器与光敏器件置于相对的两个位置，检测物位于发光器件与光敏器件之间，靠物体的阻挡进行检测。

（3）聚焦式。光电传感器将发光器与光敏器件聚焦于特定距离，只有当被检测物体出现在聚焦点时，光敏器件才会接受到发光器发出的光束。

4.11.3　金属传感器

集成金属传感器包括两种类型：电感式接近开关和电容式接近开关。传感器内部都集成了相应的敏感元件和调理电路，可直接输出开关量，配上电源即可工作，使用方便、简单。

1．电感式接近开关

电感式接近开关是在电磁场理论的基础上工作的。由电磁场理论可知，在受到时变电磁场作用的任何导体中，都会产生电涡流。成块的金属置于变化的磁场中，或者在固定的磁场中运动时，金属导体内就会产生感应电流，这种电流的磁力线在金属内是闭合的，称为涡流。导体影响使线圈的阻抗发生变化，这种变化称为反阻抗作用。传感器利用受到交变磁场作用的导体中产生的电涡流，改变线圈的阻抗。因此电感式接近开关可以作为金属探测器。

电感式接近开关由 LC 高频振荡器和放大处理电路组成，金属物体接近传感器的振荡感应头时，物体内部产生涡流，这个涡流反作用于接近开关，使接近开关振荡能力衰减，内部电路的参数发生变化，由此识别出有无金属物体接近，进而控制开关的通或断。这种接近开关所检测的物体必须是金属物体。

电感式接近开关内部电路工作原理如图 4.69 所示。

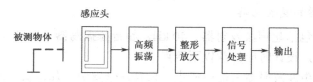

图 4.69　电感式接近开关工作原理图

2．电容式接近开关

电容式接近开关的感应面由两个同轴金属电极构成，很像"打开的"电容器的电极。两电极 A、B 连接在高频振子的反馈回路中。该高频振子无测试目标时不感应；当测试目标接近传感器表面时，测试目标就进入了由这两个电极构成的电场，引起 A、B 之间的耦合电容增加，电路开始振荡。该振荡信号由电路检测，并形成开关信号。电容式接近开关主要由振荡电路、检波、整形电路、开关电路等几部分组成。这种接近开关的检测物体，并不限于金属导体，也可以是绝缘的液体或粉状物体。

4.11.4　超声波传感器

超声波传感器是利用超声波的特性研制而成的传感器。超声波是指频率在 20 kHz 以上的声波。超声波传感器可以用来测量距离、探测障碍物、区分被测物体的大小等。

1. 基本原理及其特性

超声波检测装置包含一个发射器和一个接收器。发射器向外发射一个固定频率的声波信号，当遇到障碍物时，声波返回被接收器接收。

超声波探头既可以发射超声波，也可以接收超声波。小功率超声探头多用于探测，有多种不同的结构。

超声波探头可由压电晶片制成。构成超声探头的晶片，其材料可以有许多种，晶片的大小（如直径和厚度）也各不相同。因此，每个探头的性能是不同的。超声波传感器的主要性能指标如下。

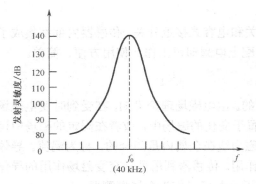

图 4.70　超声波发射器的频率特性

1）工作频率

工作频率就是压电晶片的共振频率。当加到晶片两端的交流电压的频率和晶片的共振频率相等时，输出的能量最大，灵敏度也最高，如图 4.70 所示。

2）工作温度

由于压电材料的居里点一般比较高，特别是诊断用超声波探头使用功率较小，所以温度比较低，可以长时间地工作而不失效。

3）灵敏度

灵敏度主要取决于制造晶片本身。机电耦合系数大，灵敏度高；反之，灵敏度低。

2. 超声波传感器的基本发射/接收电路

1）超声波传感器的发射电路

超声波发射电路包括超声波发射器、40 kHz 超音频振荡器、驱动（或激励）电路，有时还包括编码调制电路，设计时应注意以下两点：

（1）普通用的超声波发射器所需电流小，只有几毫安到十几毫安，但激励电压要求在 4 V 以上。

（2）激励交流电压的频率必须调整在发射器中心频率 f_0 上，才能得到高的发射功率和高的效率。

如图 4.71 所示电路，是用两只低频小功率三极管 9013 组成的振荡、驱动电路。三极管 VT_1 和 VT_2 构成两级放大器。又由于超声波发射器 ST 的正反馈作用，使这个原本是放大器的电路变成了振荡器，同时超声波发射器可以等效为一个串联 LC 谐振电路，具有选频作用。电路不需要调整，超声波发射器在电路中同时担当能量转换、选频、正反馈三个任务。

LM1812 组成的超声波发射电路如图 4.72 所示。LM1812 为一种专用于超声波收发的集成电路，可以用作发射电路，又可以用于接收放大电路，主要取决于引脚 8 的接法。引脚 1 接 L_1、C_1 并联谐振回路，以确定振荡器频率。输出变压器接在 6、13 引脚间，电容 C_2 起退耦、滤波及信号旁路作用。C_3 应与变压器副边绕组谐振于发射载频，变压器的变比大致为 $N_1:N_2 = 1:2$，当然超声波发射器也可接在 6、13 引脚间，但发射功率小。

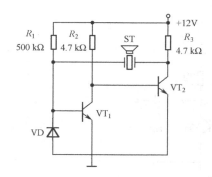

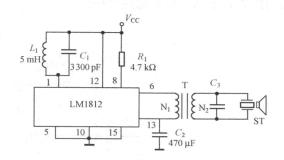

图 4.71　三极管组成的超声波发射电路　　　图 4.72　LM 1812 组成的超声波发射电路

2）超声波传感器的接收电路

由 LM1812 组成的接收电路如图 4.73 所示。引脚 8 接地，使芯片工作于接收模式。输出信号可以从 16 引脚输出或从 14 引脚输出。注意 14 引脚输出是集电极开路形式，结构形式与发射电路的功率输出级相同。

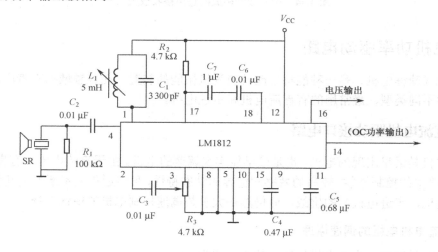

图 4.73　由 LM1812 组成的接收电路

由三极管构成的超声接收放大器如图 4.74 所示，VT_1、VT_2 和若干电阻、电容组成两级阻容耦合交流放大电路，最后从 C_3 输出。

3. 超声传感器应用注意事项

（1）干扰的抑制。选择最佳的工作频率、外加干扰抑制电路或者用软件来实现抗干扰。减少金属振动、空气压缩等外部噪声对信号探测产生的影响。

（2）环境条件。超声波适合在"空气"中传播，不同的气体中会有不同程度的影响，空气的湿度和温度都对超声波的传播有影响。要注意防水，一般的雨和雪等不会对超声波传感器有多大的影响，但是要防止水直接进入传感器内。超声波传感器的探测对象很多，但是被探测物体的温度对探测结果有很大的影响，一般探测高温物体时距离会减小。

（3）安装情况。由于超声波传感器由两部分组成，所以安装是一个很重要的问题。如果发射器和接收器安装不够平行，就会减小探测距离；安装得太近，接收器会直接收到发射器发出的、而不是被测物体反射的信号；如果安装得太远，就会形成很大的死区，减小探测距离，一般安装距离取 2 cm～3 cm 比较合适。

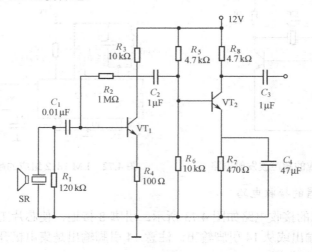

图 4.74　由三极管构成的超声接收放大器

4.12　电机功率驱动电路

电动机（简称电机）是一种能将电能转换为机械能的装置，在各领域都有着广泛的应用。电机有各种不同类型，最常用的有直流电机和步进电机。

4.12.1　直流电机驱动接口电路

直流电机是最早出现的电机，也是最早能实现调速的电机。由于直流电机具有良好的线性调速特性、简单的控制性能、较高的效率和优异的动态特性，虽然近年来不断受到其他电机（如交流变频电机、步进电机）的挑战，但仍然是大多数调速控制电机的最优选择。

1. 直流电机电枢的调速原理

根据电机学可知，直流电机转速 n 的表达式为：

$$n = \frac{V - IR}{K\Phi}$$
　　　　　　　　　　　　　　　　　　　　　　（4.86）

式中，V 为电枢端电压，I 为电枢电流，R 为电枢电路总电阻，Φ 为每极磁通量，K 为电机结构参数。

由式（4.85）可知，可以通过控制"励磁磁通"或"电枢电压"来实现对直流电机转速的控制，分别称为励磁控制法和电枢电压控制法。其中励磁控制法在低速时受磁极饱和的限制，在高速时受换向火花和换向器结构强度的限制，并且励磁线圈电感较大，动态响应较差，所以这种控制方法较少使用。现在，大多数应用场合都使用保持励磁恒定不变的电枢电压控制法。随着计算机进入控制领域，以及新型电力电子功率元器件的不断出现，使采用全控型的开关功率元件进行脉宽调制控制方式成为绝对主流。这种控制方式很容易在单片机控制中实现，从而为直流电机控制数字化提供了契机。

在对直流电机电枢电压的控制和驱动中，半导体功率器件在使用上可以分为两种方式：线性放大驱动方式和开关驱动方式。在线性放大驱动方式中，半导体功率器件工作在线性区，优点是控制原理简单，输出波动小，线性好，对邻近电路干扰小。但是功率器件工作在线性区，会带来效率低和散热问题。开关驱动方式是使半导体功率器件工作在开关状态，通过脉宽调制（PWM）来控制电机的电枢电压，从而实现对电机转速的控制。

直流电机 PWM 调速控制原理和输入输出电压波形如图 4.75 所示。在图 4.75（a）中，当开关管的驱动信号为高电平时，开关管导通，直流电机电枢绕组两端有电压 V_S。t_1 秒后，驱动信号变为低电平，开关管截止，电机电枢两端电压为 0。t_2 秒后，驱动信号重新变为高电平，开关管的动作重复前面的过程。对应输入电平的高低，直流电机电枢绕组两端的电压波形如图 4.75（b）所示。电机的电枢绕组两端的电压平均值为：

$$V_o = (t_1 \times V_S + 0)/(t_1 + t_2) = (t_1 \times V_S)/T = DV_S \tag{4.87}$$

式中，D 为占空比，$D = t_1/T$。

占空比 D 表示了在一个周期 T 里开关管导通的时间与周期的比值。D 的变化范围为 $0 \leqslant D \leqslant 1$。由式（4.86）可知：当电源电压 V_S 不变的情况下，电枢两端电压的平均值 V_o 取决于占空比 D 的大小，改变 D 值就可以改变电枢两端电压的平均值，从而达到控制电机转速的目的，即实现 PWM 调速。

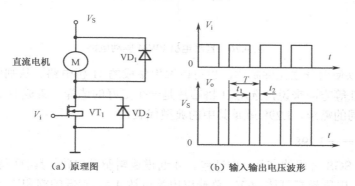

（a）原理图　　　　　（b）输入输出电压波形

图 4.75　PWM 调速控制原理和电压波形图

在 PWM 调速时，占空比 D 是一个重要参数。改变占空比的方法有定宽调频法、调宽调频法和定频调宽法等。在定频调宽法中，同时改变 t_1 和 t_2，但周期 T（或频率）保持不变。

2．直流电机电枢调速电路的设计

直流电机驱动电路主要用来控制直流电机的转动方向和转动速度。改变直流电机两端电压的极性可以控制电机的转动方向。控制直流电机的转速，有不同的方案。竞赛中对玩具电机控制，可以采用由小功率三极管 8050 和 8550 组成的 H 型 PWM 电路。

1）分立元件构成的直流电机 PWM 驱动电路

直流电机 PWM 驱动电路如图 4.76 所示，电路采用功率三极管 8050 和 8550，以满足电动机启动瞬间的大电流要求。

当 A 输入为低电平，B 输入为高电平时，晶体管功率放大器 VT_3、VT_2 导通，VT_1、VT_4 截止。VT_3、VT_2 与直流电机一起形成一个回路，驱动电机正转。当 A 输入为高电平，B 输入为低电平时，晶体管功率放大器 VT_3、VT_2 截止，VT_1、VT_4 导通，VT_1、VT_4 与直流电机形成回路，驱动电机反转。4 个二极管起到保护晶体管的作用。

功率晶体管采用 TP521 光耦器驱动，将控制部分与电机驱动部分隔离。光耦器的电源为

+5 V，H 型驱动电路中晶体管功率放大器 VT_3、VT_1 的发射极所加的电源为 12 V。

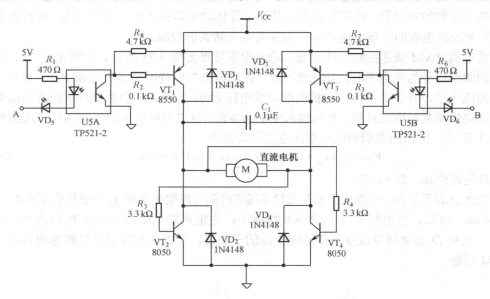

图 4.76　直流电机 PWM 驱动电路

　　H 桥电路可以使用分立元件制作，也可以选用集成的 H 桥电路。从制作简单性、工作可靠性、使用方便性等方面来说，选用 H 桥芯片是一个更好的选择。集成 H 桥芯片有非常多的型号，可满足不同的需求，L298 就是其中的典型代表。

　　2）H 桥芯片——L298

　　L298 是著名 SGS 公司的产品，内部包含 4 通道逻辑驱动电路，具有两套 H 桥电路。该芯片的主要特点是：电压最高可达 46 V；总输出电流可达 4 A；较低的饱和压降；具有过热保护；TTL 输出电平驱动，可直接连接 CPU；具有输出电流反馈，过载保护。

　　L298 具有 Mutiwatt15 和 PowerSO20 两种封装，其引脚图如图 4.77 所示。表 4.4 列出了 L298 的引脚功能。

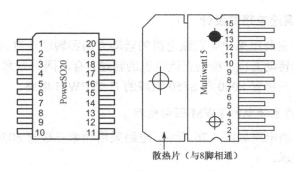

图 4.77　L298 的引脚图

　　图 4.78 所示为 L298 的典型应用电路，L298 需要两个电压，一个为逻辑电路工作所需的 5 V 电压 V_{CC}，另一个为功率电路所需的驱动电压 V_S。为保护电路，需加上续流二极管，二极管的选用要根据 PWM 的频率和电机的电流来决定，二极管要有足够迅速的恢复时间和足够的电流

承受能力。

表 4.4　L298 引脚符号及功能

引　脚		符　号	功　能
PowerSO20	Multiwatt15		
2、19	1、15	SEN1、SEN2	分别为两个 H 桥的电流反馈脚，不用时可直接接地
4、5	2、3	1Y1、1Y2	输出端，与对应输入端（如 1A1 与 1A2）同逻辑
6	4	V_S	驱动电压，最小值需比输入的低电平电压高 2.5 V
7、9	5、7	1A1、1A2	输入端，TTL 电平兼容
8、14	6、11	1EN、2EN	使能端，低电平禁止输出
1、10、11、20	8	GND	地
12	9	V_{CC}	逻辑电源，4.5 V～7 V
13、15	10、12	2A1、2A2	输入端，TTL 电平兼容
16、17	13、14	2Y1、2Y2	输出端
3、18	—	NC	无连接

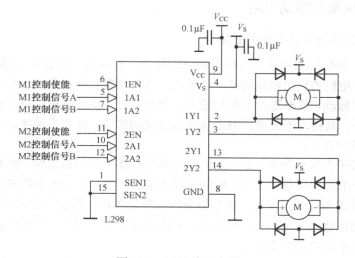

图 4.78　L298 应用电路

驱动电路的输入可直接与单片机或 FPGA 的引脚相连，但为了进一步提高电路的抗干扰能力，也可以使用光耦对控制电路和驱动电路进行电气隔离。在这种情况下，控制电路和驱动电路应使用不同的电源供电，而且这两部分电路不要共地，否则将不能得到良好的隔离效果。根据控制信号的不同输入方式，电路主要有以下几种控制方法：

（1）"单极性" PWM 控制方式：使能端输入使能信号，控制输入端 A 输入 PWM 信号，控制输入端 B 输入方向信号。此时，在一个 PWM 周期内，电机电枢只承受单极性的电压。电机的选择方向由方向信号决定，电机的速度由 PWM 决定，PWM 占空比 0%～100%对应于电机转速 0～+MAX。

（2）"双极性" PWM 控制方式：使能端输入使能信号，控制输入端 A 输入 PWM 信号，控制输入端 B 输入 PWM 的反相信号。此时，在一个 PWM 周期内，电机的电枢承受双向极性的电压。电机的速度和方向均由 PWM 决定。PWM 占空比 50%对应电机转速为 0，占空比 0%～

50%对应电机转速–MAX～0，50%～100%对应电机转速 0～+MAX。相对于单极性控制方式，这种方式一般具有较好的动态性能。

（3）使能端输入 PWM 信号，控制输入端 A、B 输入控制电机状态的信号，此时电机状态如表 4.5 所示。

表 4.5　电机状态与使能端、A 输入、B 输入的关系

使能端	控制 A	控制 B	电机状态
1	1	0	正转
	0	1	反转
	同 "1" 或同 "0"		刹车
0	任意	任意	自然停转

实际上，L298 是一个 4 通道逻辑驱动电路，即将逻辑控制电平进行功率放大，变为可以用于功率驱动的电压。因此除了电机以外，还有很多的用途，如驱动灯泡、电磁铁等。

4.12.2　步进电机及其驱动电路

1．步进电机工作原理及工作方式简介

步进电机是一种将电脉冲信号转换为相应的角位移的电磁机械装置。当给步进电机输入一个电脉冲信号时，电机的输出轴就转动一个角度，这个角度称为步距角。与直流电机不同，要使步进电机连续地转动，需要连续不断地输入电脉冲信号。步进电机具有良好的控制性能，在正确使用的情况下，其转动不受电压波动和负载变化的影响．也不受温度、气压等环境因素的影响，仅与控制脉冲有关。

步进电机的转子为多极分布，定子上嵌有多相星形连接的控制绕组，由专门电源输入电脉冲信号，每输入一个脉冲信号，步进电机的转子就旋转一步。步进电机的种类很多，按结构可分为反应式、永磁式和混合式三种；按相数分则可分为单相、两相和多相三种。

如果给处于错齿状态的相通电，则转子在电磁力的作用下，将向导磁率最大（或磁阻最小）的位置转动，即趋于对齿的状态转动。

下面以三相步进电机为例，对三相步进电机的单、双三拍通电方式和六拍工作方式的原理进行介绍。

1）单三拍工作方式

三相步进电机如果按 A→B→C→A 方式循环通电工作，称为单三拍工作方式。在单三拍方式工作时，各相通电的波形如图 4.79 所示。

2）双三拍工作方式

在双三拍工作方式中，步进电机正转的通电顺序：AB→BC→CA；反转的通电顺序：BA→AC→CB。在双三拍方式时，各相通电的波形如图 4.80 所示。

3）六拍工作方式

六拍工作方式是指单三拍与双三拍交替使用的一种工作方法，也称为单双六拍或 1-2 相励磁法。步进电机的正转通电顺序为：A→AB→B→BC→C→CA；反转通电顺序为：A→AC→C

→CB→B→BA。在用六拍方式工作时，各相通电的波形如图 4.81 所示。

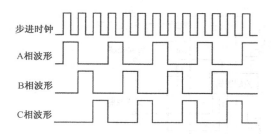

图 4.79 单三拍工作方式时的相电压波形

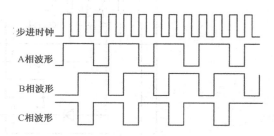

图 4.80 双三拍工作方式时的相电压波形

2. 步进电机驱动电路

步进电机的驱动方式有很多种，主要有单电压驱动、双电压驱动、斩波驱动、细分驱动、集成电路驱动等，要根据实际情况选择使用。

1）单电压驱动

单电压驱动是指电动机绕组在工作时，只采用一个电压源对绕组供电，如图 4.82 所示，其特点是电路简单。电路中的限流电阻 R_1 决定了时间常数，但 R_1 太大会使绕组供电电流减小，使电机的高频性能下降。在 R_1 两端并联一个电容，可以使电流的上升波形变陡，改善高频特性，但又会使低频特性变差。同时 R_1 要耗能，效率较低。

2）集成电路驱动

目前已有多种步进电机驱动集成电路芯片，大多将驱动电路和保护电路集成在一起，下面介绍小功率步进电机的专用驱动芯片 UCN5804B 的功能和应用。

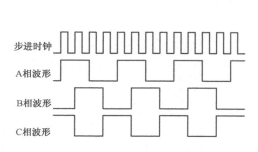

图 4.81 六拍工作方式时的相电压波形

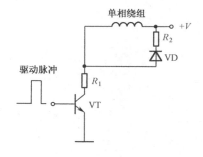

图 4.82 单电压步进电机驱动电路

UCN5804B 集成电路芯片适用于四相步进电机的单极性驱动，输出最大电流为 1.5 A，电压为 35 V，内部集成有驱动电路、脉冲分配器、续流二极管和过热保护电路，可以工作在单四拍、双四拍和八拍方式，上电自行复位，可以控制转向和输出使能。

UCN5804B 的典型应用电路如图 4.83 所示。该芯片的各引脚功能如下：引脚 4、5、12、13 接地；引脚 1、3、6、8 为输出引脚，与电机各相连接；引脚 14 控制电机的转向，其中低电平为正转，高电平为反转；引脚 11 是步进脉冲的输入端；引脚 9、10 决定工作方式，其真值表如表 4.6 所示。

表 4.6 引脚 9、10 真值表

工作方式	真 值	
	引脚 9	引脚 10
双四拍	0	0
八拍	0	1
单四拍	1	0
禁止	1	1

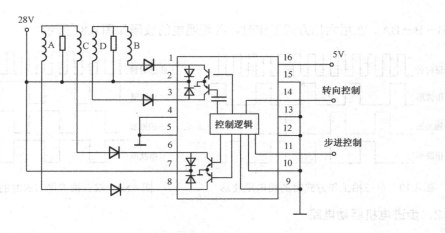

图 4.83　UCN5804B 应用电路

在图 4.83 所示电路中，每两相绕组共用一个限流电阻。由于绕组间存在互感，绕组的感应电动势可能会使芯片的输出电压为负，导致芯片有较大电流输出，发生逻辑错误。因此，需要在输出端串接肖特基二极管。

第 5 章　单片机技术基础及应用

本章以 MCS-51 系列单片机为例，介绍单片机的发展、特点、硬件结构、指令系统、设计与开发、应用与实践，使读者初步具备单片机技术基础和应用开发的能力，并在今后的单片机学习与实践中能够举一反三、触类旁通。

5.1　单片机微处理器概述

5.1.1　单片机的组成

单片微型计算机（Single Chip Microcomputer）简称单片机，它是在一个硅片上集成了中央处理器（CPU）、只读存储器（ROM）、随机存储器（RAM）和各种输入/输出（I/O）接口、定时器/计数器、串行通信口以及中断系统等多种资源，这样的一个集成电路就构成了一个完整的微型计算机。因为它的结构及功能是按照工业过程控制设计的，所以单片机也被称为微控制器（Microcontroler）。

图 5.1 所示为单片机的典型组成框图，它通过内部总线把计算机的各主要部件连接为一体，其内部总线包括地址总线、数据总线和控制总线。其中，地址总线的作用是在进行数据交换时提供地址，CPU 通过它们将地址输出到存储器或 I/O 接口；数据总线的作用是在 CPU 与存储器或 I/O 接口之间或存储器与外设之间交换数据；控制总线包括 CPU 发出的控制信号线和外部送入 CPU 的应答信号线等。

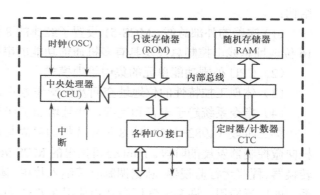

图 5.1　单片机典型组成框图

5.1.2　单片机的特点

单片机这种特殊的结构和它所采取的半导体工艺，使其具有很多显著的特点：

（1）集成度高、体积小。在一块芯片上集成了构成一台微型计算机所需的 CPU、ROM、RAM、I/O 接口以及定时器/计数器等部件，能满足很多应用领域对硬件的功能要求，因此由单片机组成的应用系统结构简单，体积特别小。

（2）可靠性高、抗干扰能力强。单片机把各功能部件集成在一块芯片上，内部采用总线结构，减少了各芯片之间的连线，大大提高了单片机的可靠性与抗干扰能力。另外，由于它体积小，对于强磁场环境易于采取屏蔽措施，适合在恶劣环境下工作。

（3）控制功能强。为了满足工业控制的要求，一般单片机的指令系统中都具有极为丰富的转移指令、I/O 口的逻辑操作以及位处理功能。单片机的逻辑控制功能及运行速度均高于同一档次的微机。

（4）低功耗、低电压，便于生产便携式产品。为满足广泛使用于便携式系统的要求，许多单片机内的工作电压仅为 1.8 V～3.6 V，而工作电流仅为数百微安。

（5）外部总线增加了 I^2C（Inter-Integrated Circuit）及 SPI（Serial Peripheral Interface）等串行总线方式，进一步缩小了体积，简化了结构。

（6）单片机的系统扩展和系统配置比较典型、规范，容易构成各种规模的应用系统。

（7）优异的性能价格比。单片机应用系统的印制电路板小，接插件少，安装调试简单，使得单片机应用系统的性能价格比高于一般的微型计算机系统。由于单片机应用广泛且市场竞争激烈，其价格十分低廉，性能价格比高。

5.1.3　单片机的发展

单片机自 20 世纪 70 年代诞生至今，发展十分迅速，已发展为上百种系列的近千个机种。如果将 8 位单片机的推出作为起点，那么单片机的发展历史大致可分为以下 4 个阶段。

第一阶段（1976—1978）：单片机的探索阶段。以 Intel 公司的 MCS-48 为代表。此系列的单片机内集成有 8 位 CPU、并行 I/O 端口、8 位定时/计数器，寻址范围不大于 4 KB，但是没有串行口。

第二阶段（1978—1982）：单片机的完善阶段。Intel 公司在 MCS-48 基础上推出了完善的、典型的单片机系列 MCS-51。它在以下几个方面奠定了典型的通用总线型单片机体系结构：

（1）完善的外部总线。MCS-51 设置了经典的 8 位单片机的总线结构，包括 8 位数据总线、16 位地址总线、控制总线及具有多机通信功能的串行通信接口。

（2）CPU 外围功能单元的集中管理模式。

（3）体现工控特性的位地址空间及位操作方式。

（4）指令系统趋于丰富和完善，并且增加了许多突出控制功能的指令。

第三阶段（1982—1990）：8 位单片机的巩固与发展及 16 位单片机的推出阶段，也是单片机向微控制器发展的阶段。Intel 公司推出的 MCS-96 系列单片机，将一些用于测控系统的模数转换器、程序运行监视器、脉宽调制器等纳入片中，体现了单片机的微控制器特征。随着 MCS-51 系列的广泛应用，许多电气厂商竞相使用 80C51 为内核，将许多测控系统中使用的电路技术、接口技术、多通道 A/D 转换部件、可靠性技术等应用到单片机中，增强了外围电路功能，强化了智能控制器的特征。

第四阶段（1990 至今）：微控制器的全面发展阶段。随着单片机在各个领域全面、深入的发展和应用，出现了高速、大寻址范围、强运算能力的 8 位/16 位/32 位通用型单片机，以及小型廉价的专用型单片机。

目前，单片机正朝着高性能和多品种方向发展，今后单片机的发展趋势将进一步向着 CMOS 化、低功耗、小体积、大容量、高性能、低价格和外围电路内装化等方面发展。

5.1.4　单片机的应用

1）单片机在智能仪表中的应用

用单片机微处理器改良原有的测量、控制仪表，能使仪表数字化、智能化、多功能化、综合化，可以提高测量的自动化程度和精度，简化仪器仪表的硬件结构，提高其性能价格比。

2）单片机在机电一体化中的应用

机电一体化产品是指集机械技术、微电子技术、计算机技术于一体，具有智能化特征的机电产品，例如，微机控制的车床、钻床等。单片机作为产品中的控制器，能充分发挥它体积小、可靠性高、功能强等优点，可大大提高机器的自动化、智能化程度。

3）单片机在实时控制中的应用

单片机广泛地用于各种实时控制系统中。例如，在工业测控、航空航天、尖端武器、机器人等各种实时控制系统中，都可以用单片机作为控制器。单片机的实时数据处理能力和控制功能，可使系统保持在最佳工作状态，提高系统的工作效率和产品质量。

4）单片机在分布式多机系统中的应用

在比较复杂的系统中，常采用分布式多机系统。多机系统一般由若干台功能各异的单片机组成，各自完成特定的任务，它们通过串行通信相互联系、协调工作。单片机在这种系统中往往作为一个终端机，安装在系统的某些节点上，对现场信息进行实时的测量和控制。单片机的高可靠性和强抗干扰能力，使它可以置于恶劣环境的前端工作。

5）单片机在人类生活中的应用

自从单片机诞生以后，它就步入了人类生活，如洗衣机、电冰箱、电子玩具、收录机等家用电器配上单片机后，提高了智能化程度，增加了功能，倍受人们喜爱。单片机将使人类生活更加方便、舒适、丰富多彩。

综上所述，单片机已从根本上改变了传统的控制系统设计思想和设计方法。从前必须由模拟电路或数字电路实现的大部分功能，现在已能用单片机通过软件方法来实现了。这种用软件代替硬件的控制技术也称为微控制技术，是对传统控制技术的一次革命。

5.1.5 常用单片机的类型

国际市场上有众多类型的单片机，主要供应商有美国的 Intel、Motorla（Freescale）、Zilog、NS、Microchip、Atmel 和 TI，荷兰的 Philip，德国的 Siemens，日本的 NEC、Hitachi、Toshiba 和 Fujitsu，韩国的 LG 以及中国台湾地区的凌阳等公司。对于 8 位、16 位、32 位单片机，各大公司有很多不同的系列，每个系列又有繁多的品种。随着技术的发展，单片机可实现的功能会越来越多，也会不断地有新的单片机产品问世。目前在国内广泛使用的单片机主要是 Intel 公司生产的 MCS-48、MCS-51 和 MCS-96 系列。MCS-51 系列单片机性能见表 5.1。

表 5.1　MCS-51 系列单片机性能表

型　号	芯片内存储器寻址范围		芯片外存储器寻址范围		I/O 口		中断源	计数器（个×位）	石英振荡器/MHz	典型指令周期/μs	封装
	ROM/EPROM	RAM	ROM/EPROM	RAM	并行	串行					
8051	4KB	128B	64KB	64KB	32	UART	5	2×16	2～12	1	40
8751	4KB	128B	64KB	64KB	32	UART	5	2×16	2～12	1	40
8031	—	128B	64KB	64KB	32	UART	5	2×16	2～12	1	40

型　号	芯片内存储器寻址范围		芯片外存储器寻址范围		I/O 口		中断源	计数器（个×位）	石英振荡器/MHz	典型指令周期/μs	封装
	ROM/EPROM	RAM	ROM/EPROM	RAM	并行	串行					
8052AH	8KB	256B	64KB	64KB	32	UART	6	3×16	2～12	1	40
8752AH	8KB	256B	64KB	64KB	32	UART	6	3×16	2～12	1	40
8032AH	—	256B	64KB	64KB	32	UART	6	3×16	2～12	1	40
80C51	4KB	128B	64KB	64KB	32	UART	5	2×16	2～12	1	40
87C51	4KB	128B	64KB	64KB	32	UART	5	2×16	2～12	1	40
80C31	—	128B	64KB	64KB	32	UART	5	2×16	2～12	1	40
80C252	8KB	256B	64KB	64KB	32	UART	7	3×16	2～12	1	40
87C252	8KB	256B	64KB	64KB	32	UART	7	3×16	2～12	1	40
83C252	—	256B	64KB	64KB	32	UART	7	3×16	2～12	1	40

5.2　MCS-51 单片机的硬件结构

表 5.1 列出了 MCS-51 系列单片机的类型，常用的有 8051 子系列、8052 子系列（均为 HMOS 型芯片）和 80C51 系列（CHMOS 型芯片）等，它们的内部结构基本相同。本节主要以 8051 为例，介绍 MCS-51 系列单片机的硬件结构和功能。

5.2.1　MCS–51 单片机的硬件组成

1．MCS-51 单片机硬件结构图

单片机在一块芯片上集成了 CPU、RAM、ROM、定时器/计数器和 I/O 口线等一台计算机所需要的基本功能部件。MCS-51 单片机 8051 型芯片的内部结构如图 5.2 所示，各功能部件由内部总线连接在一起。该芯片主要包括以下部件：

- 1 个 8 位 CPU；
- 1 个片内振荡器及时钟电路；
- ROM 程序存储器；
- RAM 数据存储器；
- 2 个 16 位定时器/计数器；
- 可寻址 64KB 外部数据存储器和 64KB 外部程序存储器空间的控制电路；
- 32 条可编程的 I/O 口线（4 个 8 位并行 I/O 端口）；
- 1 个可编程全双工串行口；
- 具有 5 个中断源、2 个优先级的中断结构。

2．MCS-51 系列单片机的特点

- 专为控制应用所设计的 8 位 CPU；
- 具有布尔代数的运算能力；
- 32 条双向且可被独立寻址的 I/O 口；

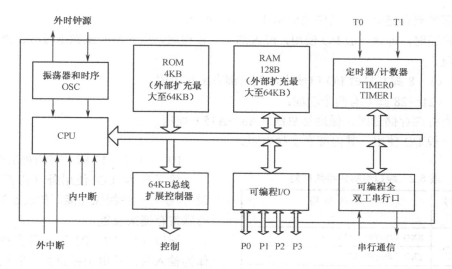

图 5.2　8051 型芯片内部结构框图

- 芯片内有 128 字节可供存储数据的 RAM（8052：256B）；
- 内部有两组 16 位定时器（8052 有 3 个）；
- 具有全多工传输信号 UART；
- 5 个中断源，且具有两级（高/低）优先权顺序的中断结构；
- 芯片内有 4 KB（8 KB/8052）的程序存储器（ROM）；
- 芯片内有时钟（CLOCK）振荡器电路；
- 程序存储器司扩展至 64 KB（ROM）；
- 数据存储器可扩展至 64 KB（RAM）；
- 8051/52：工厂烧写型，内含 ROM；
- P8751：一次烧写型，内含 PROM；
- 8751/8752：可重复烧写型，内含 EPROM；
- 87C51/87C52：省电型（低消耗功率）。

3．MCS-51 单片机的引脚及功能说明

1）引脚图

8051 型单片机为 40 个引脚双列直插式封装（DIP）方式，其引脚如图 5.3 所示。

2）引脚说明

（1）I/O 端口：P0.0～P0.7，P1.0～Pl.7，P2.0～P2.7，P3.0～P3.7。

8051 型单片机共有 4 个 I/O 端口，为 P0、P1、P2、P3，4 个 I/O 端口都是双向的，且每个口都具有锁存器。每个口有 8 条线，共计 32 条 I/O 线。各端口的功能说明如下。

P0 口（32～39 脚）有三个功能：

- 外部扩充存储器时，当作数据总线（D0～D7）；

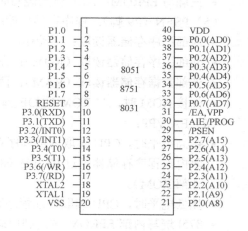

图 5.3　8051 型单片机芯片引脚图

- 外部扩充存储器时，当作地址总线（A0～A7）；
- 不扩充时，可做一般 I/O 使用，但内部无上拉电阻，作为输入或输出时应在外部接上拉电阻。

P1 口（1～8 脚）只做 I/O 口使用，其内部有上拉电阻。

P2 口（21～28 脚）有两个功能：

- 扩充外部存储器时，做地址总线（A8～A15）使用。
- 做一般 I/O 使用，其内部有上拉电阻。

P3 口（10～17 脚）有两种功能。

除了作为 I/O 使用外（内部有上拉电阻），还有一些特殊功能，如表 5.2 所示，由特殊寄存器来设置。

端口 P1、P2、P3 有内部上拉电路，当作为输入时，其电位被拉高，若输入为低电平可提供电流源；其作为输出时可驱动 4 个 LS TTL。而端口 P0 当作输入时，处在高阻抗的状态，其输出缓冲器可驱动 8 个 LS TTL（需要外部的上拉电路）。

表 5.2 端口引脚的特殊功能

端口的引脚	特 殊 功 能
P30	RXD（串行输入口）
P31	TXD（串行输出口）
P32	/INT0（外部中断）
P33	/INT1（外部中断）
P34	T0（TIMER0 的外部输入脚）
P35	T1（TIMER1 的外部输入脚）
P36	/WR（外部数据存储器的写入控制信号）
P37	/RD（外部数据存储器的读取控制信号）

（2）VDD（40 脚）：电源+5V。VSS（20 脚）：GND 接地。

（3）RESET（9 脚）为高电平时（约 2 个机器周期），可将 CPU 复位。

（4）ALE/PROG（30 脚）为地址锁存使能信号端，有三种功能：

- 8051 外接 RAM/ROM：ALE 接地址锁存器 8282（8212）的 STB 脚，74373 的 EN 脚，当 CPU 对外部存储器进行存取时，用以锁住地址的低位地址；
- 8051 未外接 RAM/ROM：在系统中未使用外部存储器时，ALE 脚也会有 1/6 石英晶体的振荡频率，可作为外部时钟；
- 在烧写 EPROM：ALE 作为烧写时钟的输入端。

（5）PSEN（29 脚）：程序存储使能端。

- 内部程序存储器读取：不动作；
- 外部程序存储器读取（ROM）：在每个机器周期会动作两次；
- 外部数据存储器读取（RAM）：两个/PSEN 脉冲被跳过，不会输出；
- 外接 ROM 时，与 ROM 的/OE 脚连接。

（6）EA/VPP：

- 接高电平时，CPU 读取内部程序存储器（ROM），如 8051/8052；扩充外部 ROM，当读取内部程序存储器超过 0FFFH（8051）、1FFFH（8052）时，自动读取外部 ROM（扩充外部 ROM）。
- 接低电平时，CPU 读取外部程序存储器（ROM），如 8031/8032。
- 8751 烧写内部 EPROM 时，利用此脚输入 21 V 的烧写电压。

（7）XTAL1、XTAL2：接石英晶体振荡器。机器周期（μs）= 石英晶体频率（MHz）/12，如：对于 12 MHz 石英晶体，机器周期为 1 μs。

5.2.2 存储器配置

MCS-51 系列单片机的存储器配置方式与其他常用的微型计算机不同。它把程序存储器和数据存储器分开，各有自己的寻址系统、控制信号和功能。程序存储器用来存放程序和表格常数；数据存储器通常用来存放程序运行所需要给定的参数和运行结果。

MCS-51 系列单片机有 4 种存储空间：

- 内部数据存储器（RAM）：8051/31 为 128 B；
- 内部程序存储器（ROM）：8051 为 4 KB；
- 外部扩充程序存储器（ROM）：最大可扩充至 64 KB（含内部 ROM）；
- 外部扩充数据存储器（RAM）：最大可扩充至 64 KB（不含内部 RAM）。

1. 程序存储器 ROM/EPROM

程序存储器用于存放编好的程序和表格常数。程序存储器以程序计数器 PC 做地址指针，通过 16 位地址总线，可寻址的地址空间为 64 KB。

（1）MCS-51 程序存储器配置图如图 5.4 所示。

（2）程序存储器的 4 KB（8051），可以是芯片内部的 ROM 或外部的 ROM（EPROM），其选择方式是由 MCS-51 的 EA 引脚电压来决定的。EA=VCC 时是读取内部 ROM 的地址范围 0000H～0FFFH 为 4 KB，若超过 4 KB 时，CPU 将自动到外部读取，所以 8051 扩充 ROM 至 64 KB。

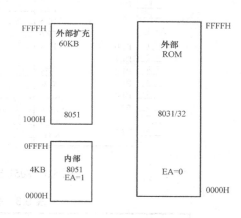

图 5.4 程序存储器配置图

（3）EA=0 时，完全读取外部 ROM，可扩充至 64 KB（如 8031、8032），另外当读取外部程序存储器时，会使/PSEN 变为低电平，以使外部程序存储器使能；而读取内部程序时，/PSEN 将保持高电平。通常/PSEN 与外部 ROM 的/OE 相连接。

（4）读取外部程序存储器时，口 P0 及口 P2 的 16 条 I/O 线作为地址总线，其中 P0 是多工的，它送出低 8 位的地址码，也读取指令代码。工作时 P0 首先送出低 8 位地址码，然后变成浮接（高阻抗），等待读取外部程序存储器送出的指令码，所以当 P0 送出低 8 位地址码时，CPU 的地址锁存使能 "ALE" 也送出使能信号，使地址锁存器（8282/8212/74373）使能，而将低 8 位地址码锁住。当然在 P0 送出低 8 位地址码时，P2 同时也送出高 8 位地址码。由于 P2 并非多工，所以 P2 不需要加地址锁存器。当 16 位地址寻址后，/PSEN 送出一个 LO 信号使外部 ROM 使能，外部 ROM 会将指令码送入 CPU 的指令译码器，译码并执行该指令。

8051 扩展 4 KB 外部 ROM 电路如图 5.5 所示。

（5）当 MCS-51 的 CPU 被复位后，会从 0000H 处开始执行程序。每个中断程序存储器中都有一个对应指定的地址，当中断产生且被接收时，会使 CPU 跳至该地址开始执行中断子程序，具体中断对应地址如表 5.3 所示。

2. 数据存储器 RAM

MCS-51 系列单片机中 8031/51 内部数据存储器有 128 B，8032/52 内部数据存储器有 256 B，外部扩充 RAM 最大可至 64 KB。

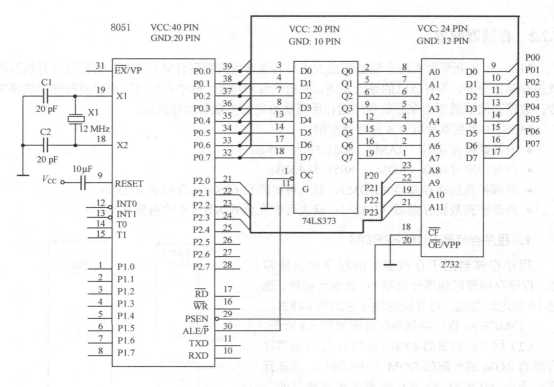

图 5.5　8051 扩展 4 KB 外部 ROM 电路

表 5.3　各个中断对应的地址

中 断 源	起 始 地 址	说 明
	0000H	系统复位起始地址
INT0	0003H	外部中断 INT0 矢量地址
TIMER0	000BH	定时/计数 TIMER0 中断矢量地址
INT1	0013H	外部中断 INT1 矢量地址
TIMER1	001BH	定时/计数 TIMER1 中断矢量地址
UART	0023H	串行口中断矢量地址
TIMER2（8052）	0002H	定时/计数 TIMER2 中断矢量地址

1）内部数据存储器

内部数据存储器分成三部分（如图 5.6 所示）：

- 较低地址 128 B（00H～7FH）的数据存储器；
- 较高 128 B（80H～FFH）的数据存储器；
- 特殊功能寄存器（Special Function Register，SFR）。

（1）MCS-51 较低的 128 B：如图 5.7 所示，其中最低的 32 B（00H～1FH），被分成 4 个寄存器组（Register Bank），分别为 RB0、RB1、RB2、RB3，由程序状态字寄存器 PSW 中的 RS1、RS0 来选择 CPU 当前对哪一个寄存器组进行操作。这 128B 的 RAM，其存取可用直接寻址方式和间接寻址方式。而 RAM 中后 20H～2FH 可直接用位寻址方式访问其各个位。

图 5.6　内部数据存储器分布空间　　　　图 5.7　4 个寄存器组的地址范围

（2）MCS-51 的高 128 B：在 8031/51 中不存在，8032/52 在存取时只能用间接寻址的方式存取数据，而无法以直接寻址方式存取。其所在地址 80H～FFH 与特殊寄存器似乎相同，但实际上是两个不同的存储空间，间接寻址存取 RAM，而直接寻址是特殊寄存器。

（3）特殊功能寄存器 SFR：MCS-51 系列单片机内的锁存器、定时器、串行口、数据缓冲器以及各种控制寄存器和状态寄存器都是以特殊功能寄存器的形式出现的。它们分散地分布在内部 RAM 地址空间（80H～0FFH）内。这些寄存器的地址只能以直接寻址的方式进行存取。表 5.4 列出了 8051 特殊功能寄存器的名称、映像地址、位地址及功能标记。

表 5.4　主要特殊功能寄存器

名　称	标记	地址	位功能标记								附注
			D7	D6	D5	D4	D3	D2	D1	D0	
P0 口锁存器	P0	80H	P0.7	P0.6	P0.5	P0.4	P0.3	P0.2	P0.1	P0.0	可位寻址
定时器/计数器控制寄存器	TCON	88H	TF1	TR1	TF0	TR0	IE1	IT1	IE0	IT0	
P1 口锁存器	P1	90H	P1.7	P1.6	P1.5	P1.4	P1.3	P1.2	P1.1	P1.0	
串行口控制寄存器	SCON	98H	SM0	SM1	SM2	REN	TB8	RB8	TI	RI	
P2 口锁存器	P2	A0H	P2.7	P2.6	P2.5	P2.4	P2.3	P2.2	P2.1	P2.0	
中断允许寄存器	IE	A8H	EA			ES	ET1	EX1	ET0	EX0	
P3 口锁存器	P3	B0H	P3.7	P3.6	P3.5	P3.4	P3.3	P3.2	P3.1	P3.0	
中断优先级寄存器	IPC	B8H				PS	PT1	PX1	PT0	PX0	
程序状态寄存器	PSW	D0H	CY	AC	P0	RS1	RS0	OV		P	
累加器	ACC	E0H									
B 寄存器	B	F0H									
电源控制寄存器	PCON	87H	SMOD				GF1	GF0	PD	IDL	不可位寻址
定时器/计数器方式寄存器	TMOD	89H	GATE	C/$\overline{\text{T}}$	M1	M0	GATE	C/$\overline{\text{T}}$	M1	M0	
	SP	81H									
	DPL	82H									
	DPH	83H									
	TL0	8AH									
	TL1	8BH									
	TH0	8CH									
	TH1	8DH									
	SBUF	99H									

2）外部数据存储器

MCS-51 系列单片机具有扩展 64 KB 外部数据存储器和 I/O 口的能力。外部数据存储器的结构和操作极为简单，其最低位的 128 个地址单元与片内数据存储器地址重叠，并且与 I/O 口统一编址。

片外数据存储器只有间接传送指令 MOVX 一种操作方式。其地址指针可用 DPTR 或 Ri，执行外部数据存储器时，P0 作为寻址外部数据存储器时的低 8 位地址/数据总线，而 P2 作为 RAM 的高 8 位地址总线。在存取 RAM 的数据时，CPU 会按需要产生 RD 和 WR 信号。

8051 扩展 8 KB 外部 RAM 电路如图 5.8 所示。

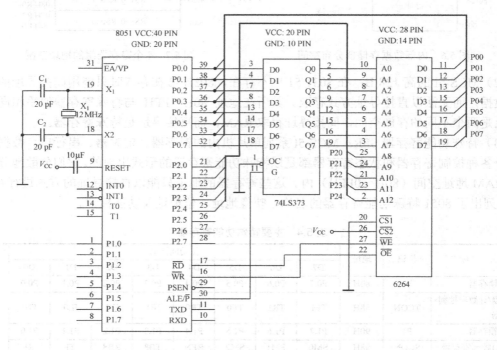

图 5.8　8051 扩展 8 KB 外部 RAM 电路

5.2.3　CPU 时序及时钟电路

1.　时钟电路

MCS-51 系列单片机内有一个用于构成振荡器的高增益反相放大器，其频率范围为 1.2 MHz～12 MHz，引脚 XTAL1（19 脚）和 XTAL2（18 脚）分别为放大器的输入端和输出端。时钟可以由内部方式或外部方式产生。

MCS-51 系列单片机的内部方式时钟电路如图 5.9 所示，只要在 XTAL1 和 XTAL2 引脚上接石英晶体和陶瓷电容，就可与 CPU 内部组成完整的振荡电路。

2.　时序

MCS-51 系列单片机的一个机器周期含有 6 个状态周期，而每个状态周期为 2 个振荡器周期，因此一个

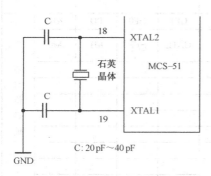

图 5.9　石英晶体振荡电路的连接

机器周期共有 12 个振荡器周期，如果振荡器的频率为 12 MHz，一个振荡器周期为（1/12）µs，而一个机器周期为 1 µs。

5.2.4 复位电路

单片机的复位都是靠外部电路来实现的，在时钟电路工作后，只要在 RESET 引脚上出现 10 ms 以上的高电平时，单片机便实现状态复位。

1. 寄存器的复位状态

单片机在 RESET 为高电平控制下，程序计数器（PC）和特殊功能寄存器的复位状态如表 5.5 所示，单片机的复位状态不影响芯片内部 RAM 状态，只要 RESET 引脚端保持高电平，单片机将循环复位。在复位有效期间内，ALE、$\overline{\text{PSEN}}$ 将输出高电平。

表 5.5　寄存器复位后的状态

寄存器	复位状态	寄存器	复位状态
PC	0000H	TMOD	00H
ACC	00H	TCON	00H
B	00H	TH0	00H
PSW	00H	TL0	00H
SP	07H	TH1	00H
DPTR	0000H	TL1	00H
P0-P3	FFH	SCON	00H
IP	（XXX00000）	SBUF	（XXXXXXXX）
IE	（0XX00000）	PCON	（0XXX0000）

2. 单片机的复位工作状态

单片机内部的各个功能部件均受特殊功能寄存器控制，程序运行直接受程序计数器（PC）指挥。寄存器复位状态决定了单片机内有关功能部件的初始状态：

- 复位后 PC=0000H，所以复位后的程序入口地址为 0000H；
- 复位后 PSW=00H，使 CPU 选择工作寄存器组 0；
- 复位后 SP=07H，即设定堆栈栈底在 07H 地址；
- 复位后 TH0、TL0、THI、TLI 皆为 00H，表示 TIMER 复位后都清除为 00H；
- 复位后 TMOD=00H，表示 TIMER 工作在 MODE0；
- 复位后 TCON=00H，禁止 TIMER 计数，中断屏蔽；
- 复位后 SCON=00H，使串行口工作 MODE0；
- 复位后 IE=00H，使 CPU 屏蔽中断；
- 复位 IP 的有效位皆为 0，使 5 个中断源都设置为低优先级；
- 复位后 PI、P2、P3=FFH，使这些口均处于输入状态。

3. 复位电路

MCS-51 系列单片机通常采用上电复位和按钮复位两种方式。最简单的复位电路如图 5.10 所示。在简单复位电路中，干扰易串入复位端，在大多数情况下不会造成单片机的错误复位，但会引起内部某些寄存器的错误复位，这时，可以在 RESET 引脚上接上一去耦电容。

上电瞬间，RC 电路充电，RESET 引脚端出现正脉冲，只要 RESET 端保持 10 ms 以上的高电平，就能使单片机有效地复位。

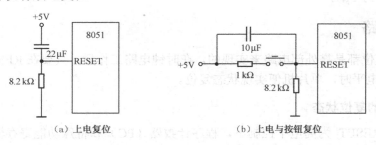

（a）上电复位　　　　　　　　　　　（b）上电与按钮复位

图 5.10　最简单的复位电路

在应用系统中，为了保证复位电路可靠地工作，常将 RC 电路在接斯密特电路后再接入单片机复位端和外围电路复位端。这样，系统有多个复位端时，能保证可靠地同步复位。

图 5.11 所示为两种实用的上电复位电路，图 5.12 所示为两种上电复位与按钮复位实用组合电路。

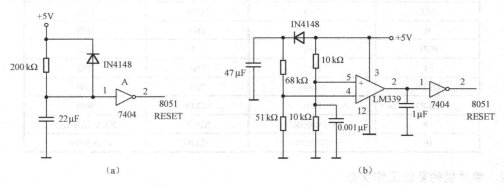

（a）　　　　　　　　　　　　　　　（b）

图 5.11　实用的上电复位电路

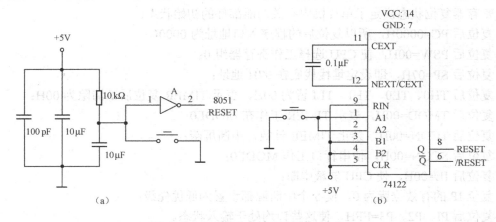

（a）　　　　　　　　　　　　　　　（b）

图 5.12　上电复位和按钮复位组合电路

5.2.5　地址译码

在单片机应用系统中，所有外围芯片都通过总线与单片机相连。单片机数据总线分时地与外围芯片进行数据传送，故要进行片选控制。片内有多个字节单元时，还要进行片内地址选择。

由于外围芯片与数据存储器统一编址，因此，单片机的硬件设计中，数据存储器与外围芯片的地址译码较为复杂。可采用线选法和全地址译码方法。

1．线选法

线选法是把单片机的地址线接到外部芯片的芯片选择引脚或使能引脚上（/CS，/CE），只要该地址线为低电平，就可选中该芯片，如图 5.13 所示即为线选法的实例。线选法的优点是硬件电路结构简单；缺点是地址空间没有充分利用，芯片之间的地址不连续。如图 5.14 所示的 6116、8255、8155，其全部地址译码如表 5.6 所示。

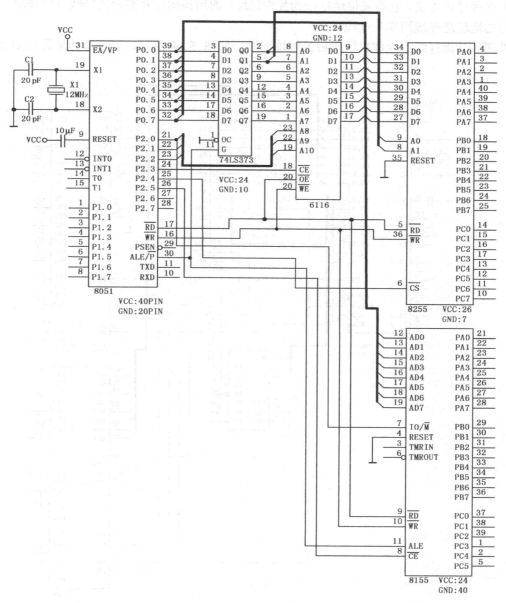

图 5.13　线选法地址译码

表 5.6　图 5.13 的线选法地址译码

外围器件		地址选择线（X/0）	片内地址单元数	地址编码
6116		1111 0××× ×××× ××××	2 KB	F000H～F7FFH
8255		1110 1111 1111 11××	4 B	EFFCH～EFFFH
8155	RAM	1101 1110 ×××× ××××	256 B	DE00H～DEFFH
	I/O	1101 1111 1111 1×××	6 B	DFF8H～DFFDH

2. 全地址译码

对于 RAM 和 I/O 容量较大的应用系统，当芯片所需的片选信号多于可利用的地址线时，常采用这种译码方法，它将低位地址作为片内地址，而用译码器对高位地址线进行译码，译码器输出的地址选择线用作片选线。

外部芯片选择线完全取自译码后的地址选线，如图 5.14 所示，其全部地址译码如表 5.7 所示。

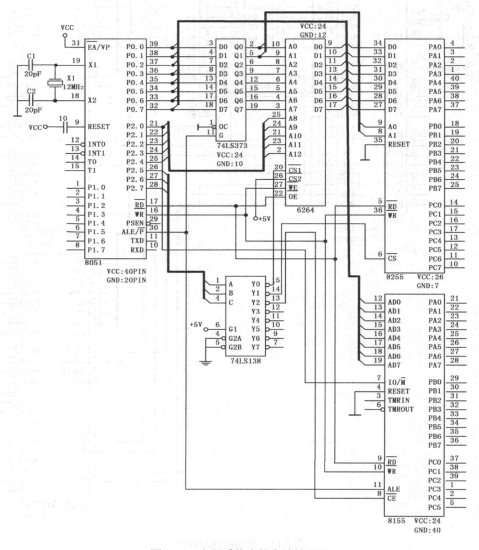

图 5.14　应用系统中的全地址译码

表 5.7　图 5.14 的全地址译码

外围器件		地址选择线（X/0）				片内地址单元数	地址编码
6264		0 0 0 ×	× × × ×	× × × ×	× × × ×	8 KB	0000H～1FFFH
8255		0 0 1 1	1 1 1 1	1 1 1 1	1 1 × ×	4 B	3FFCH～3FFFH
8155	RAM	0 1 0 1	1 1 1 0	× × × ×	× × × ×	256 B	5E00H～5EFFH
	I/O	0 1 0 1	1 1 1 1	1 1 1 1	1 × × ×	6 B	5FF8H～5FFDH

5.3　MCS-51 单片机指令集

符号定义如表 5.8 所示。

表 5.8　符号定义表

符　号	含　义
Rn	R0～R7 寄存器 n=0～7
Direct	直接地址，内部数据区的地址 RAM（00H～7FH） SFR（80H～FFH）B, ACC, PSW, IP, P3, IE, P2, SCON, P1, TCON, P0
@Ri	间接地址，Ri=R0 或 R1　8051/31 RAM 地址（00H～7FH） 8052/32 RAM 地址（00H～FFH）
#data	8 位常数
#data 16	16 位常数
addr 16	16 位的目标地址
addr 11	11 位的目标地址
Rel	相关地址
bit	内部数据 RAM（20H～2FH），特殊功能寄存器的直接地址 B, ACC, PSW, IP, P3, IE, P2, SCON, P1, TCON, P0 的位

指令集如表 5.9 所示。

表 5.9　指令介绍

指　令		字节	周期	动 作 说 明
算术运算指令	1. ADD A, Rn	1	1	将累加器与寄存器的内容相加，结果存回累加器
	2. ADD A, direct	2	1	将累加器与直接地址的内容相加，结果存回累加器
	3. ADD A, @Ri	1	1	将累加器与间接地址的内容相加，结果存回累加器
	4. ADD A, #data	2	1	将累加器与常数相加，结果存回累加器
	5. ADDC A, Rn	1	1	将累加器与寄存器的内容及进位 C 相加，结果存回累加器
	6. ADDC A, direct	2	1	将累加器与直接地址的内容及进位 C 相加，结果存回累加器
	7. ADDC A, @Ri	1	1	将累加器与间接地址的内容及进位 C 相加，结果存回累加器
	8. ADDC A, #data	2	1	将累加器与常数及进位 C 相加，结果存回累加器
	9. SUBB A, Rn	1	1	将累加器的值减去寄存器的值减借位 C，结果存回累加器
	10. SUBB A, direct	2	1	将累加器的值减直接地址的值减借位 C，结果存回累加器
	11. SUBB A, @Ri	1	1	将累加器的值减间接地址的值减借位 C，结果存回累加器
	12. SUBB A, #data	2	1	将累加器的值减常数值减借位 C，结果存回累加器
	13. INC A	1	1	将累加器的值加 1

	指　令	字节	周期	动　作　说　明
算术运算指令	14. INC Rn	1	1	将寄存器的值加 1
	15. INC direct	2	1	将直接地址的内容加 1
	16. INC @Ri	1	1	将间接地址的内容加 1
	17. INC DPTR	1	1	数据指针寄存器值加 1（说明：将 16 位的数据指针加 1，当数据指针的低位字节（DPL）从 FFH 溢出至 00H 时，会使高位字节（DPH）加 1，不会影响任何标志位。）
	18. DEC A	1	1	将累加器的值减 1
	19. DEC Rn	1	1	将寄存器的值减 1
	20. DEC direct	2	1	将直接地址的内容减 1
	21. DEC @Ri	1	1	将间接地址的内容减 1
	22. MUL AB	1	4	将累加器的值与 B 寄存器的值相乘，乘积的低位字节存回累加器，高位字节存回 B 寄存器（说明：将累加器 A 和寄存器 B 内的无符号整数相乘，产生 16 位的积，低位字节存入 A，高位字节存入 B。如果积大于 FFH，则溢出标志位（OV）被设定为 1，而进位标志位为 0。）
	23. DIV.AB	1	4	将累加器的值除以 B 寄存器的值，结果的商存回累加器，余数存回 B 寄存器（说明：无符号的除法运算，将累加器 A 除以 B 寄存器的值，商存入 A，余数存 B。执行本指令后，进位位（C）及溢出位（OV）被清除为 0。）
	24. DA A	1	1	将累加器 A 做十进制调整
逻辑运算指令	25. ANL A, Rn	1	1	将累加器的值与寄存器的值做 AND 的逻辑判断，结果存回累加器
	26. ANL A, direct	2	1	将累加器的值与直接地址的内容做 AND 的逻辑判断，结果存回累加器
	27. ANL A, @Ri	1	1	将累加器的值与间接地址的内容做 AND 的逻辑判断，结果存回累加器
	28. ANL A, #data	2	1	将累加器的值与常数做 AND 的逻辑判断，结果存回累加器
	29. ANL direct, A	2	1	将直接地址的内容与累加器的值做 AND 的逻辑判断，结果存回该直接地址
	30. ANL direct, #data	3	2	将直接地址的内容与常数值做 AND 的逻辑判断,结果存回该直接地址
	31. ORL A, Rn	1	1	将累加器的值与寄存器的值做 OR 的逻辑判断，结果存回累加器
	32. ORL A, direct	2	1	将累加器的值与直接地址的内容做 OR 的逻辑判断，结果存回累加器
	33. ORL A, @Ri	1	1	将累加器的值与间接地址的内容做 OR 的逻辑判断，结果存回累加器
	34. ORL A, #data	2	1	将累加器的值与常数做 OR 的逻辑判断，结果存回累加器
	35. ORL direct, A	2	1	将直接地址的内容与累加器的值做 OR 的逻辑判断，结果存回该直接地址
	36. ORL direct, #data	3	2	将直接地址的内容与常数值做 OR 的逻辑判断，结果存回该直接地址
	37. XRL A, Rn	1	1	将累加器的值与寄存器的值做 XOR 的逻辑判断，结果存回累加器
	38. XRL A, direct	2	1	将累加器的值与直接地址的内容做 XOR 的逻辑判断，结果存回累加器
	39. XRL A, @Ri	1	1	将累加器的值与间接地址的内容做 XOR 的逻辑判断，结果存回累加器
	40. XRL A, #data	2	1	将累加器的值与常数做 XOR 的逻辑判断，结果存回累加器
	41. XRL direct, A	2	1	将直接地址的内容与累加器的值做 XOR 的逻辑判断,结果存回该直接地址
	42. XRL direct, #data	3	2	将直接地址的内容与常数值做 XOR 的逻辑判断，结果存回该直接地址
	43. CLR A	1	1	清除累加器的值为 0

指 令		字节	周期	动 作 说 明
逻辑运算指令	44. CPL A	1	1	将累加器的值反相
	45. RL A	1	1	将累加器的值左移一位
	46. RLC A	1	1	将累加器含进位 C 左移一位
	47. RR A	1	1	将累加器的值右移一位
	48. RRC A	1	1	将累加器含进位 C 右移一位
	49. SWAP A	1	1	将累加器的高 4 位与低 4 位的内容交换
数据转移指令	50. MOV A, Rn	1	1	将寄存器的内容载入累加器
	51. MOV A, direct	2	1	将直接地址的内容载入累加器
	52. MOV A, @Ri	1	1	将间接地址的内容载入累加器
	53. MOV A, #data	2	1	将常数载入累加器
	54. MOV Rn, A	1	1	将累加器的内容载入寄存器
	55. MOV Rn, direct	2	2	将直接地址的内容载入寄存器
	56. MOV Rn, #data	2	1	将常数载入寄存器
	57. MOV direct, A	2	1	将累加器的内容存入直接地址
	58. MOV direct, Rn	2	2	将寄存器的内容存入直接地址
	59. MOV direct1, direct2	3	2	将直接地址 2 的内容存入直接地址 1
	60. MOV direct, @Ri	2	2	将间接地址的内容存入直接地址
	61. MOV direct, #data	3	2	将常数存入直接地址
	62. MOV @Ri, A	1	1	将累加器的内容存入某间接地址
	63. MOV @Ri, direct	2	2	将直接地址的内容存入某间接地址
	64. MOV @Ri, #data	2	1	将常数存入某间接地址
	65. MOV DPTR, #data16	3	2	将 16 位的常数存入数据指针寄存器
	66. MOVC A, @A+DPTR	1	2	累加器的值再加数据指针寄存器的值作为其所指定地址，将该地址的内容读入累加器
	67. MOVC A, @A+PC	1	2	累加器的值再加程序计数器的值作为其所指定地址，将该地址的内容读入累加器
	68. MOVX A, @Ri	1	2	将间接地址所指定外部存储器的内容读入累加器（8 位地址）
	69. MOVX A, @DPTR	1	2	将数据指针所指定外部存储器的内容读入累加器（16 位地址）
	70. MOVX @Ri, A	1	2	将累加器的内容写入间接地址所指定的外部存储器（8 位地址）
	71. MOVX @DPTR, A	1	2	将累加器的内容写入数据指针所指定的外部存储器（16 位地址）
	72. PUSH direct	2	2	将直接地址的内容压入堆栈区
	73. POP direct	2	2	从堆栈弹出该直接地址的内容
	74. XCH A, Rn	1	1	将累加器的内容与寄存器的内容互换
	75. XCH A, direct	2	1	将累加器的值与直接地址的内容互换
	76. XCH A, @Ri	1	1	将累加器的值与间接地址的内容互换
	77. XCHD A, @Ri	1	1	将累加器的低 4 位与间接地址的低 4 位互换
布尔代数运算	78. CLR C	1	1	清除进位 C 为 0
	79. CLR bit	2	1	清除直接地址的某位为 0
	80. SETB C	1	1	设定进位 C 为 1
	81. SETB bit	2	1	设定直接地址的某位为 1
	82. CPL C	1	1	将进位 C 的值反相

指　　令	字节	周期	动　作　说　明
83. CPL bit	2	1	将直接地址的某位值反相
84. ANL C, bit	2	2	将进位 C 与直接地址的某位做 AND 的逻辑判断，结果存回进位 C
85. ANL C, /bit	2	2	将进位 C 与直接地址的某位的反相值做 AND 的逻辑判断，结果存回进位 C
86. ORL C, bit	2	2	将进位 C 与直接地址的某位做 OR 的逻辑判断，结果存回进位 C
87. ORL C, /bit	2	2	将进位 C 与直接地址的某位的反相值做 OR 的逻辑判断，结果存回进位 C
88. MOV C, bit	2	1	将直接地址的某位值存入进位 C
89. MOV bit, C	2	2	将进位 C 的值存入直接地址的某位
90. JC rel	2	2	若进位 C=1 则跳至 rel 的相关地址
91. JNC rel	2	2	若进位 C=0 则跳至 rel 的相关地址
92. JB bit, rel	3	2	若直接地址的某位为 1，则跳至 rel 的相关地址
93. JNB bit, rel	3	2	若直接地址的某位为 0，则跳至 rel 的相关地址
94. JBC bit, rel	3	2	若直接地址的某位为 1，则跳至 rel 的相关地址，并将该直接地址的位值清除为 0
95. ACALL addr11	2	2	调用 2KB 程序存储器范围内的子程序
96. LCALL addr16	3	2	调用 64KB 程序存储器范围内的子程序
97. RET	1	2	从子程序返回
98. RETI	1	2	从中断子程序返回
99. AJMP addr11	2	2	绝对跳跃（2KB 内）
100. LJMP addr16	3	2	长跳跃（64KB 内）
101. SJMP rel	2	2	短跳跃（2KB 内）−128～+127
102. JMP @A+DPTR	1	2	跳至累加器的内容加数据指针所指的相关地址
103. JZ rel	2	2	累加器的内容为 0，则跳至 rel 所指的相关地址
104. JNZ rel	2	2	累加器的内容不为 0，则跳至 rel 所指的相关地址
105. CJNE A, direct, rel	3	2	将累加器的内容与直接地址的内容比较，若不相等则跳至 rel 所指的相关地址
106. CJNE A, #data, rel	3	2	将累加器的内容与常数比较，若不相等则跳至 rel 所指的相关地址
107. CJNE @Rn, #data, rel	3	2	将寄存器的内容与常数比较，若不相等则跳至 rel 所指的相关地址
108. CJNE @Ri, #data, rel	3	2	将间接地址的内容与常数比较，若不相等则跳至 rel 所指的相关地址
109. DJNZ, Rn, rel	2	2	将寄存器的内容减 1，不等于 0 则跳至 rel 所指的相关地址
110. DJNZ, direct, rel	3	2	将直接地址的内容减 1，不等于 0 则跳至 rel 所指的相关地址
111. NOP	1	1	无动作

注：布尔代数运算为 83～94 项；程序跳跃为 95～111 项。

5.4　单片机应用系统的设计与开发

学习单片机的最终目的是能够把它应用到实时控制系统以及仪器仪表和家用电器等各个领域。由于它的应用领域很广并且技术要求各不相同，因此应用系统的硬件设计是不同的，但总体设计方法和设计步骤却基本相同。

5.4.1 单片机应用系统设计

单片机应用系统是指以单片机为核心，配以外围电路和软件，能实现一种或几种功能的应用系统。它由硬件部分和软件部分组成。硬件由单片机、扩展的存储器、输入/输出设备等组成，软件是各种工作程序的总称。硬件和软件只有紧密配合，协调一致，才能组成高性能的单片机应用系统。

单片机应用系统的设计包括总体方案设计、硬件电路设计、软件程序设计、在线调试等几个阶段，但它们不是绝对分开的，有时是交叉进行的。

1. 总体方案设计

确定应用系统的总体方案，是系统设计中十分重要的一步。合理的总体设计来自于系统要求的全面分析和对于实现方法的正确选择。总体设计的内容和步骤如下：

（1）确定技术指标。在开始设计前，深入一线，对应用系统的功能和技术要求进行进一步的论证，综合考虑系统的先进性、可靠性、可维护性和成本、效益，再参考国内外同类产品的资料，提出合理可行的技术指标，达到最佳的性能价格比。

（2）机型选择。机型只能在市场上所提供的范围中选择，必须有稳定、充足的货源。单片机选择最容易实现系统技术指标的机种，要考虑有较高的性能价格比；要选择最熟悉的机种和元器件，性能优良的开发工具能加快系统的研制过程。

（3）元器件选择。元器件的选择应符合系统精度、速度和可靠性等方面的要求。

（4）硬件和软件的功能划分。系统硬件的配置和软件的设计是紧密联系在一起的，而且在某些场合，硬件和软件具有一定的互换性。多用硬件完成一些功能，可以提高工作速度，减少软件研制的工作量，提高可靠性，但增加了硬件成本。若用软件代替某些硬件的功能，可以节省硬件开支，但增加软件的复杂性。由于软件是一次性投资，因此在研制产品批量比较大的情况下，能够用软件实现的功能都由软件来完成，以便简化硬件结构，降低生产成本。

2. 硬件电路设计

硬件设计的任务是根据总体方案设计要求，在所选择机型的基础上进行硬件电路设计，其中包含两大部分：一是单片机系统的扩展部分设计，包括存储器扩展和接口扩展（存储器扩展指 EPROM、E^2PROM 和 RAM 的扩展，接口扩展是指 8255A、8155、8279 及其他功能器件的扩展）；二是各功能模块的设计，如信号测量功能模块、信号控制功能模块、人机对话功能模块、通信功能模块等，根据系统功能要求配置相应的转换器、键盘、显示器、打印机等外围设备。然后设计出系统的电路原理图。

硬件设计需考虑下列几点：

（1）尽可能选择典型的电路，并符合单片机的常规用法。

（2）系统的扩充与外围装置，应充分满足应用系统的要求，并留一些扩充槽，以便进行二次开发。

（3）硬件结构应结合应用软件一并考虑。软件有执行的功能尽可能由软件来执行，以简化硬件结构。但必须注意，由软件执行硬件的功能，其响应时间比直接使用硬件要长，且占用CPU 时间。

（4）整个系统器件尽可能做到性能匹配。例如，选用石英振荡器频率较高时，应选择存取速度较快的 IC；选择 CMOS 单片机构成低功耗系统时，系统所有的 IC 都应选择低功耗的 IC。

（5）可靠性及抗干扰设计是硬件设计极其重要的部分，包括器件选择、电路板布线、通道隔离等。

（6）单片机微处理器外接电路较多时，必须考虑其驱动能力，驱动能力不足时，系统工作不可靠。解决办法是增加驱动能力，或减少 IC 功耗，降低总线负载。

使硬件系统稳定工作的方法如下：

（1）与外界容易产生干扰的输入接点、继电器的输出接点等器件部分，采用光耦隔离，使外界杂散信号无法干扰 CPU 的运行。

（2）没有使用到的端口引脚，尤其是 P0 口应接到一个固定逻辑电位上（0 或 1），以免受到外界静电干扰，导致 CPU 运行失常而产生"死机"。

（3）易受杂散信号干扰处，接一个 0.01 μF 的树脂电容到机体外壳，使杂散信号的尖峰毛刺经此电容后到外壳。

（4）每一颗 IC 的 VCC 与 GND 之间一般接 0.01 μF～0.1 μF 的积层电容，以使电源电压波的波纹及杂散信号有所旁路，不致影响该 IC 的正常运行。同时也可抵消导电电路的电感性，使整个电路具有较佳的稳定性。

（5）直流电源输入侧，最好加装 π 型高频波滤波器，阻止从交流电源端来的各种高频波的干扰。

（6）石英晶体的两脚越短越好，越接近 8051 的 18、19 脚振荡效果越好、越稳定。

（7）硬件电路中若有接近开关、按钮开关及切拨开关等设计时，其输入到 8051 的端口引脚，最好加接斯密特门电路，如 74244，以排除不必要的杂散信号，使工作稳定；且导线避免太长，如果导线太长可考虑将输入端电压提高为 12 V 或 24 V，再串接光耦或使用磁簧继电器。

（8）设计时各外围 IC（如 8255、ROM、RAM 等）尽量使用同一品牌，以免因相互间的延迟时间不同，而导致存取数据发生错误。

（9）所设计的逻辑门，尽量使用"高速 CMOS"型，如 74HCXXX 的 IC，以配合 CPU 的快速动作要求。

（10）硬件设计时尽量使用商品化的设计电路，以减少个人开发时间。

3．软件程序设计

当系统的电路设计定型后，软件的任务也就明确了。应用系统中的应用软件是根据功能要求设计的，应能够可靠地实现系统的各种功能。下面介绍软件设计的一般方法与步骤。

1）系统设计

系统定义即在软件设计前，首先要进一步明确软件所要完成的任务，然后结合硬件结构，进一步弄清软件所承担的任务细节。

（1）定义和说明各输入/输出口的功能、是模拟信号还是数字信号、电平范围、与系统接口方式、占有口地址、读取和输入方式等。

（2）在程序存储器区域中，合理分配存储空间，包括系统主程序、常数表格、功能子程序块的划分、入口地址表等。

（3）在数据存储器区域中，考虑是否有断电保护措施，定义数据暂存区标志单元等。

（4）面板开关、按键等控制输入量的定义与软件编制密切相关，系统运行过程的显示、运算结果的显示、正常运行和出错显示等也是由软件编制，事先也必须给以定义，作为编程的依据。

2）软件结构设计

合理的软件结构是设计出一个性能优良的单片机应用系统软件的基础，必须予以充分重视。

对于简单的应用系统，通常采用顺序设计方法。这种系统软件由主程序和若干个中断服务程序所构成。根据系统各个操作的性质，指定哪些操作由主程序完成，哪些操作由中断服务程序完成，并指定各中断的优先级。

对于复杂的实时控制系统，应采用实时多任务操作系统。这种系统往往要求对多个对象同时进行实时控制，要求对各个对象的实时信息以足够快的速度进行处理并做出快速响应。这就要提高系统的实时性、并行性。为达到此目的，实时多任务操作系统应具备任务调度、实时控制、实时时钟、输入输出、中断控制、系统调用、多个任务并行运行等功能。

在程序设计方法上，模块程序设计是单片机应用中最常用的程序设计技术，即把一个完整的程序分解为若干个功能相对独立的较小的程序模块，对各个程序模块分别进行设计、编制和调试，最后将各个调试好的程序模块连成一个完整的程序。这种方法的优点是单个程序模块的设计和调试比较方便、容易完成，一个模块可以为多个程序所共享。缺点是各个模块的连接有时有一定难度。

还有一种方法是自上向下设计程序。此方法是先从主程序开始设计，主程序编好后，再编制各从属的程序和子程序。这种方法比较符合人们的日常思维。其缺点是上一级的程序错误将对整个程序产生影响。

3）程序设计

在软件结构确定之后就可以进行程序设计了，一般程序设计过程如下：

根据问题的定义，描述出各个输入变量和各个输出变量之间的数学关系，即建立数学模型。根据系统功能及操作过程，列出程序的简单功能流程框图（粗框图），再对粗框图进行扩充和具体化，即对存储器、寄存器、标志位等工作单元做具体的分配和说明。把功能流程图中每一个粗框转变为具体的存储单元、寄存器和I/O口的操作，从而绘制出详细的程序流程图（细框图）。

在完成流程图设计以后，便可编写程序。单片机应用程序可以采用汇编语言，也可以采用C语言，编写完后均须汇编成80C51的机器码，经调试正常运行后，再固化到非易失性存储器中去，完成系统的设计。

5.4.2 单片机软硬件开发系统

单片机虽然本身就是具有CPU、ROM、RAM、I/O、CLK的微处理器，但由于本身无自开发能力，必须借助开发工具来开发应用软件以及对硬件系统进行诊断。因此，要制作一个单片机微电脑控制产品时，必须做好下列6点：

（1）硬件电路设计、装配、测试——保证硬件电路正确无误；

（2）软件（程序）的编辑——使用开发工具或其他文本编辑；

（3）程序调试——使用编译器调试；

（4）软件的链接检测——链接器，如LINK.EXE；

（5）仿真器软硬件检测；

（6）烧写，脱离开发工具。

1．开发工具的选择

将编译、检测、链接（LINK）后的程序烧写到单片机的 ROM 内，系统才能执行。如果对单片机的硬件结构及指令系统非常熟悉，且能确保所编辑的程序不会出错，则可不需要开发工具，只要把链接完成（LINK）的程序，烧写到 EPROM 内即可。一般来说，都需要借助开发工具来检测软件与硬件。

一般初级开发工具应具备的最基本功能：

（1）系统硬件电路的诊断与检查；

（2）程序的输入与修改；

（3）程序的执行、检测，具有单步执行、设中断点执行、状态查询等功能；

（4）能将程序烧写到 EPROM 内。

较高级的开发工具还应具备：

（1）有较齐全的开发应用软件工具，如装置有汇编语言，可用汇编语言编辑程序，开发工具能自动产生目标文件，配有反编译软件，能将目标文件程序转换为汇编语言，有丰富的子程序库可供使用者选择调用；

（2）有全速追踪检测、执行的能力，开发工具占用单片机微处理器的硬件资源最小；

（3）为了方便模块化软件检测，还应配备软件备份、程序打印等功能。

2．开发系统分类

1）普及型开发系统

这种系统能输入程序，设定中断点执行，单步执行，修改程序，并能方便地查看各寄存器、I/O 口、存储器的状态和内容。此开发系统大都经过 RS-232 接口与个人电脑连接，通过电脑进行执行、调试，也可通过电脑的外围装置进行打印、存盘。

2）通用型开发系统

这种开发系统，一般插在个人电脑的扩充槽中，或以总线连接至外面。其最大的优点是可以充分利用电脑的软硬件资源，开发效率高；缺点是开发过程都要占用整个电脑资源。

3）专用开发系统

此为高层开发系统，是用来开发单片机微处理器的专用电脑，其外围具有光驱、CRT、ASCⅡ键盘、打印机等，在外通常接有 EPROM 写入插座、检测套装软件。

4）模拟开发系统

此为完全依靠软件进行的开发系统，由电脑加模拟开发软件所构成，使用者只要购买所需的模拟开发软件即可，不需要购买各式各样的开发工具，其最大缺点是不能进行硬件系统的诊断与实时模拟。为了弥补这一缺点，有的模拟开发系统配有通用硬件执行模块，供使用者选用。

5.5 单片机应用与实践

5.5.1 MCS-51 最小应用系统

单片计算机应该是一个最小应用系统，但由于应用系统中有一些功能器件无法集成到芯片内部，如晶振、复位电路等，需要在片外加接相应的电路。另外，对于片内无 ROM/EPROM

的单片机，还应该配置片外程序存储器。

1. 8051/8751 最小应用系统

8051/8751 是片内有 ROM/EPROM 的单片机，因此，用这种芯片构成的最小系统简单、可靠。

用 8051/8751 单片机构成最小应用系统时，只要将单片机接上时钟电路和复位电路即可，如图 5.15 所示。由于集成度的限制，最小系统只能用作一些小型的控制单元。其应用特点：

（1）有可供用户使用的大量 I/O 口线。因没有外部存储器扩展，这时 $\overline{EA}$ 接高电平，P0、P1、P2、P3 都可作为用户的 I/O 口使用。

（2）内部存储器容量有限，8051/8751 片内 ROM 为 4 KB，片内 RAM 为 128 B。当程序代码超过 4 KB 时，可以外接程序 ROM 来扩展。

（3）应用系统开发具有特殊性。P0、P1 口的应用与开发环境差别较大。由于这类应用系统应用程序量不大，外电路简单，采用模拟开发手段较好。

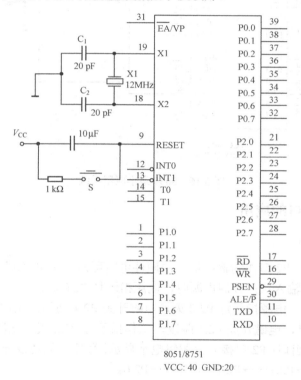

图 5.15　8051/8751 最小应用系统

2. 8031 最小应用系统

8031 是片内无程序存储器的单片机，因此，其最小应用系统必须在片外扩展 EPROM。图 5.16 为外接程序存储器的最小应用系统。

外接程序存储器的地址线 $A_8 \sim A_{15}$ 由 P2 口提供，$A_0 \sim A_7$ 由 P0 通过地址锁存器提供。

地址锁存器的锁存信号为 ALE。指令数据由 P0 口读入。

程序存储器的取指信号为 $\overline{PSEN}$。由于程序存储器芯片只有一片，故其片选线直接接地。

8031 芯片本身的连接除 $\overline{EA}$ 必须接地，表明选择外部存储器外，其他与 8051/8751 最小应用系统一样，也必须有复位及时钟电路。

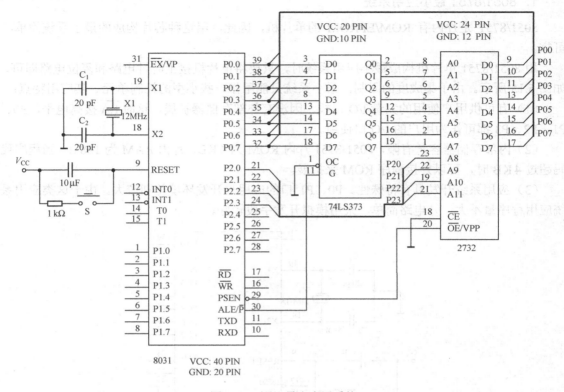

图 5.16　8031 最小应用系统

5.5.2　输入/输出端口的应用

1．功能说明

P1 口作为输入口，P2 口作为输出口，由硬件电路可知，输出"0"才能使 LED 亮。

（1）用 P1 口作为输入口：开启电源时，电源指示灯 P2.0 亮。

按 ON（P1.0）时，电源指示灯 P2.0 灭，电磁开关 P2.1 动作，工作指示灯 P2.2 亮。

按 OFF（P1.1）时，电磁开关 P2.1 跳脱，工作指示灯 P2.2 灭，电源指示灯 P2.0 亮。

（2）用 P2 口做输出口：P2 口接 8 位逻辑电平显示，程序功能使发光二极管轮流循环点亮。循环点亮顺序为 P2.0→P2.1…→P2.7→P2.6…→P2.0。

2．硬件电路

使用单片机最小应用系统，P1.0、P1.1 接功能开关，P2 口接 8 位逻辑电平显示，如图 5.17 所示。

3．程序

用 P1 口作为输入口：

```
            ORG     00H             ；起始地址
START：     MOV     P2, #11111110B  ；P2.0 亮
```

	JB	P1.0,$	; P1.0=0 表示有键按下, P1.0=1 表示没有键按下
ON:	MOV	P2, #11111001B	; 按 P1.0 则 P2.0 OFF, P2.1 ON, P2.2 ON
	JNB	P1.1, START	; 是否按 P1.1, 是则跳至 START P2.0 ON
	JMP	ON	; 未按 P1.1 则跳至 ON 继续保持
	END		

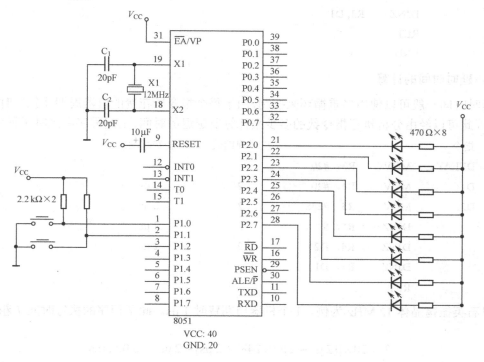

图 5.17 输入/输出端口应用电路

用 P2 口作为输出口：

	ORG	00H	; 起始地址
START:			
	MOV	A, #0FFH	; ACC=FFH 左移初值
	CLR	C	; C=0
	MOV	R2, #08H	; 设左移 8 次
LOOP:	RLC	A	; 左移一位
	MOV	P2, A	; 输出至 P2
	CALL	DELAY	; 延 0.2s
	DJNZ	R2, LOOP	; 左移 7 次否
	MOV	R2, #07H	
LOOP1:	RRC	A	; 右移一位
	MOV	P2, A	; 输出至 P0
	CALL	DELAY	
	DJNZ	R2, LOOP1	; 右移 7 次否
	JMP	START	

```
DELAY:   MOV      R3, #20                    ; 延时 0.2s
D1:      MOV      R4, #20
D2:      MOV      R5, #248
         DJNZ     R5, $
         DJNZ     R4, D2
         DJNZ     R3, D1
         RET
         END
```

4．延时时间的计算

延时时间一般可以使用多重循环来控制,由于每个指令所花费的机器周期及执行时间是固定的,因此可以经由分析执行指令数的多少来计算所延迟的时间,上面程序中延时子程序如下:

指令			机器周期数	花费时间
DELAY:	MOV	R3，#20		
D1:	MOV	R4，#20	2	2 μs
D2:	MOV	R5，#248	2	2 μs
	DJNZ	R5，$	2	2 μs
	DJNZ	R4，D2	2	2 μs
	DJNZ	R3，D1		
	RET			

以石英振荡晶体 12 MHz 为例，1 个机器周期费时 1 μs。此子程序的执行时间 T 粗略估算如下:

$$T = 20 \times [(2\,\mu s + 2\,\mu s \times 248) + 2\,\mu s] + 2\,\mu s = 10.002\ \text{ms}$$

由于 R3 值为 20，则执行此程序 20 次，因此粗略延迟时间为 200 ms。

5.5.3　计数器

8051 内部有两个 16 位的定时器/计数器，即定时器 0（TIMER0）和定时器 1（TIMER1）。如同一般定时器/计数器的功能，其主要有两种作用：（1）执行一段特定时间长短的计时；（2）可以计算由 TIMER0 或 TIMER1 引脚输入的脉冲数。前者在应用上可以产生正确的时间延迟及定时去执行中断服务例程，这是单片机在软件控制程序上常用到的技巧；而后者的应用则是计数器或是计频器的设计。本例中内部计数器起计数器的作用，外部事件计数脉冲由 P3.4 引入定时器 T0。

1．功能说明

连续按动单次脉冲的按键，8 位发光二极管显示按键次数。

2．硬件电路

使用单片机最小应用系统，P1 口与 8 位逻辑电平显示连接，T0 端口接单次脉冲电路的输出端。硬件电路如图 5.18 所示。

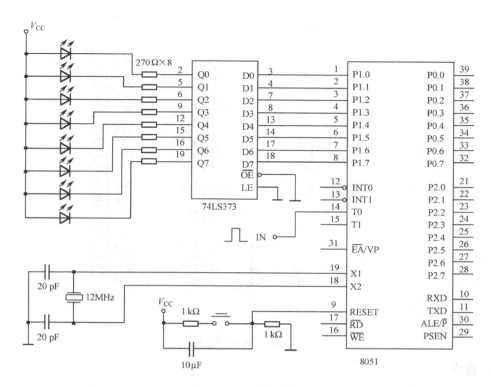

图 5.18 计数器电路

3. 程序

```
          ORG     00H
          LJMP    START
          ORG     30H
START:    MOV     TMOD, ＃00000101B      ; 置 T0 计数器方式 1
          MOV     TH0, ＃0               ; 置 T0 初值
          MOV     TL0, ＃0
          MOV     TR0                   ; T0 运行
LOOP:     MOV     P1, TL0               ; 记录 P1 口脉冲个数
          LJMP    LOOP                  ; 返回
          END
```

5.5.4 定时器

1. 功能说明

连续按动单次脉冲的按键，发光二极管隔 1 s 点亮一次，点亮时间为 1 s。

2. 硬件电路

使用单片机最小应用系统，P1.0 连到单只发光二极管上，T0 端口接单次脉冲电路的输出端。硬件电路如图 5.19 所示。

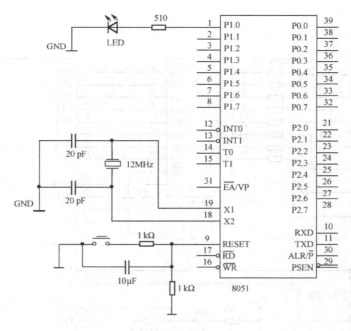

图 5.19　定时器电路

3. 程序

```
            TICK        EQU   10000         ; 10 000×100 μs = 1 s
            T100uS      EQU   256-100       ; 100 μs 时间常数（12 MHz）
            C100uS      EQU   30H           ; 100 μs 计数单元
            LEDBUF      EQU   40H
            LED         BIT   P1.0
            ORG         0000H
            LJMP        START                ; 跳至主程序
            ORG         000BH
            LJMP        TOINT                ; 跳至子程序
            ORG         0030H
TOINT:      PUSH        PSW                  ; 状态保护
            MOV         A, C100uS+1
            JNZ         GOON
            DEC         C100uS               ; 秒计数值减 1
GOON:
            DEC         C100uS+1
            MOV         A, C100uS
            ORL         A, C100uS+1
            JNZ         EXIT                 ; 100 μs 计数器不为 0, 返回
            MOV         C100uS, #HIGH(TICK)  ; 100 μs 计数器为 0, 重置计数器
            MOV         C100uS+1, #LOW(TICK)
            CPL         LEDBUF               ; 取反 LED
EXIT:
            POP         PSW
```

```
              RETI
START:
              MOV        TMOD, #02H              ; 方式 2，定时器
              MOV        TH0, #T100uS            ; 置定时器初始值
              MOV        TL0, #T100uS
              MOV        IE, #10000010B          ; EA=1, IT0 = 1
              SETB       TR0                     ; 开始定时
              CLR        LEDBUF
              CLR        LED
              MOV        C100uS, #HIGH(TICK)      ; 设置 10000 次计数值
              MOV        C100uS+1, #LOW(TICK)
LOOP:
              MOV        C, LEDBUF
              MOV        LED, C
              LJMP       LOOP
              END
```

5.5.5 外部中断

外部中断的初始化设置共有三项内容：中断总允许即 EA=1，外部中断允许即 EXi=1（i=0 或 1），中断方式设置。中断方式设置一般有两种方式：电平方式和脉冲方式，本例选用后者，其前一次为高电平，后一次为低电平时为有效中断请求。因此高电平状态和低电平状态至少维持一个周期。中断请求信号由引脚 INT0（P3.2）和 INT1（P3.1）引入，本例由 INT0（P3.2）引入。

编写中断处理程序需要注意的问题：

（1）保护进入中断时的状态。堆栈有保护断点和保护现场的功能，使用 PUSH，在转中断服务程序之前把单片机中有关寄存单元的内容保护起来。

（2）必须在中断服务程序中设定是否允许中断重入，即设置 EX0 位。

（3）在退出中断之前恢复进入时的状态。用 POP 指令恢复中断时的现场。

1．功能说明

连续按动单次脉冲按键，发光二极管每按一次状态取反，即隔一次点亮。

2．硬件电路

使用单片机最小应用系统，INT0 端接单次脉冲发生器。P1.0 接 LED 灯，硬件电路如图 5.20 所示。

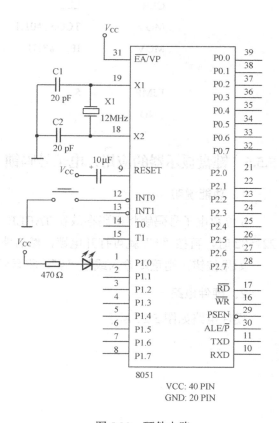

图 5.20　硬件电路

3. 程序

```
LED         BIT     P1.0
LEDBUF      BIT     0
ORG         0000H
LJMP        START                   ; 跳至主程序
ORG         000BH
LJMP        INTERRUPT               ; 跳至子程序
ORG         0030H
INTERRUPT:
PUSH        PSW                     ; 保护现场
CPL         LEDBUF                  ; 取反 LED
MOV         C, LEDBUF
MOV         LED, C
POP         PSW                     ; 恢复现场
RETI
START:  CLR     LEDBUF
CLR         LED
MOV         TCON, #01H              ; 外部中断 0 下降沿触发
MOV         IE, #81H                ; 打开外部中断允许位（EX0）
                                    ; 及总中断允许位（EA）
LJMP        $
END
```

5.5.6　键盘显示器的应用：电子号码锁

1. 功能说明

6 位数电子号码锁将密码存放在 TABLE（DB 02H、02H、01H、05H、08H、02H），输入 221582 时，再按"*"就可打开电锁，然后清除显示器为"000000"。

如果按错，则重新输入或按"#"，将显示器清除为"000000"。

2. 硬件电路

硬件电路如图 5.21 所示。

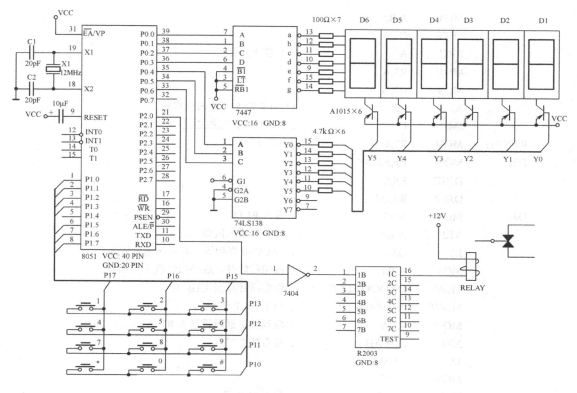

图 5.21　电子号码锁电路

3．程序

	ORG	00H	
START：	ORL	P2,#0FFH	；清除 P2
	MOV	R4,#06H	；清除 30 H～35 H 的地址
	MOV	R0,#30H	
CLEAR：	MOV	@R0,#00H	
	INC	R0	
	DJNZ	R4,CLEAR	
L1：	MOV	R3,#0F7H	；扫描初值（P13=0）
	MOV	R1,#00H	；键盘取码指针
L2：	MOV	A,R3	；开始扫描
	MOV	P1,A	
	MOV	A,P1	；读入 P1 值，判断是否有按键输入
	MOV	R4,A	；存入 R4，以判断是否放开
	SETB	C	
	MOV	R5,#03H	；扫描 P15～P17
L3：	RLC	A	；将按键值左移一位
	JNC	KEYIN	；判断 C=0？若有按键输入则 C=0，跳至 KEYIN
	INC	R1	
	DJNZ	R5,L3	；3 列扫描完毕否
	CALL	DISP	；调用显示子程序

```
            MOV      A,R3
            SETB     C
            RRC      A                          ; 扫描下一行
            MOV      R3,A
            MOV      R3,A
            JC       L2                         ; C=1？是 P10 尚未扫描到
            JMP      L1                         ; C=0 则 4 行已扫描完毕
KEYIN:      MOV      R7,#60                     ; 消除抖动
D2:         MOV      R6,#248
            DJNZ     R6,$
            DJNZ     R7,D2
D3:         MOV      A,P1                       ; 读入 P1 值
            XRL      A,R4                       ; 与上次读入值做比较
            JZ       D3                         ; ACC=0 则相等，表示按钮为放开
            MOV      A,R1                       ; 按钮已放开，取码指针载入累加器
            MOV      DPTR,#TABLE                ; 数据指针指到 TABLE
            MOVC     A,@A+DPTR                  ; 至 TABLE 取码
            MOV      R7,A                       ; 取到的数据码暂存入 R7
            XRL      A,#0AH                     ; 是否按"*"
            JZ       COMP
            MOV      A,R7
            XRL      A,#0B                      ; 是否按"#"
            JZ       START                      ; 是则跳至比较密码
            MOV      A,R7                       ; 不是则为数字键
            XCH      A,30H                      ; 现按键值存入（30H）
            XCH      A,31H                      ; 旧（30H）值存入（31H）
            XCH      A,32H                      ; 旧（30H）值存入（31H）
            XCH      A,33H                      ; 旧（30H）值存入（31H）
            XCH      A,34H                      ; 旧（30H）值存入（31H）
            XCH      A,35H                      ; 旧（30H）值存入（31H）
            CALL     DISP                       ; 调用显示子程序
            JMP      L1
DISP:       MOV      A,35H
            ADD      A,#50H                     ; D6 数据值加上 74138 扫描
            MOV      P0,A                       ; 显示 D6
            CALL     DELAY                      ; 扫描延时
            MOV      A,34H
            ADD      A,#40H
            MOV      P0,A
            CALL     DELAY
            MOV      A,33H
            ADD      A,#30H
            MOV      P0,A
            CALL     DELAY
```

```
            MOV     A,32H
            ADD     A,#20H
            MOV     P0,A
            CALL    DELAY
            MOV     A,31H
            ADD     A,#10H
            MOV     P0,A
            CALL    DELAY
            MOV     A,30H
            ADD     A,#00H
            MOV     P0,A
            CALL    DELAY
            RET
COMP:                                   ; 比较按键值与密码值
            MOV     R0,#35H
            MOV     R2,#06H             ; 比较 6 个码
            MOV     R7,#12H             ; 密码在 TABLE 的指针值
X4:         MOV     A,R7
            MOV     DPTR,#TABLE         ; 数据指针指到 TABLE
            MOVC    A,@A+DPTR           ; 至 TABLE 取密码
            XRL     A,@R0               ; 与显示值比较
            JNZ     X7                  ; 不想通则调制 START 清除
            DEC     R0                  ; 比较下一个码
            INC     R7
            DJNZ    R2,X4               ; 6 个码比较完毕否
            MOV     P2,#0FFH            ; 令电锁动作
            MOV     R2,#200             ; 0.1s
X6:         MOV     R6,#248
            DJNZ    R6,$
            DJNZ    R2,X6
X7:         JMP     START
DELAY:      MOV     R7,#06              ; 显示扫描时间
D1:         MOV     R6,#248
            DJNZ    R6,$
            DJNZ    R7,D1
            RET
TABLE:      DB      01H,02H,03H                 ; 键盘值
            DB      04H,05H,06H
            DB      07H,08H,09H
            DB      0AH,00H,0BH
            DB      02H,02H,01H,05H,08H,02H      ; 密码值
            END
```

5.5.7　简易数字电压表的设计

根据 5.4 节中单片机应用系统的设计方法，简易数字电压表的设计按照总体方案设计、硬件电路设计、软件程序设计、在线调试等几个阶段进行，并选择适合的开发工具。

1．总体方案设计

按功能要求简易数字电压表可以测量 0 V～5 V 的 8 路输入电压值，并在 4 位 LED 数码管上轮流显示或单路选择显示。测量最小分辨率为 0.019 V，测量误差约为 ±0.02 V。

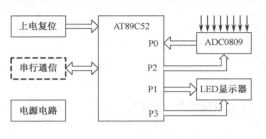

图 5.22　数字电压表系统设计方案

按系统功能实现要求，决定控制系统采用美国 Atmel 公司的 AT89C52 单片机，它以 MCS-51 为内核，与 MCS-51 系列单片机软硬件兼容。A/D 转换采用 ADC0809。系统除能确保实现要求的功能外，还可以方便地进行 8 路其他 A/D 转换量的测量、远程测量结果传送等扩展功能。数字电压表系统设计方案框图如图 5.22 所示。

2．系统硬件电路设计

简易数字电压测量电路由 A/D 转换、数据处理及显示控制等组成，电路原理图如图 5.23 所示。A/D 转换由集成电路 0809 完成。0809 具有 8 路模拟输入端口，地址线（23～25 脚）可决定对哪一路模拟输入进行 A/D 转换。22 脚为地址锁存控制，当输入为高电平时，对地址信号进行锁存。6 脚为测试控制，当输入一个 2 μs 宽高电平脉冲时，就开始 A/D 转换。7 脚为 A/D 转换结束标志，当 A/D 转换结束时，7 脚输出高电平。9 脚为 A/D 转换数据输出允许控制，

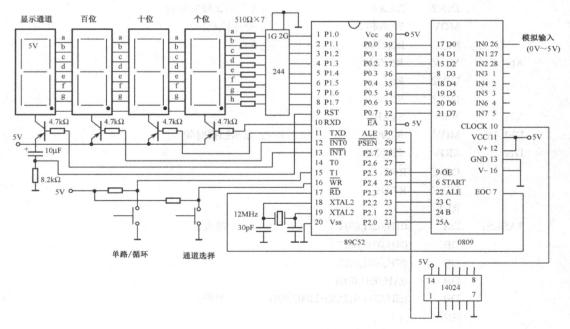

图 5.23　数字电压表电路原理图

当 OE 脚为高电平时，A/D 转换数据从该端口输出。10 脚为 0809 的时钟输入端，利用单片机 30 脚的六分频晶振频率，再通过 14024 二分频得到 1MHz 时钟。单片机的 P1、P3.0～P3.3 端口用于 4 位 LED 数码管显示控制，P3.5 端口用于单路显示/循环显示转换，P3.6 端口用于单路显示时选择通道；P0 端口用于 A/D 转换数据读入，P2 端口用于 0809 的 A/D 转换控制。

3. 系统程序设计

1）初始化程序

系统上电时，初始化程序将 70H～77H 内存单元清 0，P2 口置 0。

2）主程序

在刚上电时，系统默认为循环显示 8 个通道的电压值状态。当进行一次测量后，将显示每一通道的 A/D 转换值，每个通道的数据显示时间为 1 s 左右。主程序在调用显示子程序和测试子程序之间循环，主程序流程图见图 5.24。

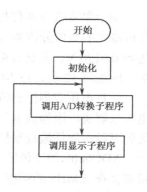

图 5.24　主程序流程图

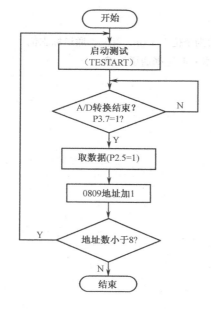

图 5.25　A/D 转换测量程序流程图

3）显示子程序

显示子程序采用动态扫描法实现四位数码管的数值显示。测量所得的 A/D 转换数据放在 70H～77H 内存单元中，测量数据在显示时需转换成为十进制 BCD 码放在 78H～7BH 单元中，其中 7BH 存放通道标志数。寄存器 R3 用于 8 路循环控制，R0 用作显示数据地址指针。

4）模/数转换测量子程序

模/数转换测量子程序用来控制对 0809 八路模拟输入电压的 A/D 转换，并将对应的数值移入 70H～77H 内存单元。其程序流程见图 5.25。

4. 调试及性能分析

1）调试与测试

采用编译器进行源程序编译和仿真调试，同时进行硬件电路板的设计制作，烧好程序后进行软硬件联调，最后进行端口电压的对比测试，测试对比见表 5.10。

表 5.10　简易数字电压表与"标准"数字电压表测试对比

标准值/V	0.00	0.15	0.85	1.00	1.25	1.75	1.98	2.32	2.65
简易电压表测得值/ V	0.00	0.17	0.86	1.02	1.26	1.76	2.00	2.33	2.66
绝对误差/V	0.00	+0.02	+0.01	+0.02	+0.01	+0.01	+0.02	+0.01	+0.01
标准值/V	3.00	3.45	3.55	4.00	4.50	4.60	4.70	4.81	4.90
简易电压表测得值/ V	3.01	3.47	3.56	4.01	4.52	4.62	4.72	4.82	4.92
绝对误差/V	+0.01	+0.02	+0.01	+0.01	+0.02	+0.02	+0.02	+0.01	+0.02

从表 5.10 可以看出，简易数字电压表与"标准"数字电压表测得的绝对误差均在 0.02 V 以内，这与采用 8 位 A/D 转换器所能达到的理论误差精度相一致，在一般的应用场合可完全满足要求。

2）性能分析

由于单片机为 8 位处理器，当输入电压为 5.00 V 时，输出数据值为 255（FFH），因此单片机最大的数值分辨率为 0.0196 V（5/255）。这就决定了该电压表的最大分辨率（精度）只能达到 0.0196 V。测试时电压数值的变化一般以 0.02 的电压幅度变化，如要获得更高的精度要求，应采用 12 位、13 位的 A/D 转换器。

简易电压表测得的值基本上均比标准值偏大 0.01 V～0.02 V。这可以通过校正 0809 的基准电压来解决，因为该电压表设计时直接用 7805 的供电电源作为基准电压，电压可能有偏差。另外可以用软件编程来校正测量值。

ADC0809 的直流输入阻抗为 1 MΩ，能满足一般的电压测试需要。另外，经测试 ADC0809 可直接在 2 MHz 的频率下工作，这样可省去分频器 14024。

5．控制源程序清单

以下是简易数字电压表的单片机控制源程序：

```
;测量电压最大为 5 V，显示最大值为 5.00 V
;70H～77H 存放采样值，78H～7BH 存放显示数据，依次为个位、十位、百位、通道标志位
;P3.5 用作单路显示—循环显示转换按键，P3.6 用作单路显示时选择通道按键。
;
;*********************************
;*      主程序和中断程序入口      *
;*********************************
        ORG     0000H
        LJMP    START
        ORG     0003H
        RETI
        ORG     000BH
        RETI
        ORG     0013H
        RETI
        ORG     001BH
        RETI
        ORG     0023H
        RETI
        ORG     002BH
        RETI
;
;*********************************
;*      初始化程序中的各变量      *
;*********************************
```

```
CLEARMEMIO:  CLR      A
             MOV      P2,A
             MOV      R0,#70H
             MOV      R0,#0DH
LOOPMEM:     MOV      @R0,A
             INC      R0
             DLNZ     R2,LOOPMEM
             MOV      20H,#00H
             MOV      A, #FFH
             MOV      P0,A
             MOV      P1,A
             MOV      P3,A
             RET
;
; ********************************
; *        主 程 序          *
; ********************************
START:       LCALL    CLEARMEMIO      ; 初始化
MAIN:        LCALL    TEST            ; 测量一次
             LCALL    DISPLAY         ; 显示数据一次
             AJMP     MAIN
             NOP                      ; PC 值出错处理
             NOP
             NOP
             LJMP     START
;
; ********************************
; *        显示控制程序        *
; ********************************
;
DISPLAY:     JB       00H,DISP11      ; 标志位为1，则转单路显示控制子程序
             MOV      R3,#08H         ; 8 路信号循环显示控制子程序
             MOV      R0,#70H         ; 显示数据初值 70H～77H
             MOV      7B,#00H         ; 显示通道路数初值
DISLOOP1:    LCALL    TUNBCD          ; 显示数据转为三位 BCD 码存入 7AH、79H、78H
             MOV      R2,#0FFH        ; 每路显示时间控制在 4 ms×255，约 1 s
DISLOOP2:    LCALL    DISP            ; 调四位显示程序
             LCALL    KEYWORK1        ; 按键检测
             DJNZ     R2,DISLOOP2
             INC      R0              ; 显示下一路
             INC      7BH             ; 通道显示数加 1
```

```
              DJNZ      R3,DISLOOP1
              RET
DISP11:       MOV       A,7BH              ; 单路显示控制子程序
              SUBB      A,#01H
              MOV       7BH, A
              ADD       A,#70H
              MOV       R0,A
DISLOOP11:    LCALL     TUNBCD             ; 显示数据转为三位 BCD 码存入 7AH、79H、78H
              MOV       R2,#0FFH           ; 每路显示时间控制在 4 ms×25
DISLOOP22     LCALL     DISP               ; 调四位显示程序
              LCALL     KEYWORK2           ; 按键检测
              DJNZ      R2,DISLOOP22
              INC       7BH                ; 通道显示数加 1
              RET
;
; ************************************
; *   显示数据转为三位 BCD 码子程序   *
; ************************************
; 显示数据转为三位 BCD 码存入 7AH、79H、78H（最大值 5.00 V）
;
TUNBCD:       MOV       A,@R0              ; 255/51=5.00 V 运算
              MOV       B,#51
              DIV       AB
              MOV       7AH,A              ; 个位数放入 7AH
              MOV       A,B                ; 余数大于 19H, F0 为 1, 乘法溢出, 结果加 5
              CLR       F0
              SUBB      A,#1AH
              MOV       F0,C
              MOV       A,#10
              MUL       AB
              MOV       B,#51
              DIV       AB
              JB        F0,LOOP2
              ADD       A,#5
LOOP2:        MOV       79H,A              ; 小数后第 1 位放入 79H
              MOV       A,B
              CLR       F0
              SUBB      A,#1AH
              MOV       F0,C
              MOV       A,#10
              MUL       AB
```

```
              MOV       B,#51
              DIV       AB
              JB        F0,LOOP3
              ADD       A,#5
LOOP3:        MOV       78H,A              ; 小数后第 2 位放入 78H
              RET
;
; ************************************
; *        显 示 子 程 序            *
; ************************************
; 共阳显示子程序，显示内容在 78H~7BH
;
DISP:         MOV       R1,#78H            ; 共阳显示子程序，显示内容在 78H~7BH
              MOV       R5,#0FEH           ; 数据在 P1 输出，列扫描在 P3.0~P3.3
PLAY:         MOV       P1, #0FFH
              MOV       A,R5
              ANL       P3,A
              MOV       A,@R1
              MOV       DPTR,#TAB
              MOVC      A,@A+DPTR
              MOV       P1,A
              JB        P3.2,PLAY1         ; 小数点处理
              CLR       P1.7               ; 小数点显示（显示格式为 XX.XX）
PLAY1:        LCALL     DL1MS
              INC       R1
              MOV       A,P3
              JNB       ACC.3,ENDOUT
              RL        A
              MOV       R5,A
              MOV       P3,#0FFH
              AJMP      PLAY
ENDOUT:       MOV       P3,#0FFH
              MOV       P1,#0FFH
              RET
TAB:          DB 0C0H,0F9H,0A4H,0B0H,99H,92H,82H,0F8H,80H,90H,0FFH; 段码表
;
; ************************************
; *        延 时 程 序               *
; ************************************
;
DL10MS:       MOV       R6,#0D0H           ;10 ms 延时子程序
```

```
DL1:        MOV     R6,#19H
DL2:        DJNZ    R7,DL2
            DJNZ    R6,DL1
            RET
;
DL1MS       MOV     R4,#0FFH            ; 513+513≈1 ms
LOOP11:     DJNZ    R4,LOOP11
            MOV     R4,#0FFH
LOOP22      DJNZ    R4,LOOP22
            RET
;
; ************************************
; *      电压测量（A/D）子程序          *
; ************************************
; 一次测量数据 8 个，依次放入 70H～77H 单元中
;
TEST:       CLR     A                  ; 模/数转换子程序
            MOV     P2,A
            MOV     R0,#70H            ; 转换值存放首址
            MOV     R7,#08H            ; 转换 8 次控制
            LCALL   TESTART            ; 启动测试
WAIT:       JB      P3.7,MOVD          ; 等 A/D 转换结束信号
            AJMP    WAIT
;
TESTART:    SETB    P2.3               ; 测试启动
            NOP
            NOP
            CLR     P2.3
            SETB    P2.4
            NOP
            NOP
            CLR     P2.4
            NOP
            NOP
            NOP
            NOP
            RET
;
MOVD:       SETB    P2.5               ; 取 A/D 转换数据
            MOV     A,P0 .
            MOV     @R0,A
```

```
                CLR       P2.5
                INC       R0
                MOV       A,P2              ; 通道地址加 1
                INC       A
                MOV       P2,A
                CJNE      A,#08H,TESTEND    ; 等 8 路 A/D 转换结束
TESTEND:        JC        TESTCON
                CLR       A                 ; 结束恢复端口
                MOV       P2,A
                MOV       A,#0FFH
                MOV       P0,A
                MOV       P1,A
                MOV       P3,A
                RET
;
TESECON:        LCALL     TESTART
                LJMP      WAIT
;
; **********************************
; *        按键检测子程序           *
; **********************************
;
KEYWORK1:       JNB       P3.5,KEY1
                RET
;
KEY1:           LCALL     DISP              ; 延时消抖
                JB        P3.5,KEYOUT
WAIT11:         JNB       P3.5, WAIT12
                CPL       00H
                MOV       R2,#01H
                MOV       R3,#01H
                RET
;
WAIT12:         LCALL     DISP              ; 键释放等待时显示用
                AJMP      WAIT11
;
KEYWORK2:       JNB       P3.5,KEY1
                JNB       P3.6,KEY2
                RET
;
KEY2:           LCALL     DISP              ; 延时消抖
```

```
                    JB       P3.6,KEYOUT
WAIT22:             JNB      P3.6,WAIT21
                    INC      7BH
                    MOV      A,7BH
                    CJNE     A,#08H,KEYOUT11
KEYOUT11:           JC       KEYOUT1
                    MOV      7BH,#00H
KEYOUT1:            RET
;
WAIT21              LCALL    DISP              ；键释放等待时显示用
                    AJMP     WAIT22
;
END
```

第6章 基于可编程逻辑器件的数字系统设计

可编程逻辑器件（Programmable Logic Device，PLD）是一种由用户编程以实现某种逻辑功能的新型逻辑器件。应用 PLD 进行电子系统设计已是数字电子系统设计的重要环节，本章简介可编程逻辑器件的基本原理及开发过程，通过具体实例讨论基于 PLD 的电子系统设计的基本方法。

6.1 可编程逻辑器件的基本原理

6.1.1 可编程逻辑器件概述

可编程逻辑器件（Programable Logic Device，PLD）是一种由用户编程（配置）实现所需逻辑功能的新型逻辑器件。PLD 可分为两类：一类是寄存器功能较强并包含有 RAM 的现场可编程门阵列（Field Programmable Gate Array，FPGA）；另一类是组合逻辑功能较强的复杂可编程器件（Complex Programmable Logic Device，CPLD）。FPGA 器件逻辑功能块较小，适合数据密集型数字系统的设计，但时延设计相对复杂；CPLD 器件逻辑功能块较大，控制密集型数字系统的设计，时延控制方便。这两类 PLD 器件都有功能强大的开发系统支持。

PLD 由于其可编程的特性，而且在 IC 设计过程中设计者通过计算机软件对电路进行仿真与验证，大幅缩短了设计时间，加快了产品面市的速度，因此它一直在电子系统（特别是数字电路系统）的设计中扮演着重要角色。目前我国的 PLD 生产厂家有 XILINX、ALTERA、ACTEL、LATTICE 等，其中 XILINX 和 ALTERA 为两个主要生产厂家，它们的产品各有其优缺点。

PLC 自问世以来，经历了从 PROM、PAL、GAL 到 FPGA、CPLD 、ispLSI 等高密度 PLD 的发展过程。在此期间 PLD 的集成度、速度不断提高，功耗逐步降低，而功能不断增强，结构更趋合理，使用更加灵活方便。

6.1.2 可编程逻辑器件基本结构

当前，主流的 CPLD 都是采用基于 E^2PROM 的乘积项（Product Term，简称 P-Term）结构，而主流的 FPGA 则采用基于 SRAM 的查找表（Look-up Table，LUT）结构和基于 Antifuse 的多路开关单元结构。

1. CPLD 的基本结构

CPLD 由若干宏单元和可编程互连线构成。逻辑宏单元主要包括与或阵列、触发器和多路选择器等电路，能独立地配置为组合或时序工作方式。当前主流的 CPLD 基本采用这种结构，比如 Altera 公司的 MAX7000 系列和 MAX9000 系列，Xilinx 公司的 XC9500 系列以及 Lattice 公司的 ispLSI 系列等。

可编程互连线是 CPLD 中另一个核心可编程结构。该结构是包含大量可编程开关的互连网络，提供芯片的 I/O 引脚和宏单元的输入/输出之间的灵活互连。具有固定的延时是 CPLD

中可编程互连线的最显著特点。不同于 FPGA 的分段式可编程互连方式，CPLD 结构采用全局式的可编程互连网络来集中分配互连线资源，这样可以使连线路径的起点到终点延时固定。而 FPGA 中连线路径的起点到终点之间经过的分段连线数目不固定，因此延时也是不固定的。相比之下，CPLD 在实现较复杂的组合逻辑时可以消除信号之间的歪斜，更容易消除竞争冒险现象。目前，主流的 CPLD 全部采用连续式互连线结构，如 MAX7000 中的 PIA 结构和 XC9500 中的 FastCONNECT 结构。

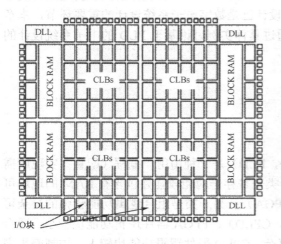

图 6.1　Xilinx Spartan-II 的内部结构图

2．FPGA 的基本结构

与 CPLD 相比，FPGA 具有更高的集成度、更强的逻辑功能和更大的灵活性。FPGA 由可配置逻辑块（Configurable Logic Block，CLB）、输入/输出模块（I/O Block，IOB）和可编程互连线（Programmable Interconnect，PI）组成，其中可配置逻辑块是 FPGA 的基本结构单元，不仅能够实现逻辑函数，还可以配置成 RAM 等形式。图 6.1 是 Xilinx Spartan-II 的内部结构图。Spartan-II 主要包括 CLBs，I/O 块，RAM 块和可编程连线（未标出）。其他公司的 FPGA 与 Spartan-II 类似。

在 Spartan-II 中，一个 CLB 包括两个 Slices，每个 Slices 包括两个查找表（Look-Up-Table，LUT），有两个边沿触发的 D 触发器和相关逻辑，如图 6.2 所示。其中，LUT 本质上就是一个 RAM。目前 FPGA 中使用多输入的 LUT，所以每一个 LUT 可以看成一个有多位地址线的 16×1 的 RAM。当用户通过原理图或 HDL 语言描述了一个逻辑电路后，PLD/FPGA 开发软件会自动计算逻辑电路的所有可能的结果，并把结果事先写入 RAM，这样，每输入一个信号

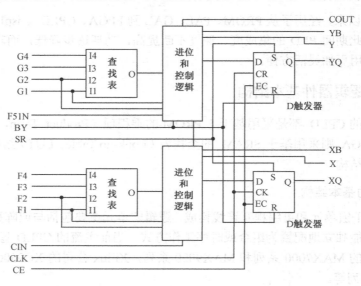

图 6.2　spartan II 中的 Slices 结构

进行逻辑运算就等于输入一个地址进行查表，找出地址对应的内容，然后输出即可。CLB 中的 D 具有异步置位和复位端，并有公共的时钟输入端，主要用来实现寄存器逻辑。相关逻辑主要用来选择触发器的输入信号、时钟有效边沿和输出信号等。

6.1.3 Altera 公司的 ACEX1K30 器件

ACEX1K30 器件是 Altera 公司着眼于通信（如 xDSL、路由器等）、音频处理以及类似场合的应用而推出的芯片。

1. ACEX1K30 的特点

ACEX1K30 可以在一个单片上实现低功耗设计，器件内部集成了 1728 个 LE（logic elements），最大系统门数约合 3 万门以上；6 个 EAB 单元，可由用户编程配置为 RAM、FIFO、DPRAM 等元件；该芯片的内核工作电压为 2.5 V。FPGA 的端口电源由 3.3 V 供电（此时其 I/O 引脚符合 LVTTL 标准）。ACEX1K 系列器件的 I/O 引脚可耐受 5 V TTL 电平，而 3.3 V 的 LVTTL 可被 5 V TTL 完全兼容，每个 I/O 引脚具有独特的三态输出使能控制；可编程输出的压摆率控制可以减少电平转换产生的噪声；引脚间有用户可选的钳位电路。在工艺上，采用先进的 1.8V/0.18 μm、6 层金属连线的 SRAM 工艺制成，封装则包括 BGA、QFP 等。

2. ACEX1K30 的结构

ACEX1K30 内部的结构主要包括 LAB、I/O 块、RAM 块（未标出）和可编程行/列连线，如图 6.3 所示。

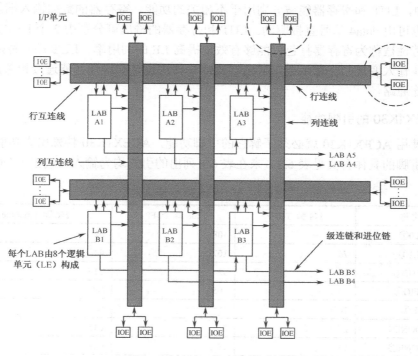

图 6.3 ACEX1K30 的内部结构

在 ACEX1K30 中一个 LAB 包括 8 个逻辑单元（LE），LE 是 ACEX1K30 实现逻辑的最基本单元，其内部结构如图 6.4 所示。每个 LE 包括 1 个 4 输入查找表（Look-Up-Table，LUT），

1 个具有使能、预置和清零输入的可编程寄存器，1 个进位链（Carry Chain）和 1 个级连链（Cascade Chain）。每个 LE 由 2 个输出，输出可驱动局部互连和快速通道互连。

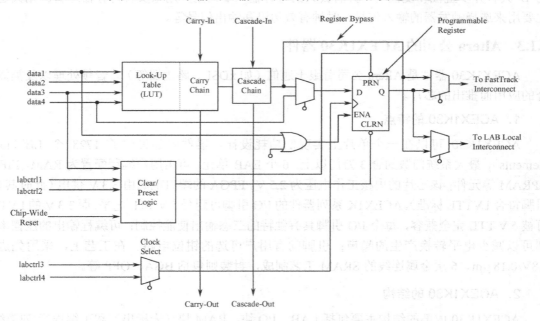

图 6.4　ACEX1K30 中 LE 内部结构图

在 LE 中，LUT 和寄存器能被分别用于不相关的功能。寄存器的数据输入端能被 LUT 的输出驱动，也可由 data4 信号直接驱动。LUT 和寄存器的输出可分别由 2 个 LE 的输出端同时输出，这一特性被称为寄存器打包，能够有效地提高 LE 的利用率。LUT 是一种函数发生器，能快速计算 4 输入变量的任意函数。ACEX1K30 中的进位链和级连链能连接相邻的 LE，但不占用通用互连通路。

3. ACEX1K30 的引脚功能

要正确使用 ACEX1K30 就必须了解它的引脚功能，ACEX1K30 特殊引脚功能如表 6.1 所示，其特殊引脚的具体含义见表 6.2。未在表 6.1 列出的引脚均为输入与输出 I（/O）引脚。

表 6.1　ACEX1K30 引脚功能

引脚名称	144 脚 TQFP	208 脚 PQFP	256 脚 FineLine BGA
MSEL0①	77	108	P1
MSEL1①	76	107	R1
nSTATUS①	35	52	T16
nCONFIG①	74	105	N4
DCLK①	107	155	B2
CONF_DONE①	2	2	C15
INIT_DONE②	14	19	G16
nCE①	106	154	B1
nCEO①	3	3	B16
nWS③	142	206	B14

引脚名称	144 脚 TQFP	208 脚 PQFP	256 脚 FineLine BGA
nRS③	141	204	C14
nCS③	144	208	A16
CS③	143	207	A15
RDYnBUSY③	11	16	G14
CLKUSR③	7	10	D15
DATA7③	116	166	B5
DATA6③	114	164	D4
DATA5③	113	162	A4
DATA4③	112	161	B4
DATA3③	111	159	C3
DATA2③	110	158	A2
DATA1③	109	157	B3
DATA0①, ④	108	156	A1
TDI①	105	153	C2
TDO①	4	4	C16
TCK①	1	1	B15
TMS①	34	50	P15
TRST①	禁用	51	R16
Dedicated Inputs	54,56, 124, 126	78, 80, 182, 184	B9, E8, M9, R8
Dedicated Clock Pins	55, 125	79, 183	A9, L8
GCLK1⑤	55	79	L8
LOCK⑤	42	62	P12
DEV_CLRn②	122	180	D8
DEV_OE②	128	186	C9
VCCINT (2.5V)	16, 50, 75, 85, 103, 127	21, 33, 48, 72, 91, 106, 124, 130, 152, 185, 201	E11, F5, F7, F9, F12, H6, H7, H10, J7, J10, J11, K9, L5, L7, L12, M11, R2
VCCIO (2.5 or 3.3 V)	5,24, 45, 61, 71, 94, 115, 134	5, 22, 34, 42, 66, 84, 98, 110, 118, 138, 146, 165, 178, 194	D12, E6, F8, F10, G6, G8, G11, H11, J6, K6, K8, K11, L10, M6, N12
VCC_CKLK⑤	53	77	L9
GNDINT	6, 15, 25, 40, 52, 58, 66, 84, 93, 104, 123, 129, 139	6, 20, 23, 32, 35, 43, 49, 59, 76, 82, 109. 117, 123, 129, 137, 145, 151, 171, 181, 188	A3, A14, C7, E5, E12, F6, F11, G7, G9, G10, H8, H9, J8, J9, K5, K7, K10, L1, L6, L11, M5, M12
GND_CKLK⑤	57	81	T8
No Connect (N.C.)	—	—	D1, E3, E16, G3, H1, H16, J1, K3,K14, K16, L2, L4, M14, M16, N15
Total User I/O Pins(10)	102	147	171

注：①这类引脚为所有专用引脚均不能被用户作为 I/O 引脚；②这类引脚没有被用户用于专用功能时，可以作为 I/O 引脚使用；③这类引脚在编程后，可以被用户作为 I/O 引脚使用；④这类引脚使用时均为三态模式；⑤脚驱动时钟专用引脚。

表 6.2　ACEX1K30 特殊引脚的具体含义

引脚名称	使用模式	配置模式	引脚类型	描　　述
MSEL0 MSEL1	特殊引脚不能做用户 I/O	All	输入	设置 ACEX 1K03 配置模式。MSEL1　MSEL0　配置模式 0　0　串行配置或使用配置器件模式 1　0　并行同步模式 1　1　并行异步模式
nSTATUS	特殊引脚不能做用户 I/O	All	双向集电极开路	上电后被器件拉低，在 5US 之内，被器件释放，（当使用一个专用配置器件时，专用加载器件将控制这个脚为低长达 200 ms）这个引脚必须通过一个 1 kΩ 电阻上拉到 VCCIO。如果在配置或初始化过程中，有一个外部的信号源驱动本引脚为低，则器件进入一个错误的状态；在配置或初始化之后，驱动本引脚为低，不会影响器件
nCONFIG	特殊引脚不能做用户 I/O	All	输入	配置控制引脚：由 0-1 的跳变开始配置，由 1-0 跳变则复位器件；当设定本引脚为 0 时，所有 I/O 为三态
CONF_DONE	特殊引脚不能做用户 I/O	All	双向集电极开路	状态输出：在配置之前和配置过程中，器件驱动本引脚为 0，一旦所有配置数据都被接收并没有错误发生，则初始化时钟周期开始时器件释放本引脚；状态输入：在所有数据被接收后，本引脚为高电平，器件初始化，然后进入用户模式；本引脚必须通过一个 1kΩ 的电阻上拉到 VCCIO 外部的信号源可以驱动本引脚为低，来延迟初始化的过程，当使用一个配置器件进行配置除外，在配置以及初始化之后，驱动本引脚为低，不影响配置器件
DCLK	—	1 配置器件 2 串行加载 3 并行同步模式	输入	时钟输入，用于从一个外部信号源输入时钟数据进入器件，在串行异步模式或并行异步模式配置中，DCLK 应当被拉高，不能悬空
nCE	—	All	输入	低有效芯片使能，本引脚使用低电平使能器件来允许配置，对于单芯片配置应当被固定为低电平，在配置以及初始化过程和用户模式时，本引脚必须固定为低电平；在级连时，第一片的 nCE 接地，前一片的 nCEO 接后一片的 nCE
nCEO	—	级连	输出	当设备配置完成后被驱动为低电平。在多器件配置过程中，这个引脚用来连接后面器件的 nCE 引脚，最后一片的 nCEO 悬空
nWS	1 特殊引脚 2 用户 I/O	并行异步模式	输入	写选通输入：对于 APEX II、Mercury、ACEX 1K、APEX 20K 和 FLEX 10K 器件 0-1 的跳变引起器件锁存一字节的数据在 DATA[70]引脚；对于 FLEX 6000 器件，一个 0-1 的跳变会引起器件锁存一位的数据在 DATA 引脚
nWS	1 特殊引脚 2 用户 I/O	串行异步模式		
nRS	1 特殊引脚 2 用户 I/O	并行异步模式	输入	读选通输入：低电平表示在 DATA7 引脚输出的是 RDYnBSY 信号；如果 nRS 引脚没有使用，应该被固定连接到高电平
nRS	1 特殊引脚 2 用户 I/O	串行异步模式		
RDYnBSY	1 特殊引脚 2 用户 I/O	1 并行异步模式 2 串行异步模式	输出	忙闲信号：高电平表示器件准备好来存取另外字节的数据；高电平表示器件没有准备好接收另外字节的数据

引脚名称	使用模式	配置模式	引脚类型	描　　述
nCSCS	1 特殊引脚 2 用户 I/O	1 并行异步模式 2 串行异步模式	输入	片选择信号：nCS 为低电平且 CS 为高电平器件被使能可以进行配置，如果只有一个芯片选择输入被使用，那么另外一个必须被激活，（例如，如果只用 CS 作为片选择信号则 nCS 必须被连接到地），在配置和初始化的过程中，nCS 和 CS 引脚必须被处于有效状态
CLKUSR	1 特殊引脚 2 用户 I/O	All	输入	可选的用户时钟输入信号：用在初始化过程中（注：在初始化过程中可以继续使用配置数据用的 DCLK，或者切换到用 CLKUSR）
DATA	特殊引脚不能做用户 I/O	1 配置器件 2 串行加载 3 串行异步加载	输入	数据输入：串行异步加载方式下，nRS 信号被锁存后，DATA 引脚上出现的是 RDYnBSY 信号
DATA[71]	1 特殊引脚 2 用户 I/O	1 并行异步模式 2 串行异步模式	输入	数据输入：并行的字节流数据通过 DATA[71] 与 DATA0 输入器件
DATA0	特殊引脚不能做用户 I/O	配置器件 PS PPA PPS	输入	数据输入：在串行配置模式下比特流数据通过 DATA0 写入器件
DATA7	1 特殊引脚 2 用户 I/O	PPA	输出	在 PPA 配置方式，DATA 的数据被 RDYnBSY 信号通过电平触发方式在 nRS 信号已经被锁存之后写入
INIT_DONE	1 器件级的使能 2 用户 I/O	All	输出 集电极开路	状态引脚：可以用来指示器件已经被初始化或者已经进入用户模式；在配置过程中 INIT_DONE 引脚保持低电平，在初始化之前和之后，INIT_DONE 引脚被释放，被上拉到 VCCIO 通过一个外部上拉电阻，因为 INIT_DONE 在配置之前是三态的，所以被外部的上拉电阻拉到高电平。因此监控电路必须能够检测一个 0-1 的跳变信号。这个选项可以在 Quartus II 软件中被设置
DEV_OE	1 器件级的使能 2 用户 I/O	All	输入	此引脚需要在编译设置中设定才能实现第一功能，默认是第二功能；当本引脚被拉低，所有 I/O 都是三态。当本引脚被拉高，所有 I/O 在正常的程序控制状态
DEV_CLRn	1 器件级的清零 2 用户 I/O	All	输入	此引脚需要在编译设置中设定才能实现第一功能，默认是第二功能；当本引脚被拉低，所有寄存器被清除。当本引脚被拉高，所有寄存器都处于程序控制状态
TDI			输入	
TDO	1 JTAG 2 用户引脚	All	输出	JTAG 引脚。当用作用户 I/O 引脚时，JTAG 引脚电平必须保持稳定。在配置之前和配置过程中，JTAG 引脚稳定性可以预防意外的装载 JTAG 指令
TMS			输入	
TCK			输入	

6.2　基于可编程器件的数字系统设计

基于 PLD 的数字系统设计是现代数字电路设计技术的核心。它是依靠功能强大的计算机，在 EDA 工具软件平台上，对以硬件描述语言（Hardware Description Language，HDL）为系统描述手段而完成的设计文件，自动地完成逻辑编译、化简、分割、综合、优化和仿真，直至下载到 PLD 器件中，实现既定的电子电路设计功能。PLD 技术使电子电路设计效率得以提高，缩短了设计周期，节省了设计成本。

基于 PLD 的数字系统设计技术具有以下特点：①利用软件的方式设计硬件；②从以软件的方式设计的系统到硬件系统的转换，是由相关的开发软件自动完成的；③设计过程中可用相关软件进行功能和时序的仿真；④系统可现场编程，在线升级；⑤整个系统可集成在一个芯片上，具有体积小、功耗低和可靠性高的特点。

6.2.1 数字系统设计方法

1. 数字系统设计过程

数字系统设计一般可分为系统级设计、电路级设计、芯片级设计和电路板级设计几个层次。系统级设计的主要任务是将设计要求转换为明确的、可实现的功能和技术指标，确定可行的技术方案，且在系统层次进行功能和技术指标的描述。通常通过对系统功能的模块划分来分配系统功能和技术指标，确定各功能模块之间的接口关系。系统设计常运用框图与层次化的方法自顶向下进行设计，再确定器件、电路等技术方案。在电路级设计阶段，则主要确定实现系统功能的算法和电路拓扑，以及电路级对系统的功能进行描述。在芯片级设计阶段，则通过对芯片的设计与编程，实现电路设计所确定的算法和电路拓扑，即设计专门用途的集成电路芯片。以前在采用标准的 TTL、CMOS 电路系列及功能固定的专用集成电路设计时，设计者一般采用搭积木式的方法，即设计者只能依据系统设计的要求按照设计方案选择合适的器件来实现。由于可编程逻辑器件可由设计者在 EDA 环境中根据电路设计要求对其功能进行设计，并对其引脚进行配置，即采用基于芯片的方法进行系统设计，给设计者带来很大方便。设计者可以根据系统设计的功能划分，把功能模块放到芯片中进行设计，从而用单片或几片大规模可编程逻辑器件实现系统的主要功能。PCB 设计（电路板级）是在芯片设计的基础上，通过对芯片和其他电路元件之间的连接，把各种元器件组合起来构成完整的电路系统，并依照电路性能、机械尺寸、工艺等要求，确定电路板的尺寸、形状，进行元器件的布局、布线。通常，PCB 设计可以借助 PCB 设计软件（Protel）完成。

2. PLD 设计流程

PLD 设计主要包括设计输入、编译、仿真与定时分析、编程和测试等步骤，如图 6.5 所示。

（1）设计输入：将电路、系统以一定的表达方式输入计算机，是在 EDA 平台上对 FPGA/CPLD 开发的最初步骤。EDA 软件主要采用原理图输入、HDL 语言输入、EDIF 网表输入等方式。

（2）编译：根据设计要求设定编译参数和编译策略，如器件的选择、逻辑综合方式的选择等。然后根据设定的参数和策略对设计工程进行网表提取、逻辑综合和器件适配，并产生报告文件、延时信息文件及编程文件，供分析、仿真和编程使用。

（3）仿真与定时分析：利用软件的仿真功能来验证设计工程的逻辑功能是否正确，并通过定时分析设定时间参数，从而判定系统的时间参数是否达到系统的定时要求。

（4）编程：把适配后生成的下载或配置文件通过

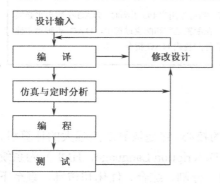

图 6.5　PLD 设计开发流程

编程器或编程电缆向 FPGA 或 CPLD 下载，以便进行硬件调试和验证。

（5）测试：对含有载入设计的 FPGA 或 CPLD 的硬件系统进行统一调试，以便最终验证设计工程在目标系统上的实际工作情况，以排除错误，改进设计。

6.2.2　数字系统设计方式

基于 PLD 的电子设计在 EDA 环境中主要采取图形设计方式和基于 HDL 的设计方式。

1．图形设计方式

对于设计规模较小的电路与系统，经常采用图形设计方式，它直接把设计的电路以原理图的方式呈现出来，具有直观、形象的优点，尤其对表现层次结构、模块化更为方便。图形设计要求设计工具提供必要的元件库或宏单元库，以供调用。图形设计适合描述连接关系和接口关系，不适合于逻辑功能的描述。若所设计系统的规模比较大，或设计软件不能提供设计者所需的库元件，这种图形设计就不适合了。另外，图形设计的通用性和移植性弱，所以在现代数字系统中图形设计一般用于顶层的设计，而底层设计一般使用基于硬件描述语言的设计方式。

2．基于硬件描述语言的设计方式

硬件描述语言（HDL）是一种用文本形式来描述和设计电路功能、信号连接关系以及定时关系的语言。硬件描述语言的最大特点是可以借鉴高级编程语言的功能特性，对硬件电路的的行为和结构进行高度抽象和规范化的描述。同时，它还可以对硬件电路的设计进行不同层次、不同领域的模拟验证和综合优化等处理，从而使硬件电路的设计达到电路设计的高度自动化。

硬件描述语言的发展至今已有 20 多年的历史，并成功地应用于系统开发的各个阶段，常用的硬件描述语言有 VHDL 和 Verilog HDL。

1）VHDL

VHDL 是超高速集成电路硬件描述语言（Very High Speed Integrated Circuit Hardware Description Language）的缩写，在美国国防部的支持下于 1985 年正式推出，是目前标准化程度最高的硬件描述语言。IEEE（The Institute of Electrical and Electronics Engineers）于 1987 年将 VHDL 采纳为 IEEE 1076 标准。1993 年，IEEE 对 VHDL 进行了修订，公布了新版本的 VHDL，即 IEEE 标准的 1076—1993 版本，从更高的抽象层次和系统描述能力上扩展了 VHDL 的内容。

2）Verilog HDL

Verilog HDL 是在使用最广泛的 C 语言的基础上发展起来的一种常用的硬件描述语言，它是由 GDA 公司的 PhiMoorby 在 1983 年开发的，IEEE 于 1995 年将 Verilog HDL 采纳为 IEEE 1364—1995 标准。

采用 Verilog HDL 进行电路设计的最大优点是它与工艺的无关性，这使得设计者在进行电路设计时可以不必过多考虑工艺实现的具体细节，而只需根据系统设计的要求施加不同的约束条件，即可设计出实际电路。实际上，利用计算机的强大功能，在 EDA 工具的支持下，把逻辑验证与具体工艺库相匹配，将布线和延迟计算分成不同的阶段来实现，从而减少了设计者的繁重劳动。

Verilog HDL 的最大特点是易学易用，如果初学者有 C 语言的基础，那么可以在很短的时间内掌握这门语言；但由于它存在着非常自由的语法，初学者容易犯一些设计上的错误。

6.3 可编程逻辑器件开发软件及应用

6.3.1 Quartus Ⅱ 概述

开发 PLD 的软件与可编程器件密切相关，Altera 公司的 Quartus Ⅱ 主要用于开发该公司的 CPLD 和 FPGA 器件。Quartus Ⅱ 设计软件是一个完全集成化、易学易用的单芯片可编程系统（SOPC）设计平台，它将设计、综合、布局和验证以及第三方 EDA 工具接口集成在一个无缝的环境中，使得 Quartus Ⅱ 界面友好，使用便捷，灵活高效，深受设计人员的欢迎。

1. Quartus Ⅱ 的特点

（1）Quartus Ⅱ 支持多时钟定时分析，内嵌 SignalTap Ⅱ 逻辑分析器，功率估计器等高级工具；

（2）Quartus Ⅱ 提供了 LogicLock 基于模块的设计方法，便于设计者独立设计和实施各种设计模块，并且在将模块集成到顶层工程时仍可以维持各个设计模块的性能；

（3）芯片（电路）平面布局连线编辑便于引脚分配和时序约束；

（4）可利用原理图和 HDL（硬件描述语言）完成电路描述，并将其保存为设计实体文件；

（5）Quartus Ⅱ 包含 MAX+plus Ⅱ 的用户界面，且易于由 MAX+plus Ⅱ 设计的工程文件无缝隙的过渡到 Quartus Ⅱ 开发环境；

（6）支持的器件种类众多；

（7）支持 Windows、Solaris、Hpux 和 Linux 等多种操作系统，且能和第三方工具如综合、仿真等的链接；

（8）提供高效的器件编程与验证工具。

2. Quartus Ⅱ 软件的用户界面

双击 图标，系统开始启动 Quartus Ⅱ 软件，Quartus Ⅱ 的用户界面如图 6.6 所示。

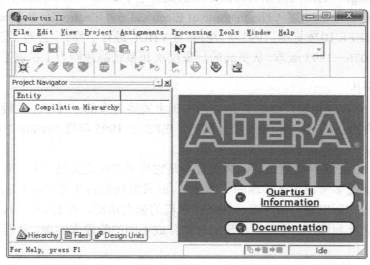

图 6.6　Quartus Ⅱ 的用户界面

Quartus Ⅱ 的用户界面主要由菜单栏（Menu Bar）、标准工具栏（Standard tool）、工程目录栏（Project Navigator）和状态栏组成。其中，菜单栏（Menu Bar）提供了 Quartus II 绝大多数的功能命令；标准工具栏包含了有关电路窗口基本操作的按钮；工程目录栏给出了工程之间及其内部的结构关系图；状态栏主要用于显示当前的操作及鼠标所至条目的有关信息。

3．基于 Quartus II 的设计流程

利用 Quartus II 软件设计开发的流程主要包括设计输入、设计编译、设计定时分析、设计仿真和器件编程几个步骤。

（1）设计输入：将电路、系统以一定的表达方式输入计算机，是在 Quartus II 平台上对 FPGA/CPLD 开发的最初步骤。Quartus II 软件主要采用原理图输入、HDL 语言输入、EDIF 网表输入方式。Quartus II 软件在"File"菜单中提供"New Project Wizard …"向导，引导用户完成工程的创建。需要向工程添加新的 VHDL 文件时，可以通过"New"选项实现，也可以直接单击口图标，在"New"选项中选择相应的输入方式。

（2）编译：根据设计要求设定编译参数和编译策略，如器件的选择、逻辑综合方式的选择等。然后根据设定的参数和策略对设计工程进行网表提取、逻辑综合和器件适配，并产生报告文件、延时信息文件及编程文件，供分析、仿真和编程使用。执行 Quartus II 软件中"Processing"菜单下的"Start Compilation"命令，或单击 ▶ 图标，开始编译。

（3）仿真与定时分析：利用软件的仿真功能来验证设计工程的逻辑功能是否正确，并通过定时分析设定时间参数，从而判定系统的时间参数是否达到系统的定时要求。执行 Quartus II 软件中"Processing"菜单中的"Start"选项下"Start Timing Analyzer"命令，或单击 ▶ 图标，进行定时分析；执行 Quartus II 软件中"Processing"菜单下的"Simuliation"命令，或单击 图标，进行仿真。

（4）编程：把适配后生成的下载或配置文件通过编程器或编程电缆向 FPGA 或 CPLD 下载，以便进行硬件调试和验证。执行 Quartus II 软件中"Tool"菜单下的"Programmer"命令，或单击 图标，进行编程。

（5）测试：对含有载入设计的 FPGA 或 CPLD 的硬件系统进行同一调试，以便最终验证设计工程在目标系统上的实际工作情况，以排除错误，改进设计。

6.3.2　原理图输入设计法

Quartus II 软件提供了功能强大、直观便捷和操作灵活的原理图输入设计功能，使得用户不必具备许多诸如编程技术、硬件语言等知识就能快速入门，完成较大规模的电路设计。

基于 Quartus II 的原理图设计流程也包括设计输入、设计编译、设计定时分析、设计仿真和器件编程几个步骤。本节以 1 位全加器的设计为例，具体说明基于 Quartus II 的原理图设计方法。

1．创建新工程项目

Quartus II 输入设计文件一般以工程文件为单元进行编辑、编译、仿真及编程，因此 Quartus II 输入设计前先要建立一个新 Quartus II 工程。对于每个新建的工程，最好建立一个独立的子目录，并且保证设计工程中的所有文件均在这个工程的层次结构中。当指定设计工程名称时，同时也可以指定存放该工程的子目录名。请注意：工程名和顶层设计文件名必须相同。

图 6.7 输入方式选择

在 Quartus II 软件中可以利用创建工程向导（New Project Wizard）创建一个新工程。工程向导以友好的人机交互界面提供工程的路径、工程名称，以及顶层文件名的输入。执行 Quartus II 软件中"File"菜单下的"New Project Wizard"命令，出现"创建新工程向导介绍"界面，按照软件提示输入设计项目的路径、工程名称，然后执行 Quartus II 软件中"File"菜单下的"New"命令，或单击 □ 图标，在"New"选项中选择相应的输入方式，如图 6.7 所示。输入方式选定后，单击"OK"按钮进入到相应的编辑器。

2. 使用 Quartus II Block Diagram/Schematic File 编辑器

使用 Quartus II Block Diagram/Schematic File 编辑器进行设计的一般步骤：

（1）在 Block Diagram/Schematic File 编辑窗口中创建一个*.bdf 设计文件。

（2）输入电路图：输入电路元件及符号；连线；命名引脚、引线及符号。

（3）保存。

下面以 1 位全加器的设计为例，具体说明 Block Diagram/Schematic File 编辑器的使用，设计文件的名字为 adder.bdf。

1）建立新文件

在图 6.7 "New"的选项中选择 Block Diagram/Schematic File 编辑器，进入原理图编辑方式，此时 QuartusII 的用户界面如图 6.8 所示。此时，单击 🖫 按钮，出现 Save As 对话框，输入设计文件名（如 adder），文件后缀".bdf"为默认的文件名。单击"OK"按钮，即将 adder.bdf 存入当前工程文件夹中。

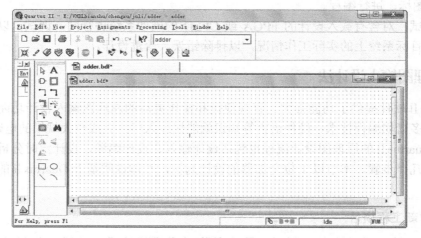

图 6.8 原理图输入时 Quartus II 的用户界面

2）输入电路图

以电路图编辑数字电路的主要方式在于电路元件符号的引入与线的连接。在安装 Quartus II 软件时已有包含数种常用逻辑函数的库文件安装在目录内（假定在 C:\altera\quartus60\libraries）。在 Block Diagram/Schematic File 编辑窗口中是以符号引入的方式将需要的逻辑函数引入，各设计电路的信号输入脚与输出脚也需要以符号方式引入。

（1）逻辑函数符号的引入。选择工具栏中的图标 ，在 Block Diagram/Schematic File 编辑窗口中将要摆放元件的位置单击鼠标左键，在箭头的尖端会出现光标闪烁，光标位置为将要摆放对象的左上角位置。

逻辑函数符号的引入方式有 4 种：

- 单击图标 ；
- 执行 Quartus II 软件中"Edit"菜单下的"Insert Symbol"命令；
- 单击鼠标右键，选择"Insert"菜单下的"Symbol"命令；
- 在 Block Diagram/Schematic File 编辑窗口中将要摆放对象的位置双击鼠标左键。选择其中任一种方式，会出现如图 6.9 所示的对话框。

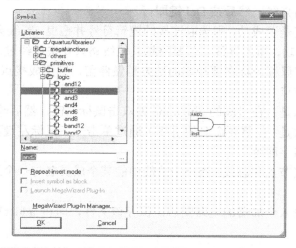

图 6.9　引入符号对话框

从图 6.9 可以看出，Quartus II 软件内附的逻辑函数可分为三大类，分别存放在 primitives、megafunctions 和 others 三个不同的子目录中。在图 6.9 中选中所需的逻辑函数符号（例如，从 primitives/logic 中选 and2 ）后，单击"OK"按钮，逻辑函数符号即可摆放在 Block Diagram/Schematic File 编辑窗口中。重复以上步骤，输入 xor、not、input、output，输入及结果如图 6.10 所示。

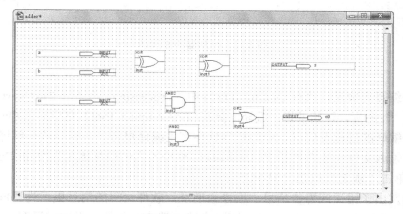

图 6.10　输入逻辑函数符号示意图

（2）建立逻辑函数符号间连线。在设计中要建立一个完整的原理图设计文件，当调入所需的逻辑符号后，还需根据设计要求进行符号之间的连线。

符号之间的连线方法有两种：①选择工具栏中的图标，打开橡皮筋功能。将鼠标移到其中一个端口，等鼠标变成十字，按下鼠标并拖曳到第二个端口，释放左键，即可进行连接。注意：橡皮筋功能打开时，移动其中任一符号，都会自动在两个符号的引线端之间形成新的连线节点或总线，或者延伸原有的连线；而关闭橡皮筋功能，则仅仅是激活的元件移动。②选择工具栏中的图标（画正交线快捷键）或（画直线的快捷键）等鼠标变成十字，按下鼠标并拖曳，即可进行连接。选择工具栏中的图标（画总线快捷键）等鼠标变成十字，按下鼠标并拖曳，可以画总线。

当一条线的端点落到另一条线上时，会自动产生连接节点。如果要删除一条连线，可单击这根连线，使其成为高亮线，然后按 Del 键即可。

如果想要检验连接是否成功，则选取连接的逻辑符号并拖曳，若线会跟着移动即代表连接成功；否则，连接不成功，重新连线。若要跨越其他线路只要快速经过，则形成跳接。若要与其他线路相连，只要将鼠标光标在要相连的地方稍做停留，则形成接点。

（3）命名引脚与节点。

为引脚命名的方法是：在引脚的 pin_nime 处双击鼠标左键，然后输入指定的名字即可。

为引线命名的方法是：在需要命名的引线上通过单击一下鼠标左键，此时引线将处于选中状态，然后输入引线名字即可。

用名字也可以连接节点和总线。当一个总线中的某个成员名与一个连线名相同时，它们的逻辑连接就存在了。

按照以上步骤，输入全加器的电路图后，保存该文件，即将 adder.bdf 存入当前工程文件夹中，如图 6.11 所示。

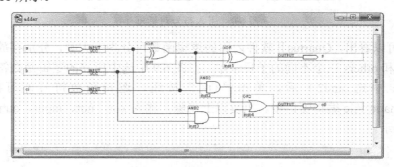

图 6.11　全加器的原理图

3．编译

设计文件编辑完成后，执行 Quartus Ⅱ 软件中"Processing"菜单下的"Start Compilation"命令，或单击 ▶ 图标，开始编译。编译工具窗口（Compiler Tool）左栏显示 QuartusⅡ 软件对设计输入文件编译的进程及信息，中间栏为软件产生编译报告，右栏为软件编译总结报告。

如果设计输入文件无连接性错误，编译通过，软件给出的信息提示为"Full Compilation was successful"，单击"确定"按钮，编译结束。

若编译器发出了错误或警告信息，编译未通过，软件给出的信息提示为"Full Comilation was NOT successful（1 errors，1 warnings）"，单击"确定"按钮，返回编译窗口。在编译窗口

单击各模块相应的  按钮，打开错误信息报告，根据错误信息报告的提示，返回原理图输入的 QuartusII 用户界面，修改电路图中的错误，再保存并编译，直至编译通过。

4. 定时分析

编译完成后，可以利用 Quartus II 的定时分析工具来分析设计工程的时域性能，时序分析的基本参数包括建立时间（t_{SU}）、保持时间（t_H）、时钟至输出延时（t_{CO}）、引脚到引脚延时（t_{pd}）、时序逻辑分析（Registered Performance）和用户指定延时（Custom Delays）。

执行 Quartus II 软件中"Processing"菜单下的"Start"选项下"Start Timing Analyzer"命令，或单击 图标，进行定时分析。定时分析结束时，Quartus II 软件给出图 6.12 所示的定时分析信息，单击"确定"按钮，完成定时分析。

图 6.12　定时分析信息

单击窗口中编译报告栏（Compilation Report）中的定时分析项（Timing Analyzer），既可以观察 1 位全加器的 t_{pd}（引脚到引脚延时）信息和进行定时分析设置，也可以观察定时分析的总结。图 6.12 给出了 1 位全加器定时分析的信息。

5. 电路模拟仿真

仿真是 EDA 技术的重要组成部分，也是对设计的电路进行功能和性能测试的有效手段。QuartusII 提供了功能强大和与电路实时行为吻合良好的精确的硬件系统测试工具。电路仿真必须在电路的设计文件编译通过后进行。

利用 Quartus II 对 1 位全加器进行模拟仿真的步骤：（1）建立仿真通道文件；（2）设计仿真。

1）建立通道文件

仿真时，应该向 Quartus II 仿真器提供输入激励向量。而输入激励向量一般以波形出现。

（1）创建一个仿真波形文件。执行 Quartus II 软件中"File"菜单下的"New"命令，选择"Other Files"栏中的"Vector Waveform Files"选项，单击"OK"按钮，进入到波形编辑器，并保存为 adder.vwf 文件。

（2）设置仿真时间区域。将仿真时间设置在一个比较合理的时间区域。选择"Edit"菜单中的"End Time…"项，在弹出窗口的"Time"栏中输入"100"，单位选择"ms"，将整个仿真区域的时间设为 100 ms，单击"OK"按钮，结束设置。

（3）输入信号节点。执行 Quartus II 软件中"Edit"菜单下的 "Insert Node or Bus"命令，按照软件提示在对话框中添加需要仿真的信号名称后，返回波形编辑器窗口。

（4）编辑输入节点波形。在 Quartus II 软件的波形编辑器中编辑输入信号节点的波形，也就是指定输入信号节点的逻辑电平变化。编辑输入信号节点波形的步骤如下：首先单击 Name 栏中的一个节点（如节点 a），然后单击图形工具按钮，则可以根据要求编辑输入信号的波形。例如，编辑 1 位全加器的输入节点波形时，首先执行 Quartus II 软件中"Edit"菜单下的"Grid Size..."命令设定 Grid Size 为 0.5 ms，其次设定输入引脚的时间状况，选择输入引脚 a，使其颜色加深，从图形工具按钮中选 clock 按钮，设定 Period 为 1 ms，再按照同样的方法选 clock 按钮设定输入引脚 b、ci 的 Period 分别为 2 ms 和 4 ms；设定完毕，保存该文件，如图 6.13 所示。

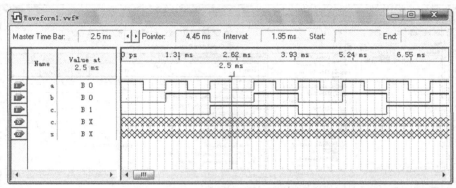

图 6.13　1 位全加器输入节点波形图

2）设计仿真

（1）启动仿真。执行 Quartus II 软件中"Processing"菜单下的"Start Simulation"命令，或单击 图标，便可以启动仿真器，当出现仿真信息"Simulator was successful"时，单击"确定"按钮，仿真结束。

（2）仿真分析。仿真结束后，软件直接弹出如图 6.14 所示的 1 位全加器的仿真波形。从图中可以看出，1 位全加器输入引脚 a、b、ci 和输出引脚 c0、s 之间的关系符合加法运算的功能。单击右栏仿真波形报告，可以查看仿真波形报告、仿真总结等仿真信息。

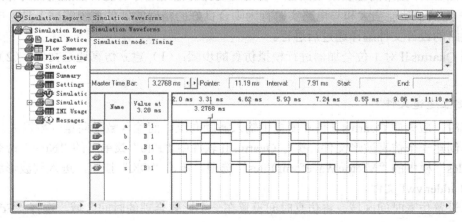

图 6.14　1 位全加器的仿真波形图

6. 引脚锁定和编程下载

工程编译仿真都通过后，就可以将配置的数据下载到应用系统。下载之前首先要进行引脚锁定，保证锁定引脚与实际的应用系统相吻合。

1）引脚锁定

假定 1 位全加器输入引脚 a、b、ci 分别锁定的 EP1K30QC208-3 器件的 15、14 和 10 引脚；1 位全加器输出引脚 s、c0 分别锁定的 EP1K30QC208-3 器件的 206 和 207 引脚。当然，也可以锁定 EP1K30QC208-3 器件的其他引脚，这要和硬件测试配合，锁定步骤与此类似。

确定了锁定引脚编号后就可以完成以下的引脚锁定操作了。

（1）确认已经打开了工程（如 adder）。

（2）执行 Quartus II 软件中"Assignments"菜单下的"Pins"命令，即进入如图 6.15 所示的"Pin Planner"窗口。

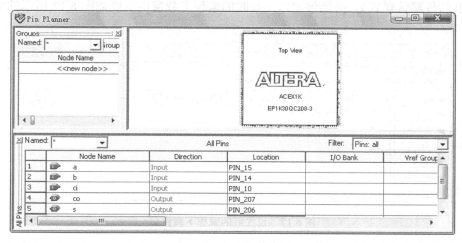

图 6.15　"Pin Planner"窗口

（3）双击"Pin Planner"窗口的"Location"栏中某一行（1 位全加器输入引脚 a 行），在出现的下拉栏中选择对应端口信号名的器件引脚号（如对应 1 位全加器输入引脚 a 选择器件的 15 引脚）。

（4）引脚锁定完毕，保存文件，此时的原理图如图 6.16 所示。从图中可以看出，1 位全加器输入引脚 a、b、ci 和输出引脚 s、c0 分别被锁定在 EP1K30QC208-3 器件的 15、14 和 10 引脚及 206 和 207 引脚。

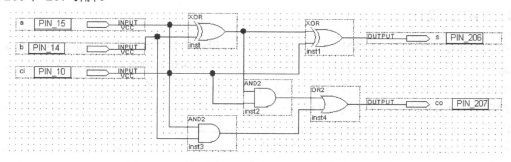

图 6.16　引脚锁定后的原理图

（5）在"Pin Planner"窗口中还能对引脚做进一步的设定。例如，通过 Direction 栏设定 I/O 性质，在"Reserved"栏可对某些空闲的 I/O 引脚的电气特性进行设置。

（6）引脚锁定后，必须再编译（启动 Start Compilation）输入文件，这样才能将引脚锁定信息编译进编程文件中。此后就可以准备将编译好的 SOF 文件下载到目标板内的 FPGA 中。

2）编程下载

将编译产生的 SOF 下载文件配置进 FPGA 中，进行硬件测试的步骤如下：

（1）通过下载电缆将目标板和并口通信线连接好，并接通电源。

（2）执行 Quartus II 软件中"Tools"菜单下的"Programmer"命令，则编程器自动打开下载窗口。

（3）设置编程模式。若是初次安装的 Quartus II 软件，在下载编程前需要选择下载接口方式。在编程下载窗口中单击 🖱 Hardware Setup... 按钮，根据提示，选择 ByteBlasterMV[LPT1]模式（Quartus II 软件默认模式）。关闭该窗口，此时的编程下载窗口变成如图 6.17 所示的编程下载窗口。

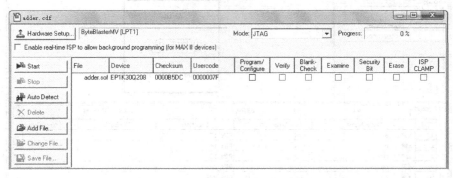

图 6.17　设置后的编程下载窗口

（4）选择编译后的 SOF 文件，根据需要选择 Program/Configure、Verify 等选项，单击编程下载窗口中的"Start"按钮，软件自动将数据文件下载到 FPGA 中，当"Progress"显示为 100%时，下载结束。

（5）硬件测试。成功下载 adder.sof 后，将实验箱中的逻辑开关连到 EP1K308QC-3 器件的 15、14 和 10 引脚，表示 1 位全加器输入引脚 a、b、ci；将实验箱中的发光二极管（LED）连到 EP1K308QC-3 器件的 206 和 207 引脚，表示 1 位全加器输出引脚 s、c0。按真值表逐项检查输入和输出的逻辑关系并对比仿真结果。

6.3.3　VHDL 设计

在 Quartus II 环境下，VHDL 设计方法与原理图设计方法类似，基于 Quartus II 的 VHDL 设计流程也包括设计输入、设计编译、设计定时分析、设计仿真和器件编程几个步骤。读者应用 Quartus II 软件编辑时与原理图设计方法的主要区别在于设计输入。

启动 Quartus II 软件，首先进入 Quartus II 的图形界面，如图 6.6 所示。执行 Quartus II 软件中"File"菜单下的"New Project Wizard"命令，按照提示建立一个新工程 mux1.qpf。

在该工程 mux1 下，执行 Quartus II 软件中"File"菜单下的"New"命令，在"New"选项中选择 VHDL File 的输入方式，单击"OK"按钮进入到 VHDL 编辑器中。VHDL 编辑器如

图 6.18 所示。

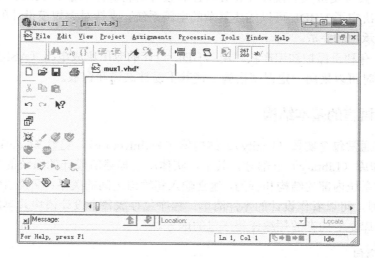

图 6.18　VHDL 编辑器

在 VHDL 编辑器中输入或编辑源程序，并以设计文件名保存（如 mux1.vhd）。其中后缀.vhd 表示该设计文件是 VHDL 源程序文件。注意：VHDL 源程序的文件名应与设计实体名一致；否则编译无法通过。设计文件编辑完成后，就可以对设计电路进行的编译、模拟仿真，编程下载，其具体过程与原理图设计类似，不再赘述。

6.4　VHDL 基础

6.4.1　VHDL 概述

VHDL 是一种全方位的硬件描述语言，包括从系统到电路的所有设计层次。它主要用于描述数字系统的结构、行为、功能和接口。除了含有许多具有硬件特征的语句外，VHDL 的语言形式、描述风格和句法与一般的计算机高级语言十分相似。VHDL 的结构特点是将一项工程设计或设计实体（可以是一个元件，一个电路模块或一个系统）分成外部（可视部分及端口）和内部（不可视部分），即涉及实体的内部功能和算法完成部分。在对一个设计实体定义了外部界面后，一旦其内部开发完成后，其他的设计就可以直接调用这个实体。这种将设计实体分成内外部分的概念是 VHDL 系统设计的基本点。用 VHDL 设计电路的特点如下。

（1）VHDL 具有强大的功能，覆盖面广，描述能力强。VHDL 支持门级电路的描述，也支持以寄存器、存储器、总线及运算单元等构成的寄存器传输级电路的描述，还支持以行为算法和结构的混合描述为对象的系统级电路的描述。

（2）VHDL 有良好的可读性和层次化结构设计。它可以被计算机接受，也容易被读者理解。用 VHDL 编写的源文件，既是程序又是文档，其层次化结构设计方法使对电路的设计支持自顶向下、自底向上以及混合设计等。

（3）VHDL 具有良好的可移植性。作为一种已被 IEEE 承认的工业标准，VHDL 事实上已成为通用的硬件描述语言，可以在各种不同的设计环境和系统平台中使用。

（4）用 VHDL 描述的硬件电路与具体的工艺无关。VHDL 提供有属性描述，对完成的设计，在工艺改变时，只需要修改相应程序中属性参数或函数，就能轻易地改变设计的规模和结构。

（5）VHDL 具有支持大规模设计和分解已有设计的再利用功能。VHDL 语句的行为描述能力和程序结构决定了 VHDL 可以描述复杂的电路系统，支持对大规模设计的分解，由多人、多项目组来共同承担和完成。

（6）VHDL 有利于保护知识产权。用 VHDL 设计的专用集成电路（ASIC），在设计文件下载到集成电路时可以采用一定保密措施，使其不易被破译和窃取。

6.4.2　VHDL 语言的基本结构

VHDL 语言通常包含实体（Entity）、结构体（Architecture）、配置（Configuration）、程序包（Package）和库（Library）五部分。其中，实体用于描述所设计的系统的外部接口信号；结构体用于描述系统内部的结构和行为，建立输入和输出之间的关系；配置语句安装具体元件到实体–结构体对，可以看作设计的零件清单；程序包存放各个设计模块共享的数据类型、常数和子程序等；库是专门存放预编译程序包的地方。

1．库、程序包

在利用 VHDL 进行工程设计时，为了提高效率以及使设计遵循某些统一的语言标准或数据格式，将预先定义好的数据类型、子程序等设计单元收集在一起，形成程序包，供 VHDL 设计共享和调用。若干个程序包形成库，即库是经编译后的数据的集合，它存放包定义、实体定义、结构定义和配置定义。常用的库有 IEEE 标准库、STD 库、WORK 库等。如果在一项 VHDL 设计中用到某一程序包，就必须在这项设计中预先打开这个程序包，允许设计能随时使用这一程序包中的内容。因此，在每个设计实体开始时，都要有使用库语句和 USE 语句打开库和程序包。

使用库和程序包的语句格式：

Library〈设计库名〉

Use〈设计库名〉〈程序包名〉.ALL

例如：

Library　IEEE　　　　　　　　--打开 IEEE 库

Use　IEEE .Std-Logic-1164.All；　--允许使用 IEEEStd-Logic-1164 程序包中的所有内容

使用 IEEE 库必须声明，而标准库 STD 库和工作库 WORK 库总是可见的，STD 库和 WORK 库默认是打开的，EDA 工具在编译一个 VHDL 程序时，通常默认它将保存在 WORK 库中，可见，WORK 库可以用来临时保存以前编译过的元件和模块。使用 STD 库和 WORK 库时通常不需要声明。但是，如果需要引用 WORK 库中用户自己定义的例化元件和模块，这时就需要对 WORK 库进行声明。

2．实体

实体（Entity）是设计实体中的重要组成部分，是一个完整的、独立的语言模块。实体定义了设计模块的输入和输出端口信号，即模块的外特性。它相当于电路中的一个器件，在电路原理图上相当于一个元件符号。

实体的语句格式：

ENTITY　实体名　IS

[generic(类属表)]　　　　　-- 类属参数声明

PORT(端口名);　　　　　-- 端口声明
　END　实体名;

其中，类属参数声明必须放在端口声明之前，用于指定矢量位数、器件延迟时间等参数。

1）实体名

由于实体名实际上表达的是该设计电路的器件名，最好根据电路的功能来确定。如 4 位二进制计数器 counter4b。注意：实体名不能用数字和中文。设计文件存盘时，设计文件名应与该设计的实体名一致，如 counter4b.vhd。

2）端口声明

端口声明是对设计实体中输入和输出接口进行描述，端口声明中的每一个 I/O 信号都被称为一个端口，一个端口就是一个数据对象。描述电路的端口及其设计端口的所有输入/输出信号必须用端口语句 PORT（）引导，并在语句结尾加分号";"。

3．结构体

结构体（ARCHITECTURE）用来描述设计实体的内部结构和实体端口间输入输出信号的逻辑关系，电路上相当于器件的内部电路结构。

结构体语句格式：

ARCHITECTURE　结构体名　OF　实体名　IS
[信号声明语句];　　　为内部信号名称及类型声明
BEGIN
　（功能描述语句）
END [ARCHITECTURE]　[结构体名];

其中，（功能描述语句）位于 begin 和 end 之间，为必选项，是结构体中必须给出相应的电路功能的描述语句，可以是并行语句、顺序语句或它们的混合。

对结构体的描述可采用不同方式，常用的描述方式有行为描述、数据流描述、结构描述以及混合描述等。

4．配置

配置（CONFIGURATION）是指将特定的结构体（指定）与一个确定的实体相关联，为一个大型系统的设计提供管理和工程组织。

配置语句格式：

CONFIGURATION　配置名　OF　实体名　IS
[说明语句]
END　配置名;

6.4.3　VHDL 语言元素

VHDL 有许多与语言有关的元素。正是这些语言的"具体细节"，构成了程序中不同类型的描述语句。

1．VHDL 文字规则

VHDL 文字主要包括数值和标识符。数值型文字包括数字型、字符串型和位串型文字。

而数字型文字又包括整数文字、实数文字、以数制基数表示的文字和物理量文字，字符串文字包括字符和字符串。标识符由英文字母 a～z、A～Z、数字 0～9 以及单个下划线"_"组成。

2．VHDL 数据对象

在逻辑综合中，VHDL 常用的数据对象为常量、信号及变量。常数是一个恒定不变的值。在程序中，常数一般在程序前部声明。常数（CONSTANT）的声明和设置主要是为了使设计实体中的常数更容易阅读和修改。常数声明格式：CONSTANT 常数名：数据类型 ：= 初值；而信号是全局量，在实体说明、结构体描述和程序包说明中使用。SIGNAL 用于声明内部信号，而非外部信号（外部信号对应为 IN，OUT，INOUT，BUFFER）。信号定义格式：SIGNAL 信号名：数据类型 [：=初始值]；信号的赋值符号用"<="表示。其格式：目标信号名 <= 表达式。变量则只在给定的进程中用于声明局部值或用于子程序中。变量定义格式：VARIABLE 变量名 数据类型[：= 初始值]；变量赋值符号用"：="表示。

在进程中，信号赋值在进程结束时起作用，信号赋值是并行进行的。而变量赋值是立即起作用的，变量赋值是顺序进行的。

3．VHDL 数据类型

VHDL 数据类型用来定义描述数据对象或其他元素中数据的类型。常用的数据类型有整数（integer）、位（bit）和标准逻辑位（std_logic）等。

4．VHDL 的属性

VHDL 有多种反映和影响硬件行为的属性，主要是关于信号、类型等的特性。利用属性可使 VHDL 的设计文件更为简明、易于理解。例如，clk'event 表示对 clk 信号在当前的一个极小的时间段δ内发生事件的情况进行检测。

5．VHDL 的操作符

VHDL 的操作符是用来实现确定操作或功能的元素。VHDL 包括许多类型的操作符。例如，逻辑操作符包括 and、or、not、nand、nor、xor 等。关系操作符包括等号（=）、不等号（/=）等。算术操作符包括+、−、*、/及其他一些特殊的操作。

6.4.4 VHDL 基本描述语句

VHDL 的基本描述语句包括顺序语句（Sequential Statements）和并行语句（Concurrent Statements）。在数字逻辑电路系统设计中，这些语句从多侧面完整地描述了系统的硬件结构和基本逻辑功能，其中包括通信的方式、信号的赋值、多层次的元件例化以及系统行为等。

顺序语句是相对并行语句而言的，其特点是每条语句的执行顺序按书写顺序执行。顺序语句只能出现在进程（Process）和子程序中。在 VHDL 中，一个进程是由一系列顺序语句构成的，而进程本身属并行语句，这就是说，在同一设计实体中，所有的进程是并行执行的。然而在任意给定的时刻内，在每一个进程内，只能执行一条顺序语句。利用顺序语句可以描述逻辑系统中的组合逻辑、时序逻辑或它们的综合体。VHDL 分为赋值语句、流程控制语句、等待语句、子程序调用语句、返回语句和空操作语句。

在 VHDL 中，并行语句是硬件描述语言与一般软件程序最大的区别所在。所有并行语句在结构体中的执行都是同步进行的，或者说是并行运行的，其执行方式与语句书写的顺序无关。

在执行中，并行语句之间可以有信息往来，也可以互为独立、互不相干。VHDL 中的并行语句主要有：并行信号赋值语句、进程语句、块语句、元件例化语句、生成语句和并行过程控制语句。

子程序（SUBPROGRAM）是 VHDL 的程序模块，这个模块是利用顺序语句来声明和完成算法的。子程序应用的目的，是使程序能更有效地完成重复性的计算工作。子程序的使用是通过子程序调用语句来实现的。在 VHDL 中子程序有过程（PROCEDURE)和函数（FUNCTION）两种类型。

6.5　数字系统开发实例

基于可编程逻辑器件的设计方法与电子系统设计方法类似，同样需要经历总体方案的确定、单元电路的设计、仿真、实验（包括修改和测试性能）等环节，只是在基于可编程逻辑器件的设计应突出可编程逻辑器件的核心地位，从方案选择到器件确定以及程序的编写都应该根据可编程逻辑器件的特点完成电子电路的设计，设计时一般采用自顶向下设计方法。其中自顶向下设计法的"顶"指的是系统的功能，"向下"指的是将系统分割成若干功能模块。也就是说，从整个系统功能出发，按一定原则将系统分成若干子系统，再将每个子系统分成若干个较小的功能模块，直至许多基本模块。因此自顶向下设计法是通过功能分割手段，将系统由上而下分层次、分模块进行设计和仿真。高层次设计主要进行功能和接口描述，定义模块的功能和接口，模块功能的进一步描述在下一层说明，底层的设计才涉及具体的逻辑门和寄存器等实现方式的描述。因此，在顶层设计阶段，基于可编程逻辑器件的数字系统设计一般采用图形设计方式，而底层设计一般使用硬件描述语言的设计方式。

6.5.1　基本电路设计

1. 组合逻辑电路 VHDL 实现

数字系统的基本电路，分为组合逻辑电路和时序逻辑电路两大类。组合逻辑电路的特点是任意时刻的输出只取决该时刻的输入，与电路原来的状态无关。常用的组合逻辑电路有译码器、数据选择器、加法器、比较器等。下面分别给出异或门、数据选择器、译码器的 VHDL 源程序。

1）异或门电路的 VHDL 源程序

```
library ieee;                      打开 IEEE 库
use ieee.std_logic_1164.all;       允许使用 IEEEStd-Logic-1164 程序包中的所有内容
entity xor2 is
        port(a,b: in std_logic;    声明 a、b 是标准逻辑位数据类型的输入端口
             y: out std_logic);    声明 y 是标准逻辑位数据类型的输出端口
end xor2;
architecture xor_behave of xor2 is
    begin
    y<=a xor b;
end xor_behave;
```

2）4选1数据选择器电路的VHDL源程序

```
library ieee;
use ieee.std_logic_1164.all;
entity mux41 is
    port(d0,d1,d2,d3:in std_logic;
                  s: in std_logic_vector(1 downto 0);
                  f:out std_logic);
end mux41;
architecture active of mux41 is
begin
    process(s,d0,d1,d2,d3)
    begin
        case s is
            when "00"=>f<=d0;      --   s1s0=00
            when "01"=>f<=d1;      --   s1s0=01
            when "10"=>f<=d2;
            when "11"=>f<=d3;
            when others=>f<='X';          s1、s0 的值不是选择值时，f 作为未知处理
        end case;
    end process;
end active ;
```

3）译码器电路的VHDL源程序

```
library ieee;
use ieee.std_logic_1164.all;
entity coder38 is
    port(a,b,c,g1,g2a,g2b: in std_logic;
                      y: out std_logic_vector(7 downto 0));
end coder38;
architecture  bhv  of  coder38  is
    signal   indata: std_logic_vector(2 downto 0);
    begin
    indata<=a&b&c;    -- indata(2)=a, indata(1)=b, indata(0)=c
        process(indata,g1,g2a,g2b)
          begin
            if (g1='1' and g2a='0' and g2b='0') then
                case indata is
                    when "000"=>y<="01111111";
                    when "001"=>y<="10111111";
                    when "010"=>y<="11011111";
                    when "011"=>y<="11101111";
                    when "100"=>y<="11110111";
                    when "101"=>y<="11111011";
```

```
               when "110"=>y<="11111101";
               when "111"=>y<="11111110";
               when others=>y<="XXXXXXXX";
             end case;
           else   y<="11111111";
         end if;
      end process;
   end bhv;
```

2. 时序逻辑电路 VHDL 实现

时序逻辑电路的特点是：电路任意时刻的输出不仅取决于当时的输入信号，而且还取决电路原来的状态。常用的时序逻辑电路有触发器、计数器等。下面分别给出 D 触发器、模 10 计数器电路的 VHDL 源程序。

1）D 触发器电路的 VHDL 源程序

```
library ieee;
use ieee.std_logic_1164.all;
entity dff is
   port(d:in std_logic;
        clk:in std_logic;
         q:out std_logic);
end dff;
architecture bhv of dff is
   begin
     process(clk)
       begin
         if clk'event and clk='1' then q<=d;
       end if;
     end process;
   end bhv;
```

注意：当条件不满足时（CLK 的上升沿未到），VHDL 综合器将默认为保持原态（Q 保持原状态不变），相当于执行语句：ELSE Q<=Q。

2）模 10 计数器电路的 VHDL 源程序

```
library   ieee；
use ieee.std_ logic_ 1164.all；
entity cntl0y is
port(clr： in std_ logic：
     clk： instd logic：
     cnt： buffer integer range 9 downto 0)；
end   cntl0y ；
architecture   one   of cntl0y is
begin
process(clr，clk)
```

```
            begin
               ifclr=' 0 ' then cnt<=0;
                  elsif clk'event and clk=' 0 ' then
                     if ( cnt=9 ) then    cnt<=0;
                        else      cnt <= cnt+1;
                     endif;
                  end if;
               end process;
            end    one;
```

6.5.2 数字秒表设计

本节通过"数字秒表"的设计与实现，介绍基于可编程逻辑器件的数字系统设计的一般步骤和方法。

1. 明确设计要求

数字秒表是一种常用于体育竞赛及各种要求有较精确计时的仪表。它通过按键控制计时器的启动和终止。要求设计一个计时范围为 0.01 s～59 min 59.99 s 的数字秒表，计时精度 10 ms；系统具有启停控制信号输入端，清零输入端；系统能在整时报时且以数字形式显示计时值。

2. 确定总体方案

根据系统的功能要求，可以把数字秒表划分外围模块和对 FPGA 模块。其中，对 FPGA 模块采用自顶向下的设计方法，包括计时电路、时基分频电路、计时控制电路、报时电路和扫描显示电路等。外围模块包括输入电路模块、输出电路模块和电源电路模块等。系统模块之间的连接关系和 I/O 关系如图 6.19 所示。

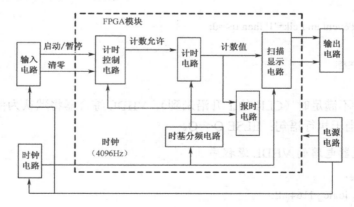

图 6.19 数字秒表框图

从图 6.19 中可以看出，FPGA 模块是系统的核心器件，其内部逻辑关系：计时控制电路的作用是对计时过程进行控制，计时控制器的输入信号是启动、暂停和清零。为符合惯例，将启动和暂停功能设置在同一个按键上，按一次是启动，按第二次是暂停，按第三次是继续。所以计时控制器共有 2 个开关输入信号，即启动/暂停和清零信号。计时电路的输入信号为 4 096 Hz 时钟、计数允许/保持和清零信号，输出为 10 ms、100 ms、s 和 min 的计时数据。时基分频电路对外部提供的系统时钟进行分频，产生时基（10 ms 周期的脉冲），用于计时电路时钟信号。显示电路为动态扫描电路，用以显示十分位、min、10 s、s、100 ms 和 10 ms 信号。

3. 硬件设计

所谓系统的硬件电路总体设计，即是为实现该项目全部基本功能所需的所有硬件的电气连线原理图。正确设计硬件电路，不仅能方便后期调试，而且节约成本，缩短面世时间。

本系统的硬件设计是以 FPGA 模块为核心，依据系统总体方案进行设计。

1）FPGA 模块的设计

可编程器件的种类很多，开发环境不尽相同，可根据设计系统所需规模、速度、功耗、开发环境及设计者熟悉程度来确定器件。这里选择 Altera 的 ACEX1K30 系列 EP1K30QC208-3 器件，完成基于 EP1K30QC208-3 进行的硬件设计与制作。

FPGA 模块由 EDA 编程下载电缆和开发板组成，其中下载电缆为通用并口电缆，而开发板的布局结构如图 6.20 所示。

图 6.20 中开发板电源适配器是为 EP1K30 提供合适的电源电压的，它将系统工作+5 V 电压变换为 EP1K30Q208-3 需要的电压。 EP1K30Q208-3 芯片的工作电压是 CORE 2.5 V，I/O 3.3 V，并且电源的稳定性直接关系到系统运行的稳定和芯片的安全，所以应选用 TI 的高性能专用 3.3 V/2.5 V 双电源开关芯片，这种芯片普遍运用于各种 FPGA 和各种对电源要求较高的场合，可以输出 3.3 V 和 2.5 V 各 1 A 的电流，并且设有短路保护。开发板上设有 EPC2 存储器配置芯片插座，用户可以无限次的配置系统，同时也不必担心掉电以后又要重新配置的麻烦。将芯片的所有有效 I/O 引脚都引出，在旁边有对应的引脚标号，用户可以根据要求使用相应的引脚，不过由于 FPGA 的驱动能力有限，如果要驱动较多较大的负载，可以外接目前采用比较先进可靠的贴片工艺设计的芯片。开发板上有一个有源晶振时钟，能够提供稳定的 4096 Hz 时钟信号源，并设有短路保护。实际 FPGA 开发板效果图如图 6.21 所示。

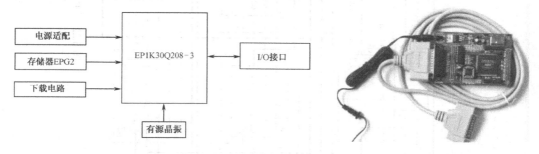

图 6.20 FPGA 开发板布局图　　　　　图 6.21 实际 FPGA 开发板效果图

2）外围模块

外围模块包括输入电路模块、输出电路模块和电源电路模块。这些电路为常规电路设计，这里不再赘述。

4. 系统软件设计

在 QuartusII 环境中将整个设计分成若干个子模块：控制模块、时钟分频子模块、计时子模块、报时子模块和显示子模块等，各模块之间信号连接关系的方框图如图 6.22 所示。

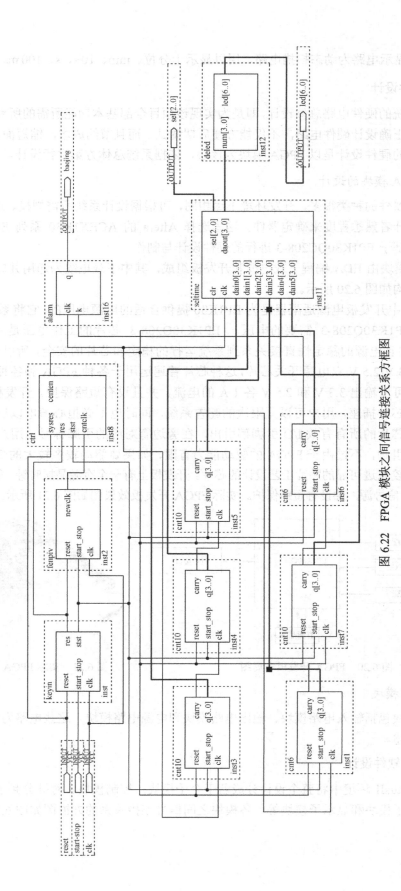

图 6.22　FPGA 模块之间信号连接关系方框图

系统各功能模块 VHDL 程序实现如下。

1）控制模块

控制模块包括键输入子模块（keyin）和控制子模块（ctrl）。键输入子模块描述的功能是产生单个复位脉冲 res 和启停脉冲 stst。控制子模块的功能是产生计时/计数模块的计数允许信号 cnt_en。

```
LIBRARY ieee;                                        --键输入子模块（keyin）
USE ieee.std_logic_1164.ALL;
USE ieee.std_logic_unsigned.ALL;
ENTITY keyin IS
    PORT(reset,start_stop,clk :IN std_logic;
                     res,stst :OUT std_logic);
END ENTITY;
ARCHITECTURE a OF keyin IS
SIGNAL res0,res1,stst0,stst1 :std_logic;
BEGIN
  PROCESS(clk)
    BEGIN
        IF(clk'event AND clk='0')THEN
                res1<=res0;
                res0<=reset;
                stst1<=stst0;
                stst0<=start_stop;
        END IF;
    END PROCESS;
    PROCESS(res0,res1,stst0,stst1)
      BEGIN
          res<=clk AND res0 AND (NOT res1);
          stst<=clk AND stst0 AND (NOT stst1);
    END PROCESS;
END a;


LIBRARY ieee;                                        --控制子模块(ctrl)
USE ieee.std_logic_1164.ALL;
USE ieee.std_logic_arith.ALL;
ENTITY ctrl IS
    PORT(sysres,res,stst,cntclk:IN std_logic;
                     centen:OUT std_logic);
END ctrl;
ARCHITECTURE rtl OF ctrl IS
SIGNAL enb1:std_logic;
BEGIN
```

```
        PROCESS(stst,sysres,res)
          BEGIN
            IF(sysres='1' OR res='1') THEN
                  enb1<='0';
                ELSIF(stst'event AND stst='1') THEN
                  enb1<=NOT enb1;
              END IF;
            END PROCESS;
            centen<=enb1 AND cntclk;
        END rtl;
        LIBRARY ieee;
        USE ieee.std_logic_1164.ALL;
        USE ieee.std_logic_arith.ALL;
        ENTITY ctrl IS
            PORT(sysres,res,stst,cntclk:IN std_logic;
                          centen:OUT std_logic);
        END ctrl;
        ARCHITECTURE rtl OF ctrl IS
        SIGNAL enb1:std_logic;
        BEGIN
          PROCESS(stst,sysres,res)
            BEGIN
              IF(sysres='1' OR res='1') THEN
                    enb1<='0';
                  ELSIF(stst'event AND stst='1') THEN
                    enb1<=NOT enb1;
                END IF;
              END PROCESS;
              centen<=enb1 AND cntclk;
        END rtl;
```

2）时钟分频子模块

系统的输入时钟为 4 096 Hz，用来驱动显示电路；同时输入时钟通过 41 分频，可以产生
100 Hz 的频率来驱动计数电路，即为 0.01 s，程序实现如下：

```
        --该模块的功能是产生计时计数模块的计数允许信号 cnten
        LIBRARY ieee;
        USE ieee.std_logic_1164.ALL;
        USE ieee.std_logic_unsigned.ALL;
        ENTITY fenpiv IS
            PORT(reset,start_stop,clk :IN std_logic;
                          newclk :OUT std_logic);
        END ENTITY;
```

```
ARCHITECTURE bhv OF fenpiv IS
SIGNAL cnter:integer RANGE 0 TO 40;
BEGIN
    PROCESS(clk)                                --时钟触发进程
    BEGIN
        IF clk'event AND clk='1' THEN
            IF(reset='1')THEN
                    cnter<=0;
                ELSIF(start_stop='1') THEN
                    IF cnter=40 THEN cnter<=0;
                        ELSE cnter<=cnter+1;
                    END IF;
                END IF;
            END IF;
    END PROCESS;
    PROCESS (cnter)
        BEGIN
        IF cnter=40 THEN newclk<='1';           --实现分频
            ELSE newclk<='0';
        END IF;
    END PROCESS;
    END bhv;
```

3）计时子模块

该模块的功能是实现计时计数，它由 4 个十进制计数器和 2 个六进制计数器串接而成。十进制计数器用来对 0.01 s、0.1 s、1 s 和 1 min 进行计数，当到 9 的时候，实现进位；六进制计数器则用来对 10 s 和 10 min 进行计数，到 5 的时候实现进位，满足显示的时间范围为 0.01 s 到 59 min 59.99 s。其中十进制计数器和六进制计数 VHDL 程序的实现如下：

```
LIBRARY ieee;                                   十进制计数器
USE ieee.std_logic_1164.ALL;
USE ieee.std_logic_unsigned.ALL;
ENTITY cnt10 IS
    PORT(reset,start_stop,clk :IN std_logic;
                    res,stst :OUT std_logic);
END ENTITY;
ARCHITECTURE bhv OF cnt10 IS
BEGIN
    PROCESS(clk,clr, start_stop)                --时钟触发进程
        BEGIN
        IF clr='1' THEN cqi<="0000";            --异步清零
            ELSIF clk'event AND clk='1' THEN
```

```vhdl
                IF start_stop='1' THEN
                    IF cqi="1001"    THEN
                        cqi<="0000";                    --到 9 归零，实现十进制
                        ELSE cqi<=cqi+1;                --计数
                    END IF;
                END IF;
            END IF;
        END PROCESS;
    END    bhv;


    LIBRARY ieee;                                       --六进制计数器
    USE ieee.std_logic_1164.ALL;
    USE ieee.std_logic_unsigned.ALL;
    ENTITY cnt6 IS
        PORT(reset,start_stop,clk :IN std_logic;
                    carry:OUT std_logic;
                    q:OUT std_logic_vector(3 DOWNTO 0));
    END ENTITY;
    ARCHITECTURE bhv OF cnt6 IS
    SIGNAL qs:std_logic_vector(3 DOWNTO 0);
     SIGNAL ca :std_logic;
    BEGIN
        PROCESS(clk)                                    --时钟触发进程
            BEGIN
                IF clk'event AND clk='1' THEN
                    IF(reset='1')THEN
                        qs<="0000";
                    ELSIF(start_stop='1') THEN
                        IF qs="101"   THEN
                            qs<="0000";    ca<=0;        --到 5 归零，实现六进制
                            ELSIF (qs="0100") THEN
                                qs<=qs+1;   ca<=1;       --计数
                            ELSE    qs<=qs+1;   ca<=0;
                        END IF;
                    END IF;
                END IF;
        END PROCESS;
    END bhv;
```

4）报时子模块

当记时到 1 h 时，报警器报警，并响 10 声。报警器模块的 VHDL 程序实现如下：

```
LIBRARY ieee;
USE ieee.std_logic_1164.ALL;
USE ieee.std_logic_unsigned.ALL;
ENTITY alarm IS
    PORT(clk, k:IN std_logic;
               q:OUT std_logic);
END alarm;
ARCHITECTURE a OF alarm    IS
    SIGNAL n:integer RANGE 0 TO 20;
    SIGNAL q0 :std_logic;
      BEGIN
      PROCESS(clk)
        BEGIN
          IF(clk='1'AND clk'event) THEN
            IF k='0' THEN
                q0<=0;
                n<=0;
              ELSIF (n<=19 AND k='1') THEN
                    q0<=NOT q0;
                    n<=n+1;
                ELSE q0<=0;
            END IF;
            END IF;
      END PROCESS;
          q<=q0;
END a;
```

5）显示子模块

　　显示子模块包括数据选择模块和数码管驱动模块，其功能是选择计数端口来的数据，当相应的数据到来时，数据选择器选择数据后输出给数码管，并由数码管显示。数码管驱动电路驱动数码管发光。

```
LIBRARY ieee;                                          --数据选择模块
USE ieee.std_logic_1164.ALL;
USE ieee.std_logic_UNSIGNED.ALL;
ENTITY seltime IS
    PORT(clr,clk: IN std_logic;
        dain0,dain1,dain2,dain3,dain4,dain5: IN std_logic_vector(3 DOWNTO 0);
        sel: OUT std_logic_vector(2 DOWNTO 0);
        daout: OUT std_logic_vector(3 DOWNTO 0));
END seltime;
ARCHITECTURE a OF seltime IS
    SIGNAL temp:integer RANGE 0 TO 5;
```

```
        BEGIN
            PROCESS(clk)
                BEGIN
                    IF (clr='1') THEN
                            daout<="0000";
                            sel<="000";
                            temp<=0;
                        ELSIF (clk='1' AND clk'event) THEN
                            IF temp=5 THEN temp<=0;
                            ELSE temp<=temp + 1;
                            END IF;
                                CASE temp IS
                                    WHEN 0=>sel<="000";daout<=dain0;
                                    WHEN 1=>sel<="001";daout<=dain1;
                                    WHEN 2=>sel<="010";daout<=dain2;
                                    WHEN 3=>sel<="011";daout<=dain3;
                                    WHEN 4=>sel<="100";daout<=dain4;
                                    WHEN 5=>sel<="101";daout<=dain5;
                                END CASE;
                    END IF;
                END PROCESS;
        END a;

LIBRARY ieee;                                         --数码管驱动模块
USE ieee.std_logic_1164.ALL;
ENTITY deled iS
    PORT(num:in std_logic_vector(3 DOWNTO 0);
            led:out std_logic_vector(6 DOWNTO 0));
END deled ;
ARCHITECTURE a OF deled IS
BEGIN
    PROCESS(num)
        BEGIN
            CASE num IS
                WHEN"0000"=>led<="0111111";-----------3FH
                WHEN "0001"=>led<="0000110";-----------06H
                WHEN "0010"=>led<="1011011";-----------5BH
                WHEN "0011"=>led<="1001111";-----------4FH
                WHEN "0100"=>led<="1100110";-----------66H
                WHEN "0101"=>led<="1101101";-----------6DH
                WHEN "0110"=>led<="1111101";-----------7DH
```

```
            WHEN "0111"=>led<="0100111";----------27H
            WHEN "1000"=>led<="1111111";----------7FH
            WHEN "1001"=>led<="1101111";----------6FH
            WHEN others=>led<="0000000";----------00H
        END CASE;
    END PROCESS;
END a;
```

5. 器件程序下载及实际测试

将编译、仿真通过的数字秒表电路的顶层文件下载到所设计硬件系统的器件 EP1K30QC208-3 中，对照生成的引脚，规范连接线路。线路连好后，输入满足要求的信号，观察测试结果。

第 7 章　Protel 2004 电路设计

电路制版是电子设计的重要环节，应用 EDA 设计软件完成电路制版是电子设计者的基本素质，本章通过实例介绍运用 EDA 设计软件 Protel 2004 绘制电路原理图和印制电路板图的一般方法与基本操作过程。

7.1　Protel 2004 的基础知识

7.1.1　Protel 概述

Protel 是澳大利亚 PROTEL TECHNOLOGY 公司在 20 世纪 80 年代末推出的 EDA 软件，在电子行业的 CAD 软件中，它当之无愧地排在众多 EDA 软件的前面，是电子设计者的首选软件。Protel 较早在我国得到使用，其普及率也最高，有些高校的电子专业还专门开设了相应的学习课程，几乎所有的电子公司都要用到它，许多大公司在招聘电子设计人才时常要求会用Protel 。

早期的 Protel 主要作为印制板自动布线工具使用，运行在 DOS 环境，功能较少，只有电路原理图绘制与印制板设计功能，其印制板自动布线的布通率也低。现在 Protel 工作在Windows 环境下，是全方位的电子设计系统。它集成了电原理图绘制、软件仿真、PCB 图制作等各个功能，深受广大电路设计者喜爱，现已成为中国大陆最常用的电路设计工具之一。

Protel 2004 是 Altium 公司（前身是 PROTEL TECHNOLOGY 公司）新一代桌面板级设计软件。经历了 Protel 99、Protel 99SE、Protel DXP 的发展，Protel 2004 的接口、组件库、布线算法都有了极大的提高，运行于优化了的设计浏览器平台，因而具备所有当今先进的设计优点，可以处理各种复杂的 SCH 和 PCB 设计过程。Protel 2004 继承了 Protel 系列产品的优点，与Protel 99SE 相比，具有以下新特性：

- Protel 2004 在电路板设计中引入项目管理的方法，倡导了电路板设计的一种新理念；
- Protel 2004 各种设计无缝集成，同步化程度更高；
- 具有 Windows XP 的接口风格，更加人性化；
- 整体的设计概念，支持自然的非线性设计流程——真正的双向同步设计；
- 采用集成元器件库替代分离的元器件库，是 PCB 电路板设计上的重大技术革新；
- 全面的设计分析，包括数模混合仿真，VHDL 仿真和信号完整性分析等；
- 支持多信道设计的模式，提高了电路板设计的效率；
- 支持 VHDL 设计和混合模式设计（FPGA、SITUS 拓扑布线技术）。

7.1.2　Protel 2004 的系统组成

Protel 2004 采用优化了的设计浏览器及客户/服务器应用程序设计模式，在其提供的集成客户/服务器环境中，设计者可以运行各种服务器程序组件，如原理图设计服务器、网络表生成服务器、电路仿真服务器、PCB 设计服务器和自动布线服务器等，如图 7.1 所示。

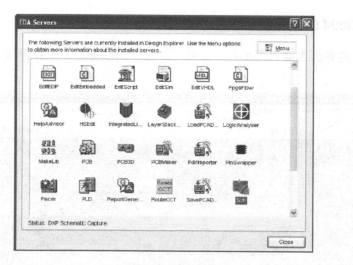

图 7.1　服务器程序浏览

Protel 2004 虽然包含有数目众多的服务器程序，但是在进行电路板设计过程中经常用到的设计服务器主要有下面 5 类组件：原理图设计组件、PCB 设计组件、自动布线组件、可编成逻辑器件组件和电路仿真组件。

7.1.3　Protel 2004 常用的编辑器

电路板设计过程中常用的编辑器主要有原理图编辑器和 PCB 编辑器，以及设计原理图符号的原理图库编辑器和设计 PCB 元器件封装的元器件封装库编辑器等。

一个完整的电路板设计必须经过原理图设计和 PCB 设计两个阶段。

第一阶段的原理图绘制是在原理图编辑器中完成的。原理图编辑器主要功能是设计电气原理图，完成对实际电路电气连接的正确表述。此外，在原理图编辑器中利用原理图库所提供的元器件的原理图符号，还可以快速绘制电气设备之间的接线图。这是电路板设计过程中的准备阶段。

对于库文件中没有的原理图符号，就要用原理图库编辑器来进行设计。在正式制作原理图符号之前，需要创建一个原理图库文件，以存放即将制作的原理图符号，同时还可以激活原理图库编辑器。

PCB 编辑器需要完成的是电路板设计第二阶段的任务，即根据原理图设计完成电路板的制作。电路板制作主要包括电路板选型、规划电路板的外形、元器件布局、电路板布线、覆铜和设计规划校验等工作，是整个电路板设计过程中的实现阶段。

如果个别元器件的封装在系统提供的元器件中不能找到时，可以利用元器件封装库编辑器自己动手制作元器件封装。同制作原理图符号一样，在制作元器件封装之前，也应当先创建一个新的 PCB 元器件封装文件，或者打开一个已经存在的元器件封装库。

从四个常用编辑器之间的关系来看，原理图编辑器和 PCB 编辑器是进行电路板设计的两个基本平台，并且原理图和 PCB 的更新是实时同步的。原理图库编辑器是服务于原理图编辑器的，主要用来制作原理图符号以保证原理图设计的顺利完成；元器件封装库编辑器是服务于 PCB 编辑器，主要用来制元器件封装，以保证所有的元器件的原理图符号都能有对应的元器件封装，使原理图设计能够顺利地转入到 PCB 的设计。原理图符号、元器件封装和网络表三者则是联系原理图编辑器和 PCB 编辑器的桥梁和纽带。

7.1.4 Protel 2004 的基本界面

Protel 2004 的界面主要有菜单栏、文件工具栏、工作窗口、工作面板标签等，如图 7.2 所示。

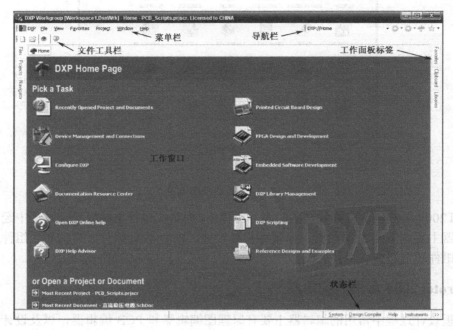

图 7.2　Protel 2004 界面

1. 菜单栏

菜单栏可设置系统参数、设置快捷键和自定义工具栏，包括一个用户配置菜单和 6 个常见 Windows 菜单，如图 7.3 所示。

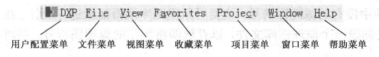

图 7.3　菜单栏

1）用户配置菜单（DXP）

用户配置菜单主要用于用户设置必要参数，单击"DXP"，将会弹出如图 7.4 所示的配置菜单选项。

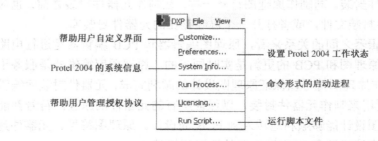

图 7.4　配置菜单选项

2）File（文件）菜单

File 菜单主要用于项目和文件的新建、打开和保存等操作，文件菜单的中英文对照菜单如图 7.5 所示。

图 7.5 File 菜单

File 菜单的各选项如下：

- New：用于新建一个项目或文件；
- Open：用于打开已有的 Protel 2004 可以识别的文件；
- Close：关闭打开的文件；
- Open Project...：打开项目文件；
- Open Design Workspace...：打开设计项目组；
- Save Project：用于保存当前的项目文件；
- Save Project As...：用于另存当前的项目文件；
- Save Design Workspace：保存当前设计项目组；
- Save Design Workspace As...：另存当前设计项目组；
- Save All：保存全部打开的文件；
- Protel 99 SE Import Wizard...：将 Protel 99 SE DDB 转换为 Protel 2004 项目；
- Recent Documents：打开最近打开过的文件；
- Recent Projects：打开最近打开过的项目；
- Recent Workspaces：打开最近打开过的设计项目组；
- Exit：退出 Protel 2004。

3）View（视图）菜单

View 菜单主要用于工具栏、工作窗口视图、命令行以及状态栏的显示与隐藏，该菜单的中英文对照如图 7.6 所示。

- **Toolbars**：用于控制工具栏的显示与隐藏。单击一次开启，再次单击则关闭所打开的工具栏，其子菜单项如图 7.7 所示。

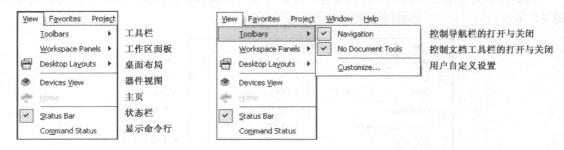

图 7.6　View 菜单　　　　　　　　　　　　　图 7.7　Toolbars 菜单项

- **Workspace Panels**：用于控制工作窗口的打开与关闭，其子菜单项如图 7.8 所示。

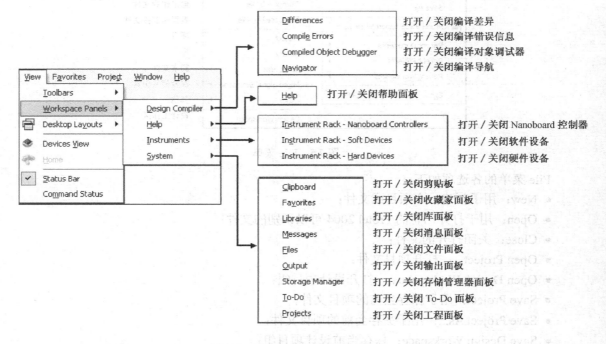

图 7.8　Workspace Panels 菜单项

- **Desktop Layouts**：用于控制桌面的显示层次，其子菜单项如图 7.9 所示。
- **Devices View**：用于打开设备视图窗口。
- **Home**：用于打开主页窗口。
- **Status Bar**：用于显示／隐藏工作窗口下方状态栏上标签。
- **Command Status**：用于控制命令行的显示与隐藏。

4）Favorites（收藏）菜单

Favorites（收藏）菜单中有如图 7.10 所示的两个菜单项。

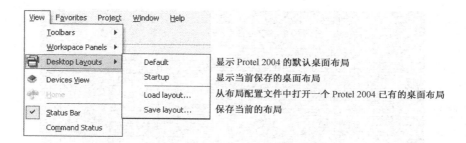

图 7.9　Desktop Layouts 菜单项

5）Project（项目）菜单

Project（项目）菜单主要对项目文件进行管理，包括项目文件的编译、显示差异、添加和删除等，如图 7.11 所示。

图 7.10　Favorites 菜单　　　　　　　　　　　图 7.11　Project 菜单

6）Window（窗口）菜单

Window（窗口）菜单用于对窗口的平铺、关闭进行操作，如图 7.12 所示。

7）Help（帮助）菜单

Help（帮助）菜单用于打开各种帮助信息。

2．工具栏

Protel 2004 的主工具栏中有 4 个按钮，如图 7.13 所示。

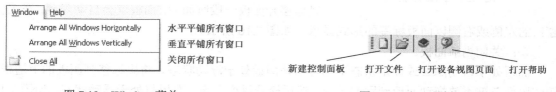

图 7.12　Window 菜单　　　　　　　　　　图 7.13　主工具栏

3．工作窗口

打开 Protel 2004，工作窗口默认显示的是 Home 页视图，如图 7.14 所示。在该视图中，可直接单击快速启动图标旁的功能描述以实现所需操作。

图 7.14　工作窗口中的 Home 页视图

4．工作面板

Protel 2004 的面板有两类，一类是像 Files 面板、Messages 面板那样的系统面板，另一类是像 Libraries 面板那样的编辑器面板。系统面板在任何时候都可以使用，而编辑器面板只有在相应的文件被打开时才被激活。图 7.15 所示是系统面板中的 Files 面板。

图 7.15　Files 面板

面板主要用于打开文件或项目、新建各种文件或项目、从模板新建等操作。单击每一部分标签右上角的 ⊗ 图标可以显示或隐藏其中的选项。

面板可以隐藏或者拖动至窗口的任意位置，也可以锁定。

在每一个面板右上角都有 3 个图标，其含义如下。

▼：单击该图标可实现不同面板之间的切换。

⊡：此图标表明该面板正处于锁定状态。单击该图标则图标变成 ◪ 状，表明该面板处于自动隐藏状态。鼠标移开面板一段时间后，面板就会自动隐藏，在工作窗口的左侧或右侧以面板标签的形式显示，如图 7.16 所示。

▣：关闭当前面板。

面板处于自动隐藏或锁定状态下都可以使面板处于浮动状态。将鼠标移到面板的上边框，按住鼠标左键不放拖动面板到别的区域，然后松开鼠标左键，面板将处于浮动状态，如图 7.17 所示。

浮动的面板可以变成锁定方式。右击面板的上边框，在弹出的快捷菜单中选择 Allow Dock/Vertically 命令，然后将鼠标移到面板的上边框，按住并拖动到窗口的最左侧或最右侧，直到窗口的最左侧或最右侧出现可以完全看到的封闭的虚线框时松开鼠标，面板便处于锁定状态了。如果在快捷菜单中选择 Allow Dock/Horizontally 命令，则只有锁定面板至窗口的最上端或最下端。

图 7.16　隐藏的面板

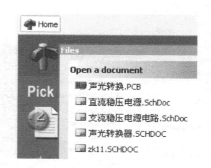

图 7.17　浮动状态

7.2　用 Protel 2004 绘制电路原理图

电路原理图的设计是整个电路设计的基础，决定了电路制板的成败。通常情况下，在 Protel 2004 中设计一个电路原理图包括设置电路原理图的图纸大小、在图纸上绘制电路图，对电路图中的元器件进行标注、对走线进行调整、保存电路原理图、输出网表文件等步骤，绘制流程：

（1）创建一个设计工程文件；

（2）向其中添加电路原理图文件；

（3）在电路原理图文件中绘制电路原理图；

（4）编译 PCB 项目中的电路原理图；

（5）保存电路原理图。

本节通过绘制一个如图 7.18 所示的简单直流稳压电源电路，来学习利用 Protel 2004 强大的原理图编辑器和原理图库编辑器来实现电路原理图设计的一般方法与步骤。

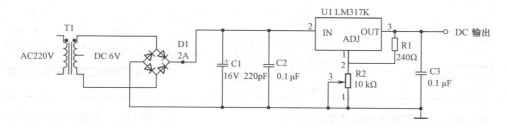

图 7.18　直流稳压电源电路

7.2.1　进入原理图编辑器

（1）在 Windows 2000 或 Windows XP 环境中，执行开始/程序/Altium/DXP2004 命令，进入 Protel 2004 的界面；或者直接双击 DXP2004 快捷图标打开 Protel 2004 的界面，如图 7.2 所示。

（2）创建一个设计工程项目文件，作为电路图、PCB 图等文件的载体。方法是执行 File/New/Project/PCB Project 命令，如图 7.19（a）所示。创建的设计工程项目文件被 Protel 2004 默认命名为"PCB-Project1.PrjPCB"，如图 7.19（b）所示。

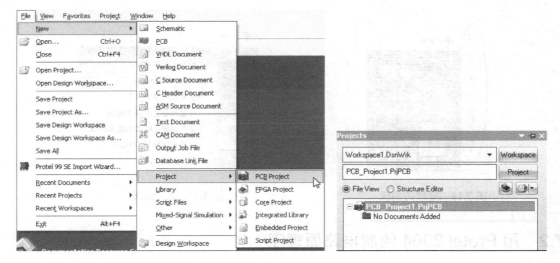

图 7.19（a） 创建工程命令菜单　　　　　　　　图 7.19（b） 工程项目组界面

（3）创建完一个设计工程项目后，向其中添加原理图文件 Schematic，方法是执行 File/New/ Schematic 命令；也可以通过单击鼠标右键，在弹出的快捷菜单中选择 Add New to Project/ Schematic 命令，如图 7.20（a）所示。这样就生成了一幅空白的电路原理图，如图 7.20（b）所示。

图 7.20（a） 创建电路原理图命令菜单

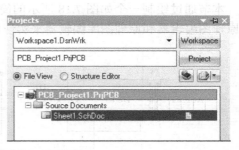

图 7.20（b） 创建电路原理图界面

图 7.21　新建的 PCB 项目和原理图文件

（4）选择 File/Save All 命令进行设计工程项目和原理图的保存。注意，保存时应尽量采用直观的文件名，如图 7.21 所示，其中设计工程项目文件名为"直流稳压电源项目"，原理图文件名为"直流稳压电源电路"。

7.2.2 设置原理图编辑器的参数

当进入原理图设计环境后，首先对默认的环境进行重新设置，以适合设计者个性化的要求。执行菜单命令 Design/Document Options，即可进入如图 7.22 所示的图纸参数对话框。在这个对话框中可以对图纸大小、图纸方向、背景颜色、栅格参数等进行设置。

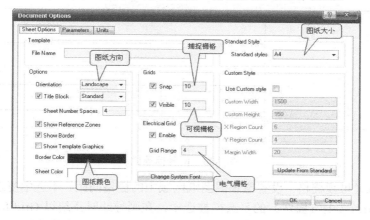

图 7.22 设置图纸相关参数

1. 设置图纸大小

在图 7.22 中的 Standard Style 下拉列表中选择原理图纸张的类型，图中选择的是 A4。在 Options/Orientation 下拉列表中选择适合的图纸方向，Landscape 为横向，Portrait 为纵向。

2. 设置图纸颜色

在图 7.22 所示的图纸参数对话框中，Border Color 选项用于设置图纸边框颜色，修改时在其右边的颜色条中单击，在弹出的 Choose Color 对话框中选择新颜色。Sheet Color 选项用于设置图纸底色，修改方法与图纸边框颜色相同。

3. 设置图纸标题栏

Protel 2004 提供了两种预先定义好的标题栏，分别为 Standard（标准格式）和 ANSI（美国国家标准协会支持格式）格式，如图 7.23 所示，具体设置可在 Title Block 的下拉列表中选择。另外，"Show Reference Zones"复选框用来设置边框中的参考坐标。"Show Border"复选框用来设置是否显示图纸边框，如果选中则显示，否则不显示。当显示图纸边框时，可用的绘图工作区将会变小。

4. 设置系统字体

在图纸绘制过程中，需要插入一些汉字或英文，系统可以设置这些插入的字符的字体。在图 7.22 所示的图纸参数对话框中，单击 Change System Font 按钮，将弹出"字体设置"对话框，此时就可以设置系统字体了。

5. 栅格、电气节点的设置

在图 7.22 的图纸参数对话框中，Grids/Snap（捕捉栅格）设置光标的移动间距。选中复选框，也就是复选框的前面出现"√"，光标按所设置的数字移动，单位为英制单位 mil（1 mil=

0.025 4 mm）；不选中复选框，光标按 1 mil 单位移动。

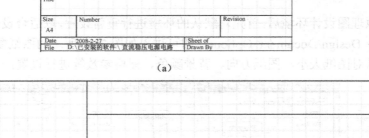

（a）

（b）

图 7.23　两种标题栏

Grids/Visible（可视栅格）设置原理图图纸区域中的栅格间距。不选中复选框将隐藏栅格。

Electrical Grids（电气栅格）的复选框被选中，在画导线时系统以 Grid Range 值为半径，以光标所在位置为中心，向四周搜索电气节点，如果搜索到，就会将光标自动移到该节点上，并在该节点上显示一个"x"符号。这时用户单击鼠标，就可以将导线连接到这个节点上。

6. 文档参数与环境参数

（1）文档属性的设置仍然在图 7.22 对话框中进行。选择 Design/Options 命令，在弹出的对话框中选择 Parameters 选项卡，在该选项卡中，可以设置文档的各个参数属性，如设计公司名称、地址、图样的编号等。

具有这些参数的设计对象可以是一个器件、引脚、端口或符号等。每个参数均具有可编辑的名称和值。单击"Add"按钮可以向列表中添加新的参数属性，单击"Remove"按钮可以移去一个参数属性，而单击"Edit"按钮可以编辑一个已经存在的属性。

（2）原理图环境参数设置可选择 Tools/Schematic Preferences…命令，打开 Preferences 对话框来实现。图 7.24 就是对 Schematic 中的 General 选项功能进行说明。

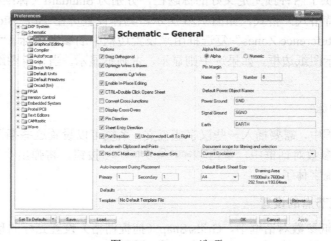

图 7.24　General 选项

（3）设置图形编辑环境可选择 Tools/Schematic Preferences...命令，打开 Preferences 对话框来实现。图 7.25 就是对 Schematic 中 Graphical Editing 选项的功能进行说明。

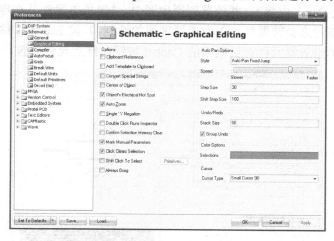

图 7.25　Graphical Editing 选项

7.2.3　绘制电路原理图

进入原理图编辑器，设置好原理图编辑器环境参数后，就可以在新建的原理图文件中绘制电路原理图。

绘制电路原理图主要包含两个方面内容：放置元器件和建立元器件之间的电气连接。放置元器件是指将代表实际元器件功能的原理图符号放置到原理图编辑器中，而建立元器件之间的电气连接是指用具有电气特性的导线将各个原理图符号按照一定的规则连接起来，使整个原理图设计能完成特定的电气功能。

1．添加元器件库文件

选择 Design/Browse Library 命令，弹出元件库管理浏览器；单击浏览器中的"Libraries..."按钮，出现元件库对话框；在这个对话框中，可以进行添加、删除及设置元件库的操作。单击"Install..."按钮，在安装目录的 Library 文件夹下找到 ST Microelectronics 文件夹，打开它，选择其中的 ST Power Mgt Voltage Regulator. IntLib 库文件，这样，ST Power Mgt Voltage Regulator 中的器件被添加到了 Libraries 面板中。除了稳压集成电路 LM317 在 ST Microelectronics 器件库以外，其余的器件均在 Miscellaneous Devices 器件库中。

另外，在"器件库安装／卸载"对话框的 Project 选项卡中，如果添加了库文件，则该库文件也被添加到 Project 面板当前的项目文件中，它只对该项目文件起作用，在保存时可以将各种设计文件与库文件一起保存。

2．放置元件

在元件库管理浏览器对话框中，打开元件库 ST Power Mgt Voltage Regulator.IntLib，在其中选择 LM317，如图 7.26 所示。双击"LM317K"，

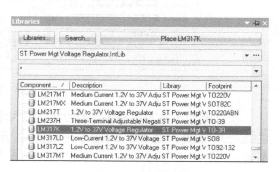

图 7.26　选择 LM317

移动鼠标至新建的原理图窗口中的合适位置，单击一下完成放置。按照同样方法打开元件库 Miscellaneous Devices.IntLib，如图 7.27 所示，选择其中的 Res（电阻）、TransCT（变压器）、Bridge（整流桥）及 Cap（电容），并放置到原理图中。（当单击器件并在原理图窗口中移动鼠标时，可以通过空格键来旋转器件，以方便原理图的绘制。）按 Esc 键，终止相同元件放置。单击鼠标左键，再单击放置元件对话框中的 Cancel 按钮，终止元件放置。

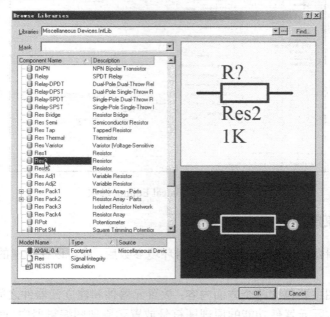

图 7.27　元件库管理器对话框

刚放置的元件参数是默认值，在具体的原理图中要修改它们，方法是双击要修改的器件，在弹出的属性对话框中即可修改器件的参数。例如，修改变压器的属性如图 7.28 所示，一般只修改标号和参数。同样，可以修改电阻、电容、整流桥、稳压集成电路等。

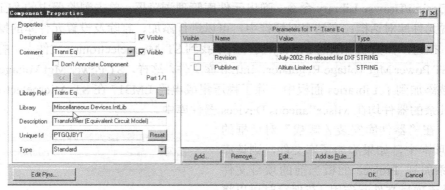

图 7.28　元件属性对话框

在直流稳压电源电路中，AC220 是文本框，选择 View/Toolbars/Utilities 命令，在弹出面板的 中设置，而 DC Output 在 中。元器件放置完毕并修改过属性后的原理图如图 7.29 所示。

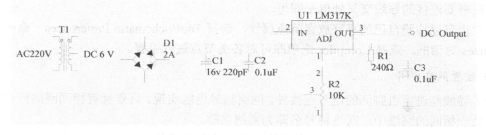

图 7.29　元器件的放置

Protel 2004 提供了十分完善的对象编辑功能，如器件的选取、剪切、粘贴、排列和对齐等。原理图所有的编辑操作命令都在 Edit 菜单中。

3．建立电气连接

1）放置电气连接线

放置完所需的元件并对其位置进行初步调整后，下面的工作便是建立元件间的电气连接。选择 Place/Wire 命令（如图 7.30 所示），或单击工具栏中的 按钮，这时进入连线状态，光标就由箭头变为十字形，找到其实点后单击鼠标左键，就确定连线的起点，移鼠标到该连线的终点，单击鼠标左键即可完成一条电气连接线的放置，双击连线，在弹出的 Wire 对话框中可设置连线的线宽和颜色等。将所有的元件连接起来，连接完毕后的直流稳压电源电

图 7.30　Place 菜单

路原理图如图 7.31 所示。此时，如果执行 File/Save All 命令，可将连接完成的原理图保存起来；执行 File/Print Preview…命令，预览输出结果；执行 File/Print 命令，可进行原理图的打印。

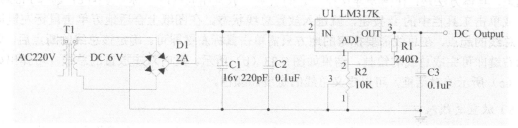

图 7.31　连接完毕后的直流稳压电源电路原理图

建立电气连接除上述导线连接外，还包括总线、电源和地线的设置，网络标号的设置，以及输入/输出端口的设置等；在画层次原理图中，还包括了电路方块图的放置等操作，如图 7.30 所示，选择 Place 菜单可选择连接的对象，下面逐一进行介绍。

2）放置电气连接点

在进行原理图绘制时，大部分交叉的两条导线间会自动产生节点，生成电气连接，但有时仍需要我们手工添加节点。选择 Place/Manual Junction 命令，鼠标将变成十字形状，将十字中

心放置在需要连接的导线交叉处单击即可。

用户也可以按照自己的喜好放置节点属性，选择 Tool/Schematic Preferences...命令，打开 Preferences 对话框，选择 Compiler 选项即可对各类节点进行设置。

3）放置网络标号

除了导线能进行引脚间的电气连接外，网络标号也能实现。只要拥有相同网络标号的引脚即表示处于相同的网络中，网络标号名即为网络名称。

网络标号的作用有两个：一是在单张原理图中简化电路的导线连接；二是在层次原理图中建立层次原理图之间的电气连接。

选择 Place/Net Label 命令或单击工具栏中的 按钮，移动鼠标至器件的引脚附近单击一下完成放置；双击刚放置的网络标号，在弹出的 Net Label 网络标号对话框中，设置网络标号的名称等参数。

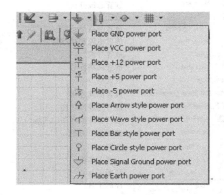

图 7.32　各种电源符号

4）放置电源和接地符号

选择 Place/Power Port 命令或单击工具栏中的 按钮，可以放置电源符号。单击工具栏中的 按钮，选择合适的位置单击即可放置接地符号。在放置过程中按下 Tab 键或双击放置好的符号打开，弹出电源或接地符号的属性对话框。

在 Utilities 工具栏中（在菜单空白处单击鼠标右键，在弹出的快捷菜单中选择 Utilities 命令即可打开），有一个电源符号集 按钮，有多种电源符号供用户使用，如图 7.32 所示。

5）放置总线

如图 7.33（a）所示，用数据总线将元器件 JP1 的 8 个端口与 U1 的 D0-D8 这 8 个引脚连接起来，具体方法是：在需要连接在一起的引脚上放置相同的网络标号 P1-P8；选择 Place/Bus 命令或单击工具栏中的 按钮，就进入放置总线状态。在图纸上合适地方单击鼠标左键即可确定总线的起点，在总线需要拐弯的地方只需单击鼠标左键即可。确定该总线的断点后，单击鼠标右键即可完成总线的绘制，结果如图 7.33（b）所示。此时双击放置的总线，可弹出如图 7.33（c）所示的对话框，可以定义总线的宽度和颜色。

6）放置总线入口

总线入口是单一导线进出总线的接口，选择 Place/Bus Entry 命令或单击工具栏中的 按钮，即可进入放置总线进出点的命令状态，在光标上可以看到一段斜向 45°或者 135°的线。如图 7.34（a）所示。此时如果双击总线入口，在弹出的 Bus Entry 对话框中可以设置总线入口的属性，如图 7.34（b）所示。

在 JP1 的引脚 1 处放置总线入口。移动光标到 JP1 的引脚 1 处，待总线入口两端出现红色米字形电气捕捉标志时，单击鼠标左键即可放置好该总线入口。重复上述过程可完成其他总线入口的放置。在放置总线入口过程中，按 Space 键可改变总线入口的方向。放置好总线的最终结果如图 7.34（c）所示。

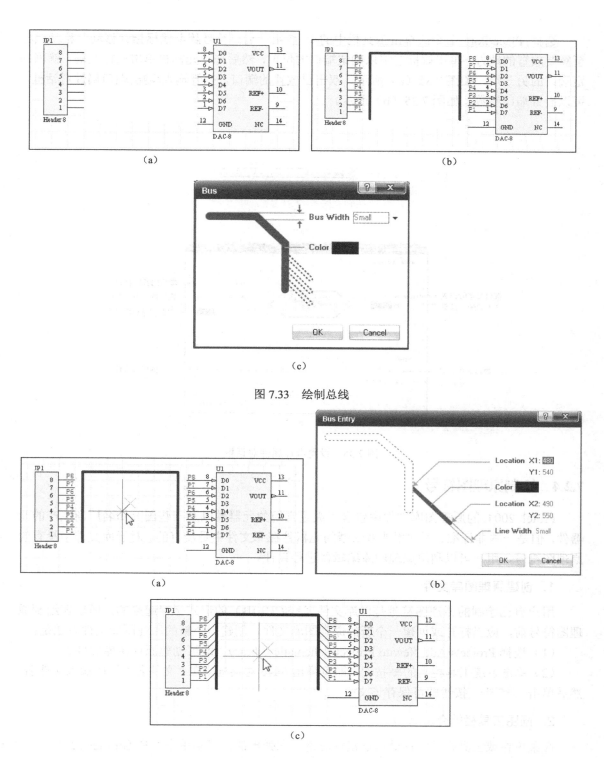

图 7.33　绘制总线

图 7.34　放置总线入口

7）放置输入/输出端口

输入／输出端口能实现不同原理图之间的电气连接。端口通过导线与元件的引脚相连，在一个项目文件中具有相同名称的端口之间可以建立电气连接。

选择 Place/Port 命令或单击工具栏中的 按钮，端口符号随着鼠标指针移动，移动鼠标至需要放置的地方，单击鼠标左键以确定端口的位置，然后拖动光标再单击鼠标左键，就可确定端口的另一端，如图 7.35（a）所示。双击已放置的端口，打开输入/输出端口属性对话框，可以设置端口参数，如图 7.35（b）所示。

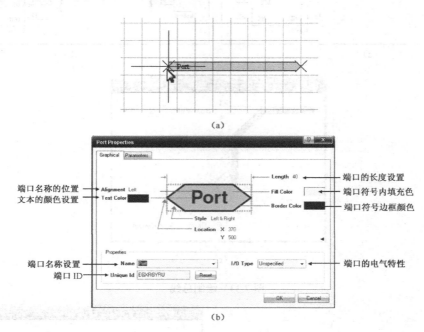

图 7.35　设置端口属性对话框

7.2.4　绘制原理图符号

Protel 2004 的原理图库文件中包含了大量常用的元器件以及一些国际知名厂商生产的元器件，但是一些非标准、不常用或者新型的元器件在库文件中是没有的。对于库文件中没有的原理图符号，用户可以利用原理图库编辑器进行设计。

1. 创建原理图库文件

用户自己绘制的原理图符号是以库文件（*.SCHLIB）的形式保存起来的，所以在绘制原理图符号前，应当打开或创建一个新的原理图库文件。创建一个新的原理图库文件方法是：

（1）选择 Projects/Add New to Project/Schematic Library，即可创建原理图库文件。

（2）单击系统工具栏上的 按钮，即可弹出 Save 对话框，在"文件名"栏后输入文件名，然后单击 按钮即可保存该文件。

2. 画图工具栏简介

在菜单栏或工具栏的空白处单击鼠标右键，在弹出的快捷菜单中选择 Utilities 命令，这时工具栏将多出一列工具。单击 按钮，弹出画图工具栏，如图 7.36 所示。另外，也可以选择 Place/Drawing Tools 命令打开绘制工具，如图 7.37 所示。

在绘制原理图符号时，可以用鼠标左键单击画图工具栏相应的工具按钮来执行画图命令，也可以通过执行相应的菜单命令 Drawing Tools 画图。

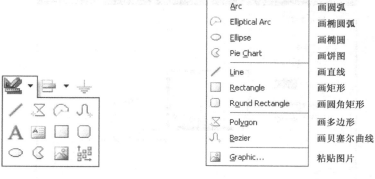

图 7.36　画图工具栏	图 7.37　执行画图的菜单命令

3．放置 IEEE 符号

IEEE 符号经常用来表示器件引脚的输入/输出属性。在元器件引脚属性对话框中还设置了可选择的 IEEE 符号的放置功能，因此，执行 Place/IEEE Symbols 菜单命令，即可弹出执行放置 IEEE 符号的菜单命令。用户可以根据需要进行设置。

7.2.5　建立层次式原理图

在工程实际中，一个电子系统的电路原理图可能会非常复杂，不可能把整个电路原理图绘制在一张图纸上。为了提高电路原理图的可读性，Protel 2004 提供了强大的层次原理图功能，整张大图可以分成若干子图，某个子图还可以在向下细分。在同一项目中，可以包含无限分层深度的无限张原理图。它们之间的组合关系通常使用层次式（Hierarchy）电路关系。

层次原理图有 3 种设计思路：一是自顶向下的层次设计思路，二是自底向上的层次设计思路，三是多通道层次原理图设计思路。下面以第一种方法为例，说明自顶向下层次原理图的设计。

自顶向下的设计思路是在绘制原理图之前，要求设计者对这个设计有一个整体的把握，即规划母图。将项目划分为多个模块，也就是规划子图，确定每个模块的设计内容，然后对每一模块进行详细的设计，包括每个模块有哪些输入 / 输出端口等。原理图子图的设计方法与单张原理图设计基本相同，不同之处在于增加了输入 / 输出端口，以便不同子图之间、子图与母图之间、子图与其子图之间进行电气连接。

1．绘制电路模块

启动原理图设计管理器，建立一个层次原理图文件。选择 Place/Sheet Symbol 命令或单击工具栏中的 按钮，此时光标处出现一个浮动的电路模块。移动光标至适当的位置，单击鼠标左键确定电路模块的左上角位置；然后移动光标可以改变电路模块的大小，将光标移动到适当的位置后单击鼠标左键，即确定电路模块的右下角。这样就完成一个电路模块的大小和位置，如图 7.38 所示。

图 7.38　电路模块的放置

放置的电路模块分别使用默认名和关联的原理图文件名。双击电路模块或按 Tab 键，弹出如图 7.39 所示的 Sheet Symbol 对话框。在此对话框中可以设置电路模块的大小、位置、边框颜色、填充颜色、电路模块名称和关联的原理图文件名等。

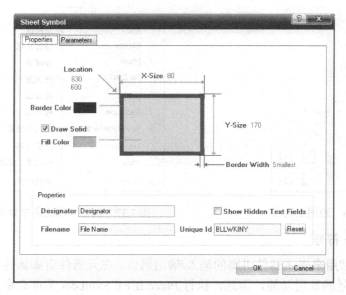

图 7.39 "电路模块属性设置"对话框

绘制完一个电路模块后，仍处于放置方块电路的命令状态下，用户可以用同样的方法放置其他的电路模块，并设置相应的电路模块图文字属性。

2. 放置模块端口

选择 Place/Add Entry 命令或单击工具栏中的 按钮，移动鼠标至电路模块内部适当位置，单击鼠标左键即可完成电路模块端口的放置。双击放置的电路模块端口，弹出如图 7.40 所示的"电路模块端口属性设置"对话框，可以放置端口属性。若在同一个电路模块中还要放置其他端口，可重复执行以上步骤。这样就完成了母图电路模块的绘制。例如，放置完端口后的电路模块如图 7.41 所示。接着，再绘制子图的电路模块，并将它们之间的对应端口用导线或总线连接起来。

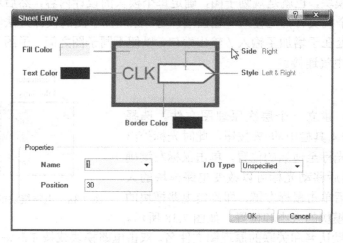

图 7.40 "电路模块端口属性设置"对话框

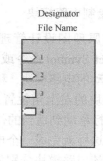

图 7.41 母图电路模块

3．从电路模块生成电路原理图

在采用自上而下设计层次原理图时，应先建立电路模块，再制作该电路模块的原理图文件。而制作原理图时。其 I/O 端口符号必须和电路模块上的 I/O 端口符号相对应。Protel 提供了一条捷径，即由模块电路符号直接产生原理图文件的端口符号。

选择 Design/Create Sheet From Symbol 命令，光标变成了十字形状，移动光标到所画电路模块 CPU 上，如果单击鼠标，会出现"Confirm"即"确认端口 I/O 属性"对话框。单击对话框中的 Yes 按钮，将产生与原来的电路模块中相反的 I/O 端口电气特性，即输出变为输入。单击对话框中的 No 按钮，将产生与原来的电路模块中相同的 I/O 端口电气特性，即输出仍为输出。这样即可从电路模块直接生成电路原理图，并布置好了 I/O 端口。

7.3　原理图的后处理

利用 Protel 2004 的原理图编辑器绘制好电路原理图后，并不能立刻把它们送到 PCB 编辑器中进行制版，还应该对整个电路原理图进行检测，排除所有的错误，并生成各种报表，统计出整个电路原理图的所有工程信息。因此，电路原理图的后期工作是印制电路板设计的开始与基础，它是原理图设计与印制电路板设计的纽带。

7.3.1　原理图的编译

1．编译工程设置

在编译工程之前，要先对工程选项进行必要的设置，以确定编译时 Protel 2004 需要做的查错工作。选择 Project/Project Options 命令，打开一个选项对话框，如图 7.42 所示。

在该对话框中，主要对与原理图检测有关的错误报告类型（Error Reporting）、电气连接矩阵（Connection Matrix）和差别比较器（Comparator）进行设置。如果设计的原理图没有特殊需要，建议读者不要修改。

（1）在 Error Reporting 标签中，可以设置所有可能出现错误的报告类型。在图 7.42 中将原理图中元器件错误的报告类型设置为错误（Error）、警告（Warning）、严重警告（Fatal Error）和不报告（No Report）4 种类型。

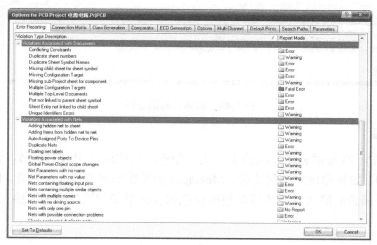

图 7.42　选项对话框

（2）在 Connection Matrix 标签中，会出现设置电气连接矩阵的对话框，如图 7.43 所示。用户可以定义一切与违反电气连接特性有关的报告的错误等级，特别是元件引脚、端口和电路模块端口的连接特性。

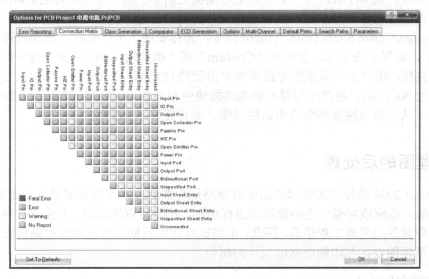

图 7.43　设置电气连接矩阵的对话框

（3）在 Comparator 标签中，会出现比较器设置对话框，用于设置比较器的作用范围。

2．编译

当对电气连接检查的规则设置完毕后，就可以对原理图进行编译了。选择 Project/ Compile PCB Project 命令，系统开始编译工程。编译完成后，系统生成信息报告，如图 7.44 所示，打开 Messages 面板来检查系统报告的错误。打开 Messages 面板的方法是：选择 Viewt/Workspace Panels/System/Messages 命令，或选择工作窗口右下角的 System 选项卡，然后选择 Messages 面板项。

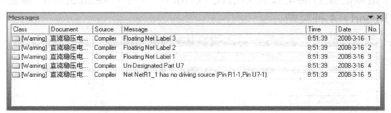

图 7.44　编译后的消息框

3．错误检查

在图 7.44 中，双击消息框左边的小方块，会弹出与此错误相关的信息，读者可以根据该信息修改原理图。如果原理图绘制正确，Messages 面板应该是空白的。注意，Protel 2004 给出的编译信息并不都是准确的，读者可以根据自己的设计思想和原理判断该错误信息。

7.3.2　生成各种报表

1．原理图网络表

网络表是原理图与印制电路板之间的一座桥梁，是印制电路板自动布线的灵魂，也是 Protel 2004 检查、核对原理图、PCB 是否正确的基础。

网络表可以在原理图编辑器中直接由原理图文件生成，也可以在文本编辑器中手动编辑。同时还可以在 PCB 编辑器中，由已经布线的 PCB 图中导出相应的网络表。

网络表的内容主要为原理图中各元件的数据（流水号、元件类型与封装信息）以及元件之间网络连接的数据。

1）Protel 网络表格式

标准的 Protel 网络表文件是一个简单的 ASCII 码文本文件，在结构上大致可分为元件描述和网络连接描述两部分。

（1）元件的描述格式如下：

[	元件声明开始
R1	元件序号
AXIAL-0.4	元件封装
10kΩ	元件注释
]	元件声明结束

元件的声明以"["开始，以"]"结束，将其内容包含在内。网络经过的每一个元件都必须有声明。

（2）网络连接描述格式如下：

（	网络定义开始
NetUl1-1	网络名称
U1-5	元件序号为 1，元件引脚号为 5
C2-1	元件序号为 2，元件引脚号为 1
）	网络定义结束

网络定义以"（"开始，以"）"结束，将其内容包含在内。网络定义首先要定义该网络的各端口。网络定义中必须列出连接网络的各个端口。

2）生成网络表

生成网络表的方法很简单，选择 Design/Netlist for Project/Protel 命令，这样就可以生成一张电路原理图的网络表。Protel 2004 生成的网络表文件的后缀名是.NET。

2．原理图元器件清单报表

原理图元器件清单报表用于整理一个电路或一个项目文件中的所有元件，相当于一份采购元器件的清单，主要包括元件的名称、标注、封装等内容。选择 Reports/Billof Material 命令，即可生成器件表对话框，如图 7.45 所示。

如果单击 Reports 按钮，则可以生成预览元件报告。如果单击"Export"按钮，则可以把器件报表导出成其他格式进行保存。

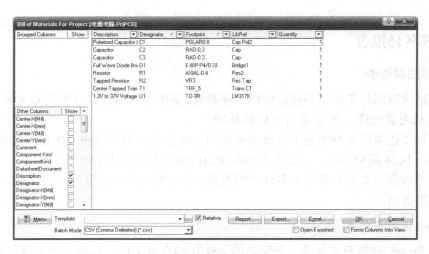

图 7.45 元器件清单报表对话框

7.4 PCB 的基本知识

原始的 PCB 是一块表面有导电铜层的绝缘材料板。根据所设计的电路，在 PCB 上合理安排电路元件的位置，然后在板上绘制各元件间的互连线，经腐蚀后保留做互连线用的铜层。再钻孔处理后，就形成供装配元件用的印制电路板了。

7.4.1 印制电路板的分类

一般来说，印制电路板可分为三类：单面板、双面板和多层板。

铜膜只敷在绝缘板的一面，是单面板。用户仅可在敷铜的一面布线。但当线路复杂时，其布线难度比双面板或多面板困难得多。

如果上下各有一层铜膜就是双面板，或叫两层板。其中一层称为顶层（Top Layer），另一层称为底层（Bottom Layer），顶层和底层均可布线。顶层一般用作元件，底层一般用于焊接引脚。目前，大多数印制电路板都以双面板为主。

至于多层板就是像夹心饼干一样，一层铜膜加一层玻璃纤维、再一层铜膜加一层玻璃纤维。在板子的顶层和底层都可以放置元件，且层内或层间也有铜膜导线连接。

电路板的板层越多，制作程序越多，失败率就越高，成本也越高。所以，只有相当高级的电路，才使用多层板。目前以双面板最多，市面上所谓的四层板，就是顶层、底层，中间加上两个电源层，技术已经很成熟了。

7.4.2 PCB 的元件封装

元件封装是指实际元件焊接到电路板时所指示的外观和焊盘位置，它是实际元件引脚和印制电路板上的焊盘一致的保证。由于元件封装只是元件的外观和焊盘位置，仅仅是空间的概念，因此不同的元件可共用一个封装。另外，同一种元件也可有不同的封装，如电阻的封装形式有 AXIAL-0.3、AXIAL-0.4 及 AXIAL-0.5 等。

常用的元件封装形式如下：

（1）电阻封装形式的例子如图 7.46 所示，其封装系列名为 AXIAL-xxx，xxx 表示数字。

后缀数越大，其形状也越大。

（2）二极管封装形式的例子如图 7.47 所示，其封装系列名为 DIODE-xxx，后面的数字 xxx 表示功率。后缀数越大，表示功率越大，其形状也越大。

（3）三极管的封装形式如图 7.48 所示，其封装系列名为 TOxxx，后面的数字 xxx 表示三极管的类型。

图 7.46　电阻封装形式

图 7.47　二极管封装形式

图 7.48　三极管封装形式

（4）双列直插式集成电路封装形式的例子如图 7.49 所示，其封装系列名为 DIP-xxx，后缀 xxx 表示引脚数。

（5）Protel 2004 连接件的封装形式极为丰富，如图 7.50 所示，其封装系列名为 HDRxxx 后缀 xxx 为针数。

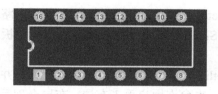

图 7.49　双列直插式集成电路的封装形式

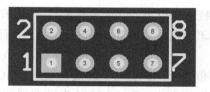

图 7.50　连接件的封装示意图

7.4.3　铜膜导线

铜膜导线也称"铜膜走线"，简称"导线"，用于连接各个焊盘，是印制电路板最重要的部分。印制电路板设计均围绕如何布置导线进行。

与导线有关的另一种线，常称之为"飞线"，即预拉线。飞线是在引入 SPICE netlist 后，系统根据规则生成的，用来指引布线的一种连线。飞线与导线有本质的区别，飞线只是一种形式上的连接，在形式上表示各个焊盘间的连接关系，没有电气的连接意义。导线则是根据飞线指示的焊盘间的连接关系而布置的，是具有电气连接意义的连接线路。

7.4.4　焊盘（Pad）与过孔（Via）

焊盘的作用是放置焊锡并连接导线和引脚。过孔的作用是连接不同板层的导线。过孔有 3 种，即从顶层贯通到底层的穿透式过孔、从顶层到内层通到底层的盲过孔和层间的隐藏过孔。焊盘和过孔有两个尺寸，即过孔直径和通孔直径。通孔的孔壁由导线相同的材料构成，用于连接不同板层的导线。

7.4.5　层

由于现在电子线路的元器件安装密集，有抗干扰和布线要求，故除了顶层和底层走线外，在电路板的中间还设有能被特殊加工的夹层铜箔，这些夹层铜箔大多设置为内部电源层和内部接地层，用来提高电路板的可靠性。

7.4.6 丝印层

丝印层是为了方便电路的安装和调试，在电路板的顶层或底层印刷商所需的代号、文字串、图标等，如元件标号和标称值、元件外廓形状和厂家标志、生产日期等。

7.4.7 设计 PCB 的流程

PCB 设计的任务是针对具体的电路设计生成一套供 PCB 工艺加工的图，其一般流程如下：

（1）准备原理图和 SPICE netlist。这是电路板设计的先期工作，主要完成电路原理图的绘制，然后进行电气性能检查，最后生成 SPICE netlist。有时电路图比较简单，也可不绘制原理图，而直接进行 PCB 设计。

（2）规划电路板。在绘制 PCB 图前，用户应有一个初步的规划，如采用板材的物理尺寸，各元件的封装形式及其安装位置，采用几层电路板等。

（3）设置参数，主要是 PCB 设计环境的参数，如设置元件的布置参数、板层参数、布线参数（如布线宽度和线间距）和焊盘、过孔参数。一般来说，有些参数用其默认值即可。这些参数在第一次设置后几乎无须再修改。

（4）装入 SPICE netlist 及元件封装。SPICE netlist 是电路原理图和 PCB 印制电路板联系的桥梁，是印制电路板自动布线的灵魂。只有装入 SPICE netlist 之后，才能完成电路板的自动布线。

（5）布局元件。规划电路板并装入 SPICE netlist 后，可由程序自动装入元件，并将元件布置在电路板边框内。Protel 2004 自动布局元件后，也允许用户手工布局。布局合理后，才能进行下一步的布线工作。

（6）自动布线。Protel 2004 采用 Altium 公司最新的 Situs 布线技术，通过生成拓扑路径图的方式，来解决自动布线时遇到的困难。只要合理设置有关参数并布局元件，Protel 2004 自动布线率几乎是 100%。

（7）手工调整。自动布线结束后，往往存在部分令人不满意的地方，对部分再进行手工调整，以达到满意的结果。

（8）保存及输出文件。完成电路板布线后，保存完成的 PCB 图文件。然后利用打印机或绘图仪输出电路图的布线图。

7.5 用 Protel 2004 设计印制电路板

完成了电路原理图的设计和编译排错之后，就可以开始印制电路板（PCB）的设计了。利用 PCB 印刷电路编辑器，可以设计出满足工程实际要求的印制电路板。本节以图 7.51 所示的 555 应用电路为例，来学习 PCB 电路板设计的基本方法和步骤。

7.5.1 准备原理图和 SPICE netlist

（1）设计完成图 7.51 所示的原理图。

（2）在原理图编辑环境下，执行 Design/Netlist for Project/Protel 命令，生成一个对应于该电路原理图的 SPICE netlist，如图 7.52 所示。

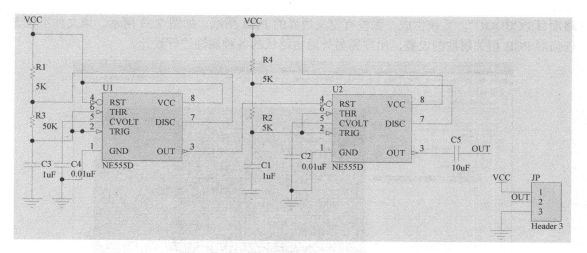

图 7.51　电路原理图

```
[
C1
CAPR2.54-5.1x3.2



]
[
C2
CAPR2.54-5.1x3.2



]
[
C3
CAPR2.54-5.1x3.2
```

图 7.52　电路原理图的 SPICE netlist

7.5.2　进入 PCB 编辑器

在进行 PCB 设计时，必须先创建一个新的 PCB 电路板文件（*.PCBDOC），一般 PCB 文件的创建方法有如下 3 种：

- 利用菜单 File/New/PCB 命令生成常规的 PCB 文件。这需要用户手动生成一个 PCB 文件，然后对 PCB 的各种参数进行设置，这种方法灵活性大。
- 利用 PCB 文件生成向导创建 PCB 文件。该方法可以在省去 PCB 文件的同时直接设置电路板的各种参数，省去了手动设置 PCB 参数的麻烦。
- 利用系统提供的 PCB 模板创建 PCB 文件。在进行 PCB 设计时可以将常用的 PCB 文件保存为模板文件，这样在进行新的 PCB 设计时直接调用这些模板文件即可。

下面仅介绍利用菜单命令生成常规的 PCB 文件。

（1）选择 File/New/PCB 命令，或者在 File 面板下的 New 标题栏中，选择 PCB File，即可创建一个新的 PCB 文件并进入到 PCB 编辑器，该 PCB 文件的默认名称是 "PCB1.PCBDOC"。

（2）保存并重命名 PCB 文件。在系统工具栏上单击 按钮，即可打开 Save 对话框，在[文件名]一栏后填入 "555 电路项目"，然后单击 保存 (S) 按钮，即可将 PCB 文件保存为 "555 电路项目.PCBDOC",系统生成一张没有定义边界的 PCB 图纸。如图 7.53 所示。该文件不包含任何对 PCB 相关属性的设置,用户需另外对电路板的各种属性进行设计。

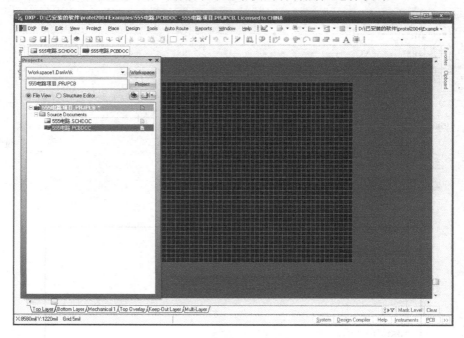

图 7.53　新建的 PCB 文件

7.5.3　设置 PCB 编辑器的参数

在设计印制电路板前,需要设置电路板的板层参数、环境参数等。这是非常重要的工作,它将决定印制电路板的设计工作能否正常进行下去。

1. 设置电路板环境参数

电路板的环境参数分为两部分:电路板板级环境参数和系统级环境参数。

1)设置电路板板级环境参数

选择 Design/Board Options 命令,系统弹出电路板板级环境参数设置对话框,如图 7.54 所示。在其中可以设置当前 PCB 文件的电路板板级环境参数。

- Measurement:电路板的长度单位。有英制(Imperial)和公制两个选项。
- Snap Grid:光标捕获栅格大小,指光标移动的最小距离。它有 x 和 y 两个方向。
- Component Grid:元件放置捕获栅格。指放置元件时,元件移动的间隔。
- Electrical Grid:电气捕捉栅格。
- Visible Grid:可视栅格。
- Sheet Position:图纸位置。

2)设置系统环境参数

选择 Tools/Preferencs 命令,弹出系统环境参数设置对话框,如图 7.55 所示。该对话框包含 General、Display(显示)、Show/Hide(设置图元的显示模式)、Defaults(设置图元的系统默认值)和 PCB 3D 5 个选项卡,利用这 5 个选项卡可完成系统环境参数设置。

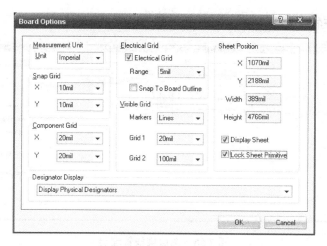

图 7.54　电路板板级参数设置对话框

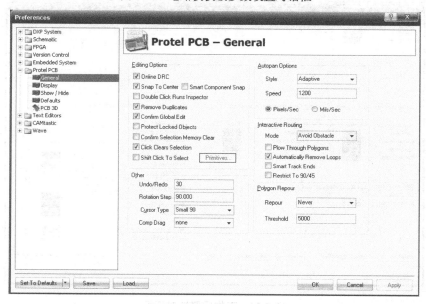

图 7.55　系统环境参数设置对话框

2．设置工作层面及颜色

PCB 编辑器是一种"层"的环境，Protel 2004 提供了多个不同类型的工作层面，包括 32 个信号层、16 个内层电源/接地层和 16 个机械层。用户可以在不同的工作层上执行不同的操作，通过在这些层上放置对象来完成 PCB 设计。

选择 Design/ Layer Stack Manager（图层堆栈管理器）命令，则系统弹出图层堆栈管理器，如图 7.56 所示。

选择 Design/Board Layer & Colors 命令，即可打开如图 7.57 所示的 Board Layer and Colors（板层和颜色）对话框，可以对各层的颜色及显示属性进行设置。

通过这个对话框，可以看到物理上的板层共分为 6 类：信号层（Signal Layers）、内部电源层（Internal Planes）、丝印层（Silkscreen Layers）、保护层（Mask Layers）、机械层（Mechanical Layers）和其他层（Other Layers）。另外，还有一个系统颜色层（System Colors），用来设置系

统各层的颜色，它在物理上不存在，但也采用层的形式来管理。

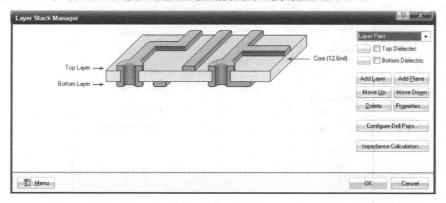

图 7.56　图层堆栈管理器

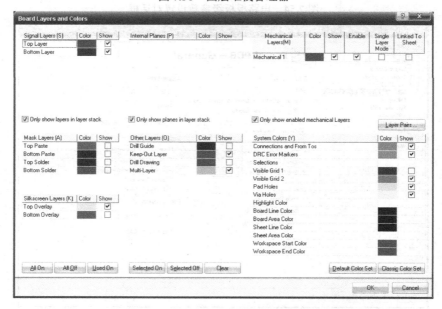

图 7.57　工作层属性对话框

7.5.4　绘制 PCB 图

1．规划电路板

一般在设计 PCB 时都有严格的外形尺寸要求，需要设计人员认真规划，确定电路板的物理尺寸及电气边界。

（1）单击 PCB 编辑区下方的 Keep-Out Layer 标签，将当前工作层设置为 Keep-Out Layer，如图 7.58 所示。该层为禁止布线层，一般用于设置电路板的边界。

\Top Layer /Bottom Layer /Mechanical 1 /Top Overlay /Keep-Out Layer /Multi-Layer/

图 7.58　将工作层设置为 Keep-Out Layer

（2）单击工具栏中的/按钮，光标变为十字形状。

单击确定第 1 条板边的起点，然后移动光标到合适位置后单击确定板边的终点。按 Tab 键，显示 Line Constraints 对话框，在其中设置板边的线宽和层面。

（3）用同样方法绘制其他 3 条板边，从而完成电路板物理尺寸的确定。绘制好的电路板边框如图 7.59 所示。右击鼠标，退出该命令状态。

（4）双击板边，显示如图 7.60 所示的 Track 对话框。在此对话框中可以设置线宽、起点/终点坐标。设置后单击"OK"按钮即可。

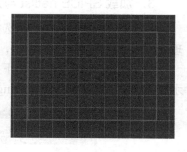

图 7.59　绘制好的电路板边框

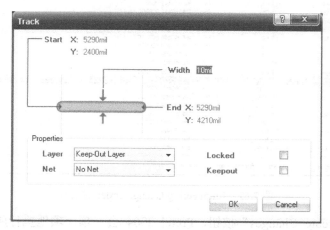

图 7.60　Track 对话框

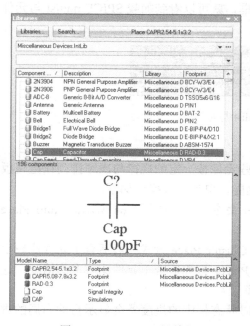

图 7.61　Libraries 对话框

2. 加载网络表与元件

规划好电路板后，加载 SPICE netlist 和元件封装，但在此之前还必须加载所需的元件封装库。

1）加载元件封装库

选择 Design/Add Remove Library 命令，显示 Available Libraries 对话框。选中原理图所需元件的封装库，单击"Add Library"按钮可添加元件封装库。添加完所需的元件封装库后，单击"Close"按钮即可。

2）浏览元件封装库

执行 Design/Broese Components 命令，显示如图 7.61 所示的对话框。在其中查看元件的类别及形状，双击选中的电阻、电容、555 等元件封装，就可把它放到电路板上。

3．加载 SPICE netlist 与元件

（1）打开原理图文件，选择该文件，单击鼠标右键，选择 Add to Project 命令，即可把原理图文件添加到 PCB 项目中，然后加以保存。

（2）在原理图编辑环境下执行 Design/Update PCB Document 555 电路 PCBDOC 命令，显示如图 7.62 所示的 Engineering Change Order 对话框。

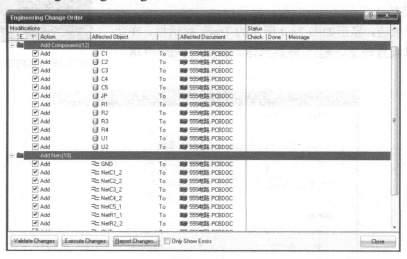

图 7.62　Engineering Change Order 对话框

（3）单击"Validate Changes"按钮，Prctel 2004 会一项一项地执行所提交的修改，并在 Status 栏的 Check 项中显示装入的元件是否正确，正确标识为"√"，错误标识为"×"。

（4）如果元件封装和网络都正确，单击"Execute Changes"按钮，工作区已经自动切换到 PCB 编辑状态，关闭 Engineering Change Order 对话框，就可以看到加载 SPICE netlist 与元件到电路板上，如图 7.63 所示。

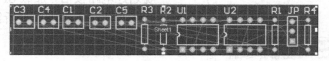

图 7.63　加载 SPICE netlist 与元件

4．自动布局元件

加载了 SPICE netlist 与元件封装后，需要将这些元件按一定的规律与次序排列在电路板中，此时可以采用手工放置，也可以采用自动布局功能。自动布局操作如下：

（1）执行 Tools/Component Placement/Auto Placer 命令，显示如图 7.64 所示的 Auto Place 对话框，在一般情况下可直接利用系统的默认值。

Auto Place 对话框提供了两种自动布局的方式：Cluster Place 方式一般适合于元件比较少的情况，这种方式通过分组元件布局；而 Statistical Placer 方式适合于元件比较多的情况，这种方式使用了统计算法，使元件间用最短的导线连接。

（2）单击"OK"按钮，即可开始自动布局。此时状态栏中的进度条会显示自动布局的进程。自动布局结束后的效果图，如图 7.65 所示。

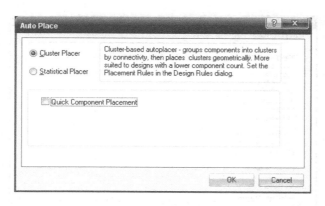

图 7.64　Auto Place 对话框

5．手动调整元件布局

自动布局后，往往还要凭设计者的经验或根据电路的特殊电气要求，用手工布局的方法优化调整部分元件的位置。常用的操作有：

（1）选择元件。移动或旋转元件，为此拖动形成一个矩形框，将要选择的元件包含在其中。为释放所选对象，单击主工具栏中的 [图标] 按钮。

（2）调整元件。通过移动元件、旋转元件、排列元件、调整元件标注以及剪切复制元件命令，手工调整元件布局后获得的 PCB 布局如图 7.66 所示。

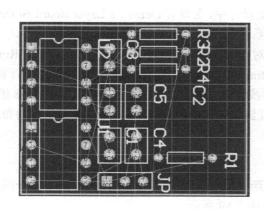

图 7.65　自动布局结束后的 PCB

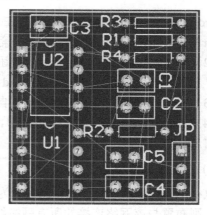

图 7.66　手工调整后的 PCB 布局

6．自动布线

在元件布局结束后，在自动布线前首先需要设置参数，参数的设置是否合理将直接影响布线的质量和成功率。

选择 Design/Rules 命令，设置自动布线参数，采用默认值。设置完自动布线参数后，可进行自动布线。自动布线又分为全局布线、选定网络布线、选定连接点布线、选定元件布线和选择区域布线等。

1）全局布线

（1）选择 Auto Route/All 命令，显示如图 7.67 所示的 Situs Routing Strategies 对话框，进行全局布线。

图 7.67　Situs Routing Strategies 对话框

Protel 2004 提供了多种布线策略，在双面板设计中，主要有 Default 2 Layer Board 和 Default 2 Layer With Edge Connectors 两种布线策略，系统默认 Default 2 Layer Board 布线策略。

（2）单击"Add"或"Duplicate"按钮，可对自动布线策略进行添加或删除，单击"Routing Rules"按钮，可重新进入 PCB Rules and Constraints Editor 对话框，对自动布线参数进行设置。

（3）单击"Route All"按钮，开始自动布线。555 电路完成布线后的结果如图 7.68 所示。

（4）Protel 2004 在自动布线过程中，同时显示 Messages 提示框，为用户提供自动布线的状态信息。

2）选定网络布线

执行 Auto Route/Net 命令，光标变为十字形状，可选择需要布线的网络。选中某个网络连线后，则布置与该网络连接的所有网络线，如图 7.69 所示。

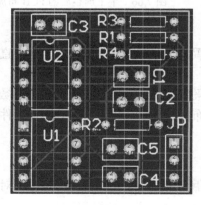

图 7.68　自动布线结束后的 PCB 图

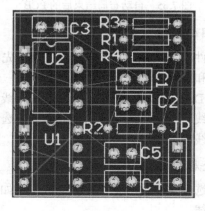

图 7.69　选定网络布线

3）选定连接点布线

执行 Auto Routing/Connection 命令，光标变为十字形状。用户可选择需要布线的一条连线，以布线两个连接点之间，如图 7.70 所示。

4）选定元件布线

执行 Auto Route/Component 命令，光标变为十字形状。单击需要布线的元件，可看到系统仅布线与该元件相连的网络，如图 7.71 所示。

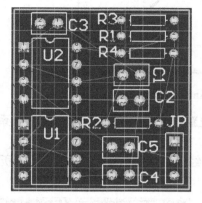

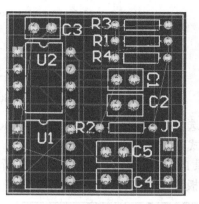

图 7.70　布线两个连接点之间　　　　　　图 7.71　选定元件布线

5）选择区域布线

执行 Auto Route/Area 命令，光标变为十字形状。选择并拖动需要布线的区域，如图 7.69 所示。系统将布线该区域，结果如图 7.72 所示，可看出与上述区域没有连线关系处未布线。

7．手工调整布线

一个设计美观的印制电路板往往需要在自动布线的基础上多次修改，即手工调整后才能将其设计得尽善尽美。

（1）将工作层切换到需要调整的工作层。

执行 Tools/Un-Route/Connection 命令，光标变为十字形状，单击要删除的网络，原先的连线消失。

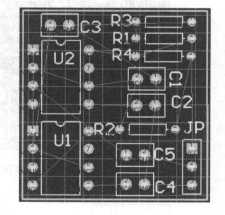

图 7.72　选择区域布线

执行 Place/Interactive Routing 命令，将上述已删除的连线重新走线。

（2）双击需要加宽的电源/接地线或其他线，显示 Track 对话框。在 Width 文本框中输入实际需要的宽度值，单击"OK"按钮关闭对话框。

元件经过自动布局后，其相对位置与原理图中的位置发生了变化。经过手动布局调整后，元件的序号变得比较杂乱，所以需要调整其标注，使电路板更加美观。调整文字标注一般可更新元件的流水号，使流水号排列保持一致性，这样需要更新原理图相应的元件流水号。

（3）双击需要调整的标注，显示相应的对话框。在其中可修改流水号，也可根据需要修改标注的内容、字体、大小、位置及放置方向等。

（4）执行 Tools/Re-Annotate 命令，显示如图 7.73 所示的 Positional Re-Annotate 自动更新流水号对话框。

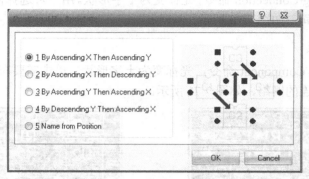

图 7.73　Positional Re-Annotate 对话框

（5）选择 By Ascending X Then Ascending Y 更新方式后，单击"OK"按钮，系统将按照设定的方式对元件流水号重新编号。

（6）原 PCB 电路板流水号如图 7.74 所示，元件经过重新编号后获得如图 7.75 所示的 PCB 印制电路板。

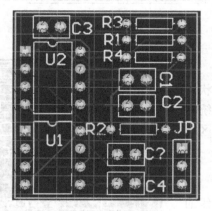

图 7.74　原 PCB 印制电路板图

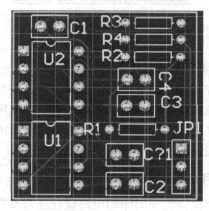

图 7.75　元件重新编号后的 PCB 印制电路板图

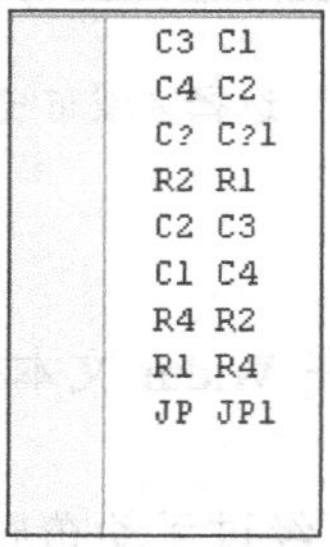

```
C3  C1
C4  C2
C?  C?1
R2  R1
C2  C3
C1  C4
R4  R2
R1  R4
JP  JP1
```

图 7.76　555 电路.WAS 文件

（7）元件重新编号后，系统将同时生成一个.WAS 文件，记录元件编号的变化情况。本实例生成的 555 电路的.WAS 文件如图 7.76 所示。前面为原流水号，后面为元件重新编号后的流水号。

（8）执行 Design/Update Schematics in 555 电路项目 PrjPCB 命令，显示 Confirm 对话框。

（9）单击"Yes"按钮，显示 Engineering Change Order 对话框，在该对话框中将显示其中不匹配的元件。

（10）单击"Execute Changrs"按钮，执行原理图更新操作。

7.5.5　PCB 的加工

完成了器件的布局和布线后，PCB 的设计工作就基本完成了，接下来就是一些扫尾工作，如补泪滴、敷铜等工序。那么 Protel 2004 的自动布线或手动布线难道就万无一失了吗?可以利用系统的设计规则对设计好的 PCB 进行检查，最后可将某一 PCB 中的器件独立生成个一库，以便以后使用。

1. 补泪滴

焊盘和过孔等可以进行补泪滴设置，即对焊盘或过孔进行扩充。泪滴焊盘和过孔形状可以定义为弧形或线性，可以对选中的实体，也可以对所有过孔或焊盘进行设置。选择 Tools/Teardrops 命令来进行设置。执行该命令后，弹出如图 7.77 所示的补泪滴设置对话框。

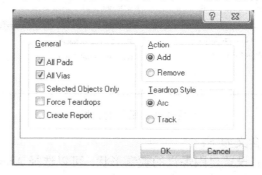

图 7.77　补泪滴设置对话框

如果要对单个焊盘或过孔补泪滴，可以先双击焊盘或过孔，使其处于选中状态，然后选中 All Pads 或 Selected Objects Only 复选框，最后单击"OK"按钮结束。图 7.78 所示是补泪滴前和补泪滴后的 PCB 对照图，图（b）中 R1、R4 的部分连线略有改动。

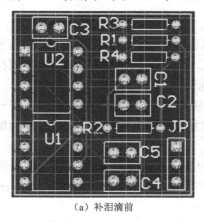

（a）补泪滴前　　　　　　　　　　　　（b）补泪滴后

图 7.78　补泪滴前后的 PCB 对照图

2. 敷铜

敷铜也叫多边形平面填充，经常用于大面积电源或接地敷铜，以增强系统的抗干扰性。敷铜的放置方法如下：

（1）首先单击绘图工具栏中的按钮，或选择 Place/Polygon 命令。

（2）执行此命令后，系统会弹出如图 7.79 所示的敷铜对话框。

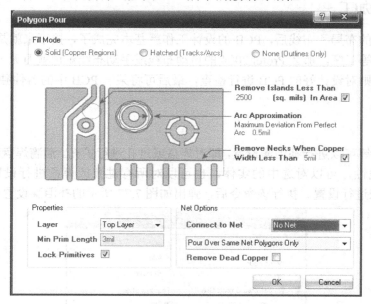

图 7.79 敷铜对话框

敷铜对话框中的参数含义如下：

- **Surround Pads With**：设置包围焊盘的敷铜形状，可以选择 Arcs（圆弧）和 Octagons（八边形）形状。
- **Grid Size**：设置多边形平面的网格尺寸。
- **Track Width**：设置多边形平面内的网格导线宽度。
- **Hatch Mode**：设置多边形平面的填充类型。
- **Layer**：选择多边形平面所放置的层位置。
- **Connect to Net**：设置多边形平面的网络层。
- **Min Prim Length**：该文本框设定推挤一个多边形时的最小允许图元尺寸。当多边形被推挤时，多边形可以包含很多短的导线和圆弧，这些导线和圆弧用来创建包围存在的对象的光滑边。该值设置越大，则推挤的速度越快。
- **Lock Primitives**：如果该复选框被选中时，所有组成多边形的导线被锁定在一起，并且这些图元作为一个对象被编辑操作。如果该复选框没有被选中，则可以单独编辑那些组成的图元。

敷铜覆盖方式下拉列表框中，**Don't Pour Over Same Objects** 指敷铜不覆盖同一网络中的对象；**Pour Over All Same Net Objects** 指敷铜覆盖所有同一网络中的对象；**Pour Over Same Net Polygons Only** 指只覆盖同一网络中的已有敷铜。

Remove Dead Copper：该复选框被选中后，则在多边形敷铜内部的死铜将被移去。当多边形敷铜不能连接到所选择网络的区域时会生成死铜。如果该复选框没有被选中，则任何区域的死铜将不会被移去。

（3）设置完对话框后，光标变成十字形状，将光标移到所需的位置，单击鼠标左键，确定敷铜的起点，然后再移动鼠标到适当位置并单击，确定多边形的顶点。

（4）在终点处单击鼠标右键，程序会自动将终点和起点连接在一起，形成一个封闭的多边形平面，如图 7.80 所示。

3. 设计规则检查

Protel 2004 具有一个有效的设训规则检查功能 DRC，该功能可以确认设计是否满足设计规则。DRC 可以测试各种违反走线情况，例如安全错误、未走线网络、宽度错误、长度错误和影响制造与信号完整性的错误。

DRC 可以后台运行，检查是否违反设计规则，用户也可以随着手动运行来检查是否满足设计规则。DRC 可以选择 Tools/Design Rule Check 命令，系统弹出如图 7.81 所示的 Design Rule Checker（设计规则检查）对话框。

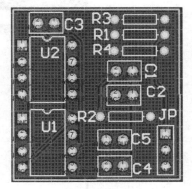

图 7.80　敷铜

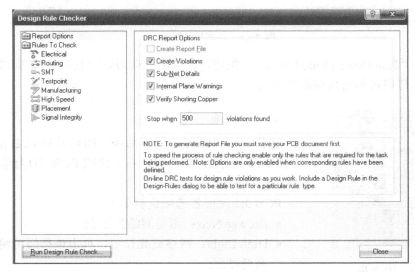

图 7.81　设计规则检查对话框

（1）在 DRC Report Options（报告选项）栏中可以设定需要检查的规则选项，具体包括：

Create Report File（创建报告文件）。选中该复选框，则可以在检查设计规则时创建报告文件。

Create Violations（创建规则的违反报告）。选中该复选框，则可以在检查设计规则时，如果有违反设计规则的情况，将会产生详细报告。

Sub-Net Details（子网络详细情况）。如果定义了 Un-Routed Net（未连接网络）规则，则选中该复选框可以在设计规则检查报告中包括子网络的详细情况。

Internal Plane Warnings（内平面警告）。选中该复选框，设计规则检查报告中包括内平面层的警告。

Verify Shorting Copper（验证缩短铜）。选中该复选框时，将会检查 Net Tie 元件，并且会检查是否在元件中存在没有连接的铜。

（2）在 Rules To Check（需要检查的规则）选项中包括了将要检查的规则，如图 7.82 所示，用户可根据需要设定检查的规则。在对话框中，如果需要在线检某菜单项规则，则可以选中该设计规则后的 Online 复选框；如果需要批量检查某设计规则时，则可以选中 Batch 复选框。

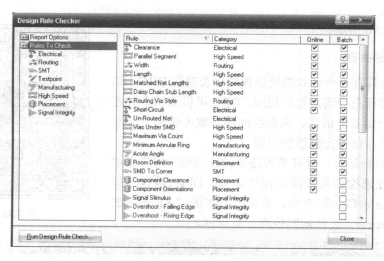

图 7.82　需要检查的规则

（3）单击"Run Design Rule Check…"按钮，就可以启动 DRC 运行模式，完成检查后将在设计窗口显示任何可能违反规则的情况。

图 7.83　3D 效果

4．3D 效果

选择 View/Board in 3D 命令，即可看到 PCB 的 3D 效果图（如图 7.83 所示），单击窗口右下角的 PCB 3D 标签，系统则弹出 PCB 3D 面板。

PCB 3D 面板各选项说明如下：

- Browse Nets：浏览网络列表框；
- High Light：网络高亮显示，单击该按钮可将选中的网络高亮显示；
- Clear：高亮显示清除，单击该按钮可将当前高亮显示的

网络恢复正常显示；

- Components：器件显示控制，选中该复选框则所有的元件都显示在 3D 图中；
- Silkscreen：丝印显示控制；
- Copper：表面敷铜显示控制；
- Text：文本注释显示控制；
- Board：选择是否显示印制电路板；
- Axis Constraint：轴约束控制；
- Wire Frame：显示边框控制，选中该复选框可看到元件和电路板的框架和边界。

在该面板的预览图中单击 PCB，此时，鼠标光标变成带有箭头的十字形状，拖动光标即可转动电路板，这样，设计者可以从不同的方向观察该 PCB 电路板。利用 3D 效果图，可以从各个角度察看电路板的封装、标注以及元件的电气连接等情况，更直观地对 PCB 有个正确的了解。

5. 建立 PCB 库

设计完成的 PCB 可能加载了一些已有的器件库或自行设计的器件库，有时有必要将某一个 PCB 项目的所有器件的封装存入一个器件库中。建立 PCB 库的方法很简单，只要选择 Design Make PCB Library 命令，系统将自动生成该 PCB 对应的项目器件库，同时在窗口中打开该库文件，保存即可完成 PCB 库的建立。

参 考 文 献

[1] 黄智伟. 全国大学生电子设计竞赛训练教程. 北京：电子工业出版社，2004.

[2] 杨欣，等. 电子设计从零开始. 北京：清华大学出版社，2005.

[3] 高肖堂. 电子设计与实践指导. 北京：电子工业出版社，2006.

[4] 康光华. 电子技术基础模拟部分（第四版）. 北京：高等教育出版社，1998.

[5] 高吉祥，等. 全国大学生电子设计竞赛培训系列教程数字系统与自动控制. 北京：电子工业出版社，2007.

[6] 沙占友. 数字化测量技术与应用. 北京：机械工业出版社，2004.

[7] 郁肖文. 传感器原理及工程应用. 西安：西安电子科技大学出版社，2002.

[8] 王松武. 电子创新设计与实践. 北京：国防工业出版社，2005.

[9] 陆应华，王照平，王理. 电子系统设计教程. 北京：国防工业出版社，2005.

[10] 段吉海，黄智伟. 基于 CPLD/FPGA 数字通信系统建模与设计. 北京：电子工业出版社，2004.

[11] （美）Uwe Meyer-Base 著，刘凌译. 数字信号处理 FPGA 实现. 北京：清华大学出版社，2006.

[12] 王金明，等. 数字系统设计与 Verilog HDL. 北京：电子工业出版社，2002.

[13] 徐光辉，程东旭，等. 基于 FPGA 嵌入式开发与应用. 北京：电子工业出版社，2006.

[14] 潘松，黄继业. EDA 技术使用教程. 北京：科学出版社，2005.

[15] 杨欣，等. 电路设计与仿真——基于 Multisim 8 与 Protel 2004. 北京：清华大学出版社，2005.

[16] 钟名湖. 电子产品结构工艺（电子与信息技术专业）. 北京：高等教育出版社，2002.

[17] 王卫平. 电子工艺基础. 北京：电子工业出版社，2005.

[18] 沈小丰. 电子技术实践基础. 北京：清华大学出版社，2005.

[19] 梁青，侯传教，熊伟，等. Multisim11 电路仿真与实践. 北京：清华大学出版社，2012.

[20] 张明峰，张伟. Protel 2004 电路设计与制版习题精解. 北京：人民邮电出版社，2006.

[21] 赵景波，等. Protel 2004 电路设计应用范例. 北京：清华大学出版社，2006.

[22] 吴金戎，沈庆阳，郭庭吉. 8051 单片机实践与应用. 北京：清华大学出版社，2002.

[23] 李光飞，等. 单片机课程设计实例指导. 北京：北京航空航天大学出版社，2004.

[24] 徐仁贵，廖哲智. 单片微型计算机应用技术. 北京：机械工业出版社，2001.

[25] 罗杰，谢自美. 电子线路设计·实验·测试（第 4 版）. 北京：电子工业出版社，2008.

[26] 陈光明，施金鸿. 电子技术课程设计与综合实训. 北京：北京航空航天大学出版社，2007

[27] 高吉祥. 高频电子线路设计（全国大学生电子设计竞赛培训系列教程）. 北京：电子工业出版社，2007.

[28] 陈永真. 全国大学生电子设计竞赛试题精解选. 北京：电子工业出版社，2007.

[29] 侯建军. 电子技术基础实验、综合设计实验与课程设计. 北京：高等教育出版社，2009.

[30] 孙余凯. 电子元器件检测·选用·代换手册. 北京：电子上业出版社，2007.

[31] 周杏鹏. 传感器与检测技术. 北京：清华大学出版社，2010.